21 世纪师范院校计算机实用技术规划教材

Flash CS5 动画制作实用教程

崔丹丹　汪　洋　缪　亮　白香芳　主编

清华大学出版社

北京

内 容 简 介

本书是一本介绍 Flash CS5 动画制作和设计的教材,从动画制作的基础知识开始,通过大量的范例,由浅入深地介绍了 Flash CS5 动画制作的核心技术。

本书共 12 章,分别介绍了 Flash CS5 图形的绘制、色彩的应用、图形的变换、文本的创建和编辑、元件和实例、各种类型的动画制作、声音和视频的应用以及 ActionScript 3.0 程序编写等知识。在本书的最后一章通过典型的应用案例介绍了 Flash CS5 在广告和游戏等商业领域的应用技巧。

本书融入了作者多年的动画制作经验和技巧,突出操作与实际应用的结合,范例来自作者多年 Flash 动画制作和教学经验的总结,具有很强的针对性和实用性。同时,本书在提供了大量范例的同时,还有针对性地提供了上机练习以帮助读者通过实践来体验所学的知识,更快地掌握实用技术。

为了让读者更轻松地掌握 Flash,作者制作了配套视频多媒体教学光盘。教学光盘内容提取图书内容精华,全程语音讲解,真实操作演示,让读者一学就会!另外,配套光盘资源丰富,实用性强,提供了本书用到的范例源文件及各种素材。

本书面向学习 Flash 动画设计与制作的初、中级读者,可作为各类院校动画设计与制作的教材及各层次职业培训教材,同时也可作为广大动画爱好者的参考用书。

图书在版编目(CIP)数据

Flash CS5 动画制作实用教程/崔丹丹等主编. —北京:清华大学出版社,2012.6
(21 世纪师范院校计算机实用技术规划教材)
ISBN 978-7-302-28656-1

Ⅰ. ①F… Ⅱ. ①崔… Ⅲ. ①动画制作软件-师范大学-教材 Ⅳ. ①TP391.41

中国版本图书馆 CIP 数据核字(2012)第 077020 号

责任编辑:魏江江 薛 阳
封面设计:杨 夕
责任校对:白 蕾
责任印制:李红英

出版发行:清华大学出版社
　　　　　网　　　址:http://www.tup.com.cn,http://www.wqbook.com
　　　　　地　　　址:北京清华大学学研大厦 A 座　　　邮　　编:100084
　　　　　社 总 机:010-62770175　　　　　　　　　　邮　　购:010-62786544
　　　　　投稿与读者服务:010-62776969,c-service@tup.tsinghua.edu.cn
　　　　　质 量 反 馈:010-62772015,zhiliang@tup.tsinghua.edu.cn
　　　　　课 件 下 载:http://www.tup.com.cn,010-62795954
印 刷 者:北京富博印刷有限公司
装 订 者:北京市密云县京文制本装订厂
经　　销:全国新华书店
开　　本:185mm×260mm　　印　张:26　　字　数:614 千字
　　　　　(附光盘 1 张)
版　　次:2012 年 6 月第 1 版　　　　　印　次:2012 年 6 月第 1 次印刷
印　　数:1~3000
定　　价:44.50 元

产品编号:045287-01

前　言

　　Flash 是一个功能强大的动画设计制作软件，使用它可以制作各种精美的矢量动画，同时它可以将声音、视频和图片等多种媒体融合在一起，使用户能够方便快捷地制作出各种高品质的多媒体作品。作为 Adobe 公司的一款动画制作软件，Flash 具有界面友好、功能强大、使用方便和体系结构开放等特点，特别适用于网络动画设计、动漫作品的设计、商业广告动画的制作和各类多媒体作品的创作，并已经广泛用于网页制作、多媒体演示、游戏设计、网络广告制作及手机动画设计和制作等各种领域。

　　本书以易学、全面和实用为目的，从基础到应用、从简单到复杂，系统地介绍了 Flash CS5 的功能，详细分析各个功能的操作方法和使用技巧，通过动手练习将功能介绍融合到实际设计中，让读者能够轻松掌握 Flash CS5 动画制作的各项功能和操作技巧。

一、主要内容

　　本书共分为 12 章，各章节的内容介绍如下：

　　第 1 章介绍 Flash CS5 的基础知识，包括使用 Flash CS5 必须掌握的有关概念、Flash CS5 的工作界面和文件的基本操作。

　　第 2 章介绍 Flash CS5 绘图工具的使用，包括使用 Flash CS5 的绘图工具绘制各种规则和不规则图形的方法，以及 Flash CS5 提供的各种特殊绘图工具和辅助绘图工具的使用技巧。

　　第 3 章介绍 Flash CS5 色彩应用的知识，包括图形的纯色填充、渐变填充和位图填充等。

　　第 4 章介绍 Flash CS5 图形变换的知识，包括对象的变形操作、对象的对齐和排列以及对象的合并和组合的操作技巧。

　　第 5 章介绍 Flash CS5 文本使用的知识，包括文本的创建、文本样式的设置和段落格式的设置等知识，同时介绍了使用滤镜创建文字特效的方法。

　　第 6 章介绍 Flash CS5 元件、实例和库，包括元件和实例的概念，Flash 的库、外部库和公用库的使用方法。

　　第 7 章介绍 Flash CS5 基本动画制作的知识，包括逐帧动画的制作、补间动画的制作和形状补间动画的制作。

　　第 8 章介绍 Flash CS5 高级动画制作知识，包括遮罩动画的制作、引导层动画的制作、动画编辑器的使用和动画预设的使用。

　　第 9 章介绍 Flash CS5 的骨骼动画和 3D 动画的制作知识，包括骨骼的概念和骨骼动画的制作方法、3D 动画效果的创建和制作技巧。

　　第 10 章介绍 Flash CS5 声音和视频的使用知识，包括在作品中插入声音和声音的处理，在作品中添加视频的操作方法。

　　第 11 章介绍 ActionScript 3.0 的应用知识，包括在作品中进行 ActionScript 脚本编程的方法、ActionScript 3.0 语法基础以及事件、包和类等概念。同时，通过范例介绍了 ActionScript 在动画制作中的应用技巧，包括实现动画交互、控制动画播放、处理文本、使用时间以及控制音频的播放等。

第 12 章介绍了 Flash MV 的制作、Flash 游戏的制作和网络广告制作 3 个综合案例的制作过程，通过案例介绍了 Flash 在应用领域的使用技巧。

二、本书特点

1．内容翔实

本书是一本 Flash CS5 动画制作入门和提高的专业教材，内容涵盖 Flash CS5 动画制作的实用知识，既介绍基本操作方法，也介绍各种高级操作技巧。同时，本书还涉及 Flash 动画设计理念，扩展学习范围，提供丰富的应用方法。

2．结构合理

本书在结构上以知识讲解为先导，以应用范例为中心，避免枯燥的说教，给读者以实际操作机会。每个章节内容均按照认知的规律，按照由知识到应用的过程来进行组织，在动画范例的制作过程中，穿插知识归纳和实用技巧点拨。每章提供针对性的练习和上机操作，给读者以思考和训练的空间。书后安排行业应用综合案例，同时对行业特性进行分析归纳，使读者不仅能"知其然"，更能"知其所以然"。

3．精选案例

本书提供了大量的实际案例，案例选择合理，具有代表性并有较高启发性，所有案例均倾注了作者多年实践经验，具有较强的实用性和指导性。章节案例注意与知识点的密切结合，突出 Flash 的特点，小巧而精致，同时兼顾动画设计领域的实际需求。案例的制作步骤详细，条理清晰，使读者容易上手，便于理解。

4．多媒体教学

本书提供了精美的多媒体教学光盘，由一线教师授课讲解。光盘中提供各个动画范例制作步骤的多媒体演示教程并配备清晰的语音讲解，让自学者体会到身临其境的课堂教学，方便读者学习操作。

5．教学网站

为了帮助读者建构真正意义上的学习环境，以图书为基础，为读者专设一个图书服务网站。网站提供相关图书资讯，以及相关资料下载和读者俱乐部。在这里读者可以得到更多、更新的共享资源。还可以结交志同道合的朋友，相互交流、共同进步。

网站地址：http://www.cai8.net。

三、本书作者

参加本书编写的作者均为多年从事 Flash 动画设计与制作教学工作的资深教师，具有丰富的教学经验和实际应用经验。

　　本书主编为崔丹丹（开封大学软件技术学院，负责编写第 1～3 章）、汪洋（开封大学，负责编写第 4 章和第 5 章）、缪亮（负责编写第 6～7 章）、白香芳（负责编写第 8～9 章）。参与编写的人员还有官可（哈尔滨师范大学，负责编写第 10 章）、李捷、穆杰、李泽如、李卫东、许美玲、张爱文、赵崇慧、张立强、李敏等（共同负责编写第 11 章、第 12 章，视频教程制作等）。另外，感谢开封大学和开封文化艺术职业学院对本书的创作和出版给予的支持和帮助。

　　由于作者能力有限，书中难免会出现不足和错误，欢迎读者批评指正。

作者
2012 年 3 月

目　　录

第1章

Flash CS5 动画制作基础

Flash是矢量绘图和动画制作的专业软件，其能将矢量图、位图、声音、视频、动画和深层交互有机地结合在一起，从而获得画面精美、效果新奇且富有交互性的动画效果。本章将从Flash CS5动画特点开始，介绍Flash CS5的界面及基本操作的知识，引导读者进入Flash CS5的学习之旅。

本章主要内容：

● 初识Flash；
● Flash CS5的工作环境；
● 文档的基本操作；
● 影片的测试和发布。

1.1 初识 Flash

Flash 是一款优秀的交互式矢量动画制作软件，利用它能够制作声色俱全且交互性强的动画影片。Flash 具有强大的矢量图形绘制能力和优秀的互动编辑能力，已经广泛应用于网页制作、多媒体设计和移动数码终端等领域。

1.1.1 Flash 动画的特点

Flash 动画结合了流控制技术和矢量技术，Flash 动画记录的是关键帧和控制动作，生成的动画文件非常小巧。与传统的动画制作软件相比，Flash 动画具有图文并茂、流媒体传输和受限制小等特点，同时还具有强大的交互功能。下面对 Flash 动画的特点进行具体的介绍。

1. 使用矢量技术，文件短小精悍

Flash 绘制的是矢量图形。矢量图形是基于图形线条的几何属性和色彩数量来计算文件尺寸的，实际上是用一定的数学表达式指令来描述图形的特征，这些指令描述构成该图形的所有图元的位置、维数和形状。当计算机存储矢量图形时，只存储图形的绘画指令和有关绘图参数。当对矢量图形进行任意缩放时，图形不会出现色彩失真和变形的现象，仍能够保持原有的清晰度和平滑度，这是矢量图形的一个优势。矢量图形放大前后的效果如图1.1 所示。

Flash 动画使用了矢量图技术，占用的存储空间相对于传统的位图动画来说只有几千分之一，非常适合于网络使用。同时，Flash 动画可以做到真正的无级放大，无论用户的浏览

器使用多大的窗口，动画图像都能够完全显示，画质不会受到任何影响。

图 1.1 矢量图及其放大后的局部效果

2．使用流媒体技术，易于网络传播

随着互联网的普及，网络多媒体的应用也越来越广泛。使用传统的传输方式，多媒体文件要在完全下载后才能使用，这个下载过程受制于网络的情况，往往需要花费数分钟甚至数小时的时间。流媒体技术很好地解决了这个问题，可以实现流式传输。在动画播放时，动画中的声音、影像或动画由服务器向用户计算机进行连续不间断传送，用户不必等到整个文件全部下载完毕，只需经过短暂的启动延时获得可以播放的片段，即可进行观看，而文件的剩余部分将在文件播放的同时继续下载。

Flash 动画采用了流媒体播放技术，其受网络资源的制约较小，动画可以实现一边播放一边下载。如果速度控制得好，用户在观看时根本感觉不到文件下载过程，因此，Flash动画一出现即在网络上得到了广泛的应用。

3．逼真的动画和媒体支持

Flash 提供了多种动画创建方法，能够方便地创建逐帧动画、补间动画和遮罩动画等。在 Flash CS5 中，更是增加了骨骼动画功能，使用该功能可方便逼真地模拟各种物理效果和人物动作，并且能够快速有效地进行配置。

Flash 动画不仅仅是矢量图形的动画，还可以添加各种格式的位图、声音和视频剪辑的多种媒体元素，同时能够方便地将这些元素整合在动画中。在 Flash 动画中，整合各种元素的文件将进行高效压缩，保证文件的短小精悍，使其适于网络传输。

4．强大的交互性

与传统的动画相比，Flash 动画的一大特色是可以具有交互性。在创建 Flash 动画时，用户可以使用 ActionScript 动作脚本为动画加上命令，让用户的动作成为动画的一部分，并实现对动画的控制。在动画中，用户可以通过鼠标的单击、移动以及键盘操作等来决定动画运行的流程和结果。

ActionScript 提供了强大的交互程序设计能力，Flash 也由此演变为一个真正完善的面向对象的程序设计软件。应用 ActionScript，在动画中用户可以方便地实现按钮交互、文本交互、菜单交互和导航交互等操作。Flash 动画的交互性是其他传统动画所不具有的特征，这也是 Flash 在各种多媒体交互开发中得到广泛应用的原因。

1.1.2　Flash 的应用领域

　　Flash 交互动画最初是在网络上得到大家的认同的，经过多年的发展壮大，Flash 向世人证明了自己的实用性。除了流行的网络动画、各种宣传动画、娱乐短片、动画贺卡、音乐 MV 和交互游戏等大家熟知的应用外，Flash 还在网络广告、多媒体课件以及应用程序开发等诸多领域得到了广泛的应用。

1．网络广告

　　随着互联网的飞速发展，网络广告也得到了广泛的应用，其中，Flash 广告是利用 Web 宣传的一种重要方式。据调查资料显示，很多企业都愿意采用 Flash 来制作广告，因为 Flash 广告具有独特的优势。如可以方便地在网络上发布，也可以转换为视频在传统的电视等媒体上播放。同时，由于 Flash 动画具有强大的交互性，使用它来展示产品，可以让用户与广告进行交互，如选择自己关心的产品、模拟产品的操作和查看感兴趣的内容等。这种互动的广告显然能够获得比传统的展示式广告更好的效果，如图 1.2 所示为 Flash 广告实例。

2．交互式游戏

　　Flash 具有强大的交互性，使用 Flash 进行动画制作，结合 ActionScript 脚本，就能制作出精致的 Flash 游戏。Flash 游戏具有短小精悍、趣味性强和适于网络传播等特征，将 Flash 游戏与广告相结合后，让受众参与其中，能够获得很好的效果。如图 1.3 所示为经典的 Flash 游戏。

图 1.2　Flash 广告

图 1.3　经典的 Flash 游戏

3．交互式课件

　　课件制作一直是 Flash 的一个重要应用领域，使用 Flash 制作课件具有生成文件小、交互性强、表现形式丰富、方便维护和更新等特点。同时，Flash 具有创建和发布 Web 应用程序的功能，这完全能够满足当前多媒体课件的网络化要求。正是基于这些特征，Flash 已经成为一种最为完善的多媒体课件制作软件。如图 1.4 所示为多媒体课件实例。

4．网络应用程序开发

传统的应用程序的界面往往都是静态的，由于 Flash 动画的出现，现在越来越多的应用程序的界面开始应用 Flash 动画，使界面美观而个性化，同时也将静态界面转变为更有吸引力的动态界面。同时，随着以智能手机为代表的各种数码设备的智能化，Flash 也越来越多地应用其中，使设备界面更加美观，操作更加方便。在网络应用程序方面，Flash 大大增强了网络功能，不仅能够直接读取 XML 数据，还可以与 ColdFusion、ASP 和 JSP 相结合，这使得 Flash 在网络应用程序开发领域得到了广泛的应用。如图 1.5 所示为使用 Flash 制作的网络应用程序。

图 1.4　Flash 课件实例

图 1.5　Flash 网络应用程序

1.2　Flash CS5 的工作环境

操作界面是 Flash CS5 为用户提供的工作环境，也是软件为用户提供工具、信息和命令的工作区域。熟悉操作界面有助于提高工作效率，使操作得心应手。

1.2.1　Flash CS5 的开始页

在 Flash CS5 启动完成后，界面中将首先显示开始页，如图 1.6 所示。开始页将启动 Flash CS5 后常用的操作集中放在一起，供用户随时调用。用户可以在页面中选择从哪个项目开始工作，很容易地实现从模板创建文档、新建文档和打开文档的操作。同时通过选择【学习】栏中的选项，用户能够方便地打开相应的帮助文档，进入具体内容的学习。

　　专家点拨：本书采用 Flash CS5.5 简体中文版，请读者采用相应的 Flash 软件版本进行学习。另外，本书所有内容也同样适用于 Flash CS5。

图 1.6　开始页

专家点拨：在开始页中勾选【不再显示】复选框，下次启动 Flash CS5 时将不再显示开始页。

1.2.2　Flash CS5 的操作界面

在开始页中选择【新建】栏中的 ActionScript 3.0 命令，Flash 会创建一个空白的 Flash 文档。Flash CS5 的操作界面主要包括应用程序栏、菜单栏、工具栏、舞台、时间轴和面板等。Flash CS5【传统】工作区界面窗口构成如图 1.7 所示。

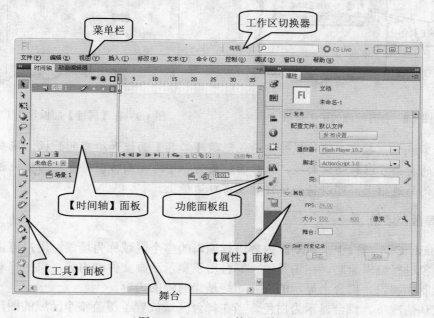

图 1.7　Flash CS5 的界面构成

专家点拨：Flash 的应用程序栏用于显示软件图标，设置工作区的布局。同时还包括了传统的 Windows 应用程序窗口的最大化、关闭和最小化按钮。

1．菜单栏

菜单栏包含了 Flash 的操作命令，包含了【文件】、【编辑】、【视图】、【插入】、【修改】等共 11 个菜单项，单击每一个菜单项都可以弹出一个下拉菜单，使用菜单中的命令将能够实现各种操作。

2．【工具】面板

【工具】面板又称为绘图工具栏，其中包含了用于图形绘制和编辑的各种工具，利用这些工具可以绘制图形、创建文字、选择对象、填充颜色、创建 3D 动画等。单击【工具】面板上的 按钮，可以将面板折叠为图标。在面板的某些工具的右下角有一个三角形符号，表示这里存在一个工作组，单击该按钮后按住鼠标不放，则会显示工具组的工具。将鼠标移到打开的工具组中，单击需要的工具，即可使用该工具，如图 1.8 所示。

在【工具】面板中单击某个工具按钮选择该工具，此时在【属性】面板中将显示工具设置选项。使用【属性】栏，可以对工具的属性参数进行设置，如图 1.9 所示。

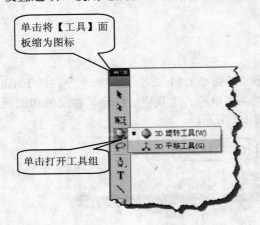

图 1.8　打开隐藏的子工具组

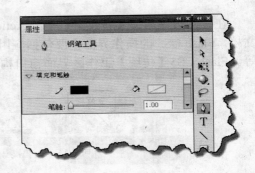

图 1.9　在【属性】面板设置工具属性

专家点拨：按 F4 键将能够显示或隐藏【工具】面板和所有的面板。拖曳【工具】面板顶端的灰条可以移动该面板，此时面板成为一个浮动面板。将浮动面板拖放到程序窗口左右两侧的边框上，可以将面板停靠在窗口边框上。

3．舞台和场景

在 Flash CS5 窗口中，对动画内容进行编辑的整个区域称为场景，用户可以在整个区域内对对象进行编辑绘制。在场景中，舞台用于显示动画文件的内容，供用户对对象进行浏览、绘制和编辑，舞台上显示的内容始终是当前帧的内容。

在默认情况下，舞台显示为白色，当在舞台区域放置了覆盖整个区域的图形，则该图形将作为 Flash 动画的背景。在舞台的周围存在着灰色区域，放在该区域中的对象可以进行编辑修改，但不会在导出的 SWF 影片中显示出来。因此，所有需要在最终动画文件中显示的元素必须放置在舞台中，如图 1.10 所示。

图 1.10 舞台上能够显示的图形

为了方便图形在编辑和绘制时定位，有时需要在舞台上显示网格和标尺。选择【视图】|【标尺】命令，将可以在场景中显示垂直和水平标尺。选择【视图】|【网格】|【显示网格】命令，在舞台上将显示出网格。

在对图形对象进行编辑制作时，舞台的显示大小是可以根据需要进行调整的。同时，操作者也可以选择舞台上的元件进行编辑。对于多场景动画来说，操作者还可以在当前舞台直接选择需要编辑的场景。实现这些舞台操作的具体方法如图 1.11 所示。

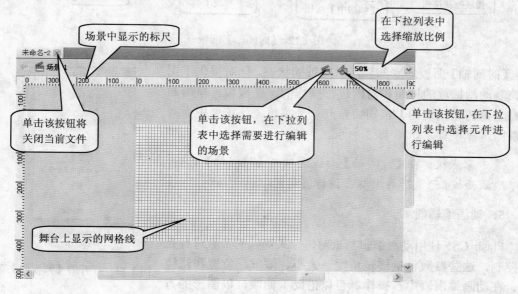

图 1.11 舞台上的操作

📖 **专家点拨**: 如果使用 Flash CS5 打开多个动画文件, 在默认情况下会在场景的上方显示相应的选项卡, 单击这些选项卡可以在不同的文档中进行切换。

4. 【时间轴】面板

【时间轴】面板是一个显示图层和帧的面板, 用于控制和组织文档内容在一定时间内播放的帧数, 同时可以控制影片的播放和停止。Flash 动画与传统的动画原理相同, 是按照画面的顺序和一定的速度来播放影片的。与胶片一样, Flash 动画将时长分为帧, 每一帧中包含了不同的画面, 这些画面分别是一组连贯工作的分解画面, 按照一定的顺序将画面在时间轴中排列, 连贯起来播放就好像动起来了。图层就像一张张透明的玻璃纸, 每个图层中包含一个显示在舞台上的对象, 一层层地叠加上去就构成了一幅完整的图画。

Flash 中的【时间轴】面板主要包含图层、帧和播放头, 其结构如图 1.12 所示。在面板中, 时间轴顶部标题数字指示帧编号, 红色的标记线为播放头, 播放头可以在时间轴上任意移动, 显示出在舞台上的当前帧。如果需要定位时间轴上的某一帧, 可以单击时间轴上的帧格, 也可以拖动播放头将其放置到该帧格上。

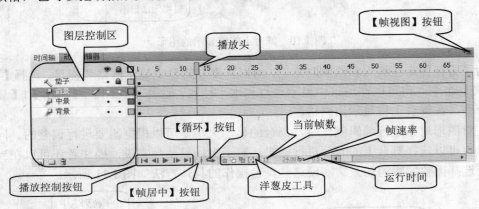

图 1.12 【时间轴】面板

【时间轴】面板的底部显示时间轴的状态, 同时提供了用于控制动画播放的按钮和对帧进行操作的一些按钮。单击面板右上角的【帧视图】按钮将打开一个菜单, 该菜单用于对帧视图进行设置, 如图 1.13 所示。

📖 **专家点拨**: 在【时间轴】面板上双击【时间轴】标签, 可以隐藏面板。隐藏后再次双击该标签将能取消面板的隐藏。

5. 动画编辑器

Flash CS5 使用动画编辑器来对每个关键帧的参数进行完全控制, 这些参数包括旋转角度、大小、缩放、位置和滤镜等。在动画编辑器中, 操作者可以借助于曲线, 以图形的方式来控制缓动。在时间轴上选择补间范围后的【动画编辑器】面板, 如图 1.14 所示。

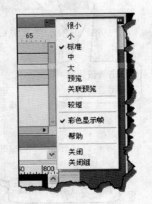

图 1.13 打开的【帧视图】菜单

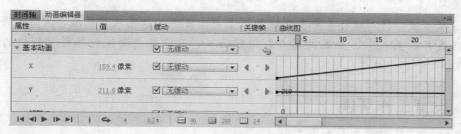

图 1.14　【动画编辑器】面板

6. 面板组

　　Flash CS5 加强了对面板的管理，常用的面板可以嵌入面板组中。使用面板组，可以对面板的布局进行排列，这包括对面板进行折叠、移动和任意组合等操作。在默认情况下，Flash CS5 的面板以组的形式停放在操作界面的右侧。

　　在面板组中单击图标，将能够展开对应的面板，如图 1.15 所示。从功能面板组中将一个图标拖出，该图标可以放置在屏幕上的任何位置，如图 1.16 所示。此时单击图标或按钮，即可将面板展开。

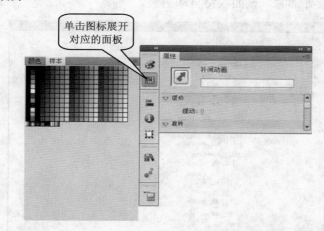

图 1.15　展开面板

图 1.16　放置面板

专家点拨：将面板标签拖曳到组面板上突出显示的蓝色放置区域，该面板将放置到组中。在展开的面板中，如果需要重新排列面板，只需要将面板标签移动到组的新位置即可。

1.2.3 设置工作环境

不同的操作者在使用软件时有不同的操作习惯，因此创建符合自己操作习惯的工作环境将有助于提高工作效率。Flash CS5 的界面具有强大的可定制性，用户可以根据需要通过调整面板的位置和是否显示来改变工作区的布局，同时还可以对工作区和舞台进行设置，以创建适合自己需要的工作环境。

1. 设置首选参数

在 Flash CS5 中，选择【编辑】|【首选参数】命令将打开【首选参数】对话框，如图 1.17 所示。在【常规】栏中，操作者可以设置常规首选参数。如这里勾选【显示工具提示】复选框，则将鼠标放置在工具上时将显示提示。勾选【自动折叠图标面板】复选框，则在单击展开的面板外部时，该面板将自动折叠。

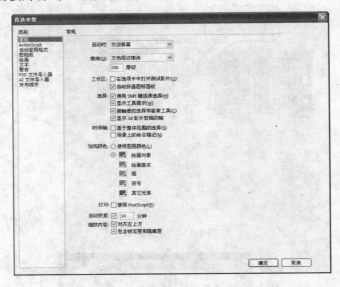

图 1.17 【首选参数】对话框

2. 自定义【工具】面板

Flash CS5【工具】面板中工具的布局可以根据需要进行设置，下面介绍具体的操作方法。

（1）选择【编辑】|【自定义工具面板】命令打开【自定义工具面板】对话框，在对话框左侧选择工具，在【可用工具】列表中选择一个工具，单击【增加】按钮，该工具将添加到右侧的【当前选择】列表中，如图 1.18 所示。

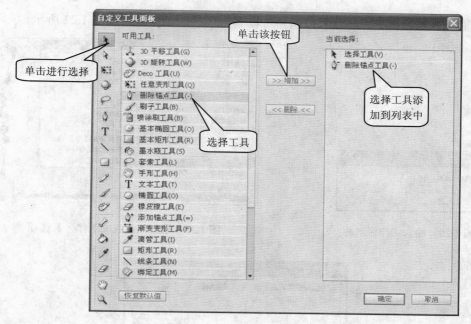

图 1.18　【自定义工具面板】对话框

（2）单击【确定】按钮关闭【自定义工具面板】对话框，此时对话框的【当前选择】列表中的工具将出现在同一个工具组中，如图 1.19 所示。

专家点拨：在【自定义工具面板】对话框的【当前选择】列表中选择工具后，单击【删除】按钮，该工具将从当前组中删除。如果单击【恢复默认值】按钮，则【工具】面板将恢复为默认的布局。

图 1.19　工具出现在同一个组中

3．设置工作区

Flash CS5 提供了 6 种样式的工作区布局，它们分别是动画、传统、调试、设计人员、开发人员和基本功能。操作者可以根据不同的操作任务来选择，同时操作者也可以建立自己的工作区，并在以后的工作中使用。下面介绍新建和管理工作区的操作方法。

（1）选择【窗口】|【工作区】|【新建工作区】命令打开【新建工作区】对话框，在对话框的【名称】文本框中输入新建工作区的名称，如图 1.20 所示。

（2）单击【确定】按钮关闭对话框，此时在【窗口】|【工作区】菜单中将出现【我的工作区】命令，选择该命令即可使用该工作区布局了，如图 1.21 所示。

专家点拨：在【窗口】|【工作区】菜单中，选择相应的命令可以实现工作区切换。如勾选【传统】命令，可以将工作区设置为传统布局方式。另外，在 Flash CS5 的应用程序栏中单击【工作区切换器】按钮 基本功能 ▼ ，在打开的下拉列表中选择相应的选项同样能够实现工作区的切换。

（3）在【窗口】|【工作区】菜单中选择【管理工作区】命令打开【管理工作区】对话框。在对话框中选择工作区选项，单击【重命名】按钮将打开【重命名工作区】对话框对

工作区重新命名。单击【删除】按钮，可以删除选择的工作区，如图 1.22 所示。

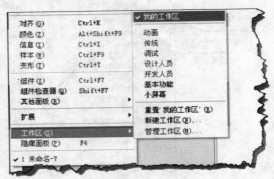

图 1.20 输入工作区名称 图 1.21 添加的【我的工作区】选项

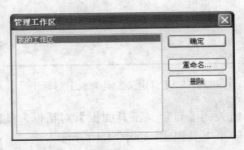

图 1.22 【管理工作区】对话框

1.3 文档的基本操作

使用 Flash CS5 制作动画，首先需要掌握其基本的操作技巧。本节将介绍初学者使用 Flash CS5 必须掌握的文档新建、打开、关闭和设置文档属性等操作的方法和技巧。

1.3.1 新建 Flash 文档

制作 Flash 动画的第一步是创建一个新文档，在 Flash CS5 中用户可以创建新的空白文档，也可以根据模板来创建新文档。启动 Flash CS5 后，在开始页的【新建】栏中选择 ActionScript 3.0 或 ActionScript 2.0 命令即可创建一个新的空白文档。如果开始页被关闭了，可以使用下面的方法来创建新文档。

1. 创建空白文档

选择【文件】|【新建】命令打开【新建文档】对话框，在【常规】选项卡的【类型】列表中选择需要创建的新文档类型。此时在对话框右侧将能够对新建文档进行设置，同时在【描述】文本框中显示对当前选择文档类型的描述，如图 1.23 所示。单击【确定】按钮即可创建一个新文档。

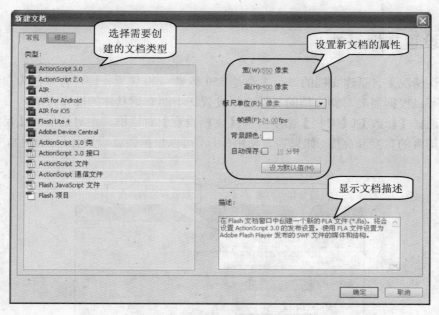

图 1.23　【新建文档】对话框

2．从模板创建文档

　　Flash CS5 提供了各种类型的应用模板供用户选择使用，打开【新建文档】对话框，在对话框中选择【模板】选项卡，此时对话框变为【从模板新建】对话框。在对话框的【类型】列表中选择需要使用的模板类型，在【模板】列表中选择需要使用的模板。此时在对话框中将能够预览模板文件的效果并看到对该模板的描述信息，如图 1.24 所示。完成选择后单击【确定】按钮即可使用该模板创建新文档了。

图 1.24　【从模板新建】对话框

1.3.2 设置文档属性

在默认情况下，新建文档的舞台大小是 550 像素×400 像素，舞台背景色为白色。实际上，用户可以根据需要对新文档的属性进行设置。下面介绍具体的操作方法。

（1）选择【修改】|【文档】命令打开【文档设置】对话框，在对话框的【尺寸】文本框中设置舞台的宽度和高度。如果需要使用标尺，可以根据需要设置标尺的单位，如图 1.25 所示。

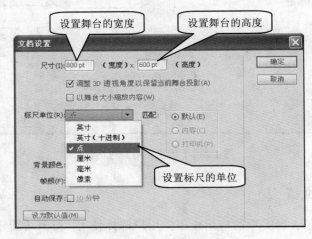

图 1.25 【文档属性】对话框

（2）在对话框中单击【背景颜色】色块，在打开的调色板中选择颜色即可实现对舞台背景色的设置，如图 1.26 所示。

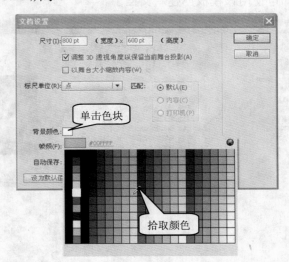

图 1.26 设置背景色

（3）将鼠标放置到【帧频】数字上，拖动鼠标改变影片放映的帧频值，如图 1.27 所示。

这里，帧频值的大小决定了影片每秒放映的帧数，该值将直接影响到影片放映的快慢，其单位为"帧/秒"，也就是每秒放映的帧数。另外，单击对话框中的帧频值，将出现文本，可以直接输入数字对帧频进行设置。在设置完成后，单击【确定】按钮关闭对话框。

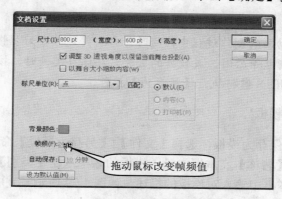

图 1.27　设置帧频

专家点拨：在【文档设置】对话框中，选择【匹配】栏中的【打印机】单选按钮，则文档大小将设置为最大可用打印区域。选择【内容】单选按钮，则文档大小将恰好容纳当前影片的内容。如果单击【设为默认值】按钮，对话框的设置将恢复为默认值。

1.3.3　保存文档

在完成 Flash 文档的创建和制作后，文档需要保存。保存 Flash 文档，常有下面的这些方法。

1．文档的保存

用户创建新文档后，如果是第一次保存，在选择【文件】|【保存】命令时，Flash 将打开【另存为】对话框。使用该对话框用户可以设置动画文件保存的位置和文件名，如图 1.28 所示。完成设置后，单击【保存】按钮文档即被保存。

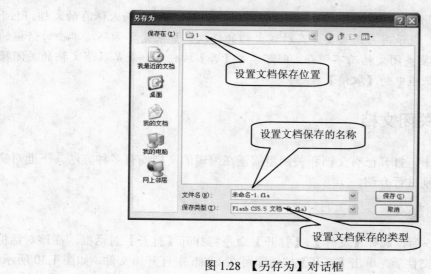

图 1.28　【另存为】对话框

对于已经保存过的文档，文档如果进行了修改，需要对其进行保存。如果选择【文件】|【保存】命令，文档将直接进行保存。如果需要将文档保存在其他位置或更改文档名和类型，可以选择【文件】|【另存为】命令，此时将打开【另存为】对话框，完成设置后单击【保存】按钮即可。

专家点拨：在动画的制作过程中，随时保存文件是一个好习惯，这样可以有效地避免因为计算机死机或断电等原因造成数据的丢失。在保存文件时，按 Ctrl+S 键将执行【保存】操作，按 Ctrl+Shift+S 键将执行【另存为】操作。

2．将文档保存为模板

Flash 允许将文档保存为模板，选择【文件】|【另存为模板】命令打开【另存为模板】对话框。在对话框的【名称】文本框中输入模板的名称，在【类别】下拉列表中选择模板类型，在【描述】文本框中输入对模板的描述，如图 1.29 所示。完成后设置后，单击【保存】按钮即可将动画以模板的形式保存下来。

图 1.29 【另存为模板】对话框

专家点拨：用户在关闭文档时，如果该文档是新文档或编辑过而未保存的文档，Flash 会给出提示对话框，提示用户是否要保存对该文档的修改。如果需要保存，单击对话框的【是】按钮。如果需要关闭文档而不保存，则可单击【否】按钮。如果是取消文档的关闭操作，则可以单击对话框中的【取消】按钮。

1.3.4 打开和关闭文档

在 Flash CS5 中，打开已有文档和关闭当前正在编辑的文档均有多种方法。下面对文档的打开和关闭分别进行介绍。

1．打开文档

启动 Flash CS5 后，选择【文件】|【打开】命令将打开【打开】对话框，在该对话框中选择需要打开的文件后，单击【打开】按钮即可在 Flash 中打开该文件，如图 1.30 所示。

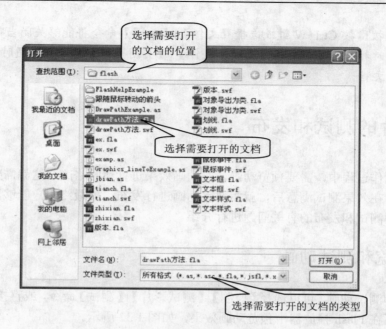

图 1.30　【打开】对话框

　　专家点拨: Flash CS5 打开文档的方式很多, Flash CS5 启动时, 在开始页中单击【打开】按钮可以打开【打开】对话框。在程序中按 Ctrl+O 键也可以实现文档的打开操作。Flash CS5 在正常安装后, 在 Windows 资源管理器中双击需要打开的 "*.fla" 文件可以直接打开该文档。另外, 选择【文件】|【最近打开的文档】命令, 在下级菜单中将列出最近打开的文档, 单击某个文档命令可以快速将其打开。

2. 关闭文档

　　在 Flash CS5 中, 文档在程序界面中以选项卡的形式打开, 单击文档标签上的【关闭】按钮, 可以关闭该文档, 如图 1.31 所示。

图 1.31　关闭文档

专家点拨：按 Ctrl+W 键或选择【文件】|【关闭】命令将能够关闭当前正在编辑的文档。如果同时打开了多个文档，选择【文件】|【关闭全部】命令可以同时关闭在 Flash 中打开的所有文档。

1.4 影片的测试和发布

在动画制作过程中，需要预览动画，对动画效果进行适时修改，这就需要对创作的动画进行测试。在效果测试满意后，就需要将动画进行发布，使最终用户能够看到和使用。本节将对动画测试和发布的有关问题进行介绍。

1.4.1 预览和测试动画

要预览和测试动画，可以选择【控制】|【测试影片】|【测试】命令，或直接按 Ctrl+Enter 键，此时即可在 Flash 播放器中预览动画效果，如图 1.32 所示。

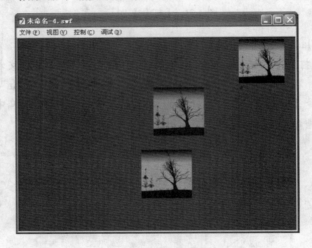

图 1.32 预览动画效果

专家点拨：这里选择【控制】|【测试场景】命令，将能够在 Flash 播放器窗口中预览当前场景动画。另外，如果选择【控制】|【播放】命令，或直接按 Enter 键，将能够在舞台上预览动画效果。

选择【窗口】|【工具栏】|【控制器】命令，将打开【控制器】面板，单击其中的【播放】按钮，动画将在舞台上播放，如图 1.33 所示。通过面板上的按钮，可以对动画播放进行控制。如单击【前进一帧】按钮 ，可以对动画向前进行逐帧播放。单击【后退一帧】按钮 ，可以使播放头跳到动画的最后一帧。

单击【播放】按钮播放动画

图 1.33 播放动画

专家点拨：选择【视图】|【视图预览】命令，利用其下级菜单中的命令可以对预览模式进行设置。选择【视图】|【带宽设置】命令，在动画窗口的上面将会出现带宽特性查

看窗格，选择【视图】|【帧数图表】命令，在带宽特性查看窗格中将显示帧数图表，可以逐帧显示动画数据流的大小。选择【视图】|【下载设置】|【自定义】命令将打开【自定义下载设置】对话框，使用该对话框可以根据需要自定义模拟的带宽。选择【视图】|【模拟下载】命令，播放器可以模拟在当前设置的带宽速度下在浏览器中的下载及播放情况。

1.4.2　Flash 文件的导出

在完成动画的测试后，创建的动画可以导出为需要的文件格式。Flash CS5 可以导出的文件格式很多，包括 Flash 影片、视频影片和图形文件等。

Flash 影片（.swf）文件是 Flash CS5 默认的文件导出格式，这种格式的文件能够播放所有创建的动画效果，具有交互功能，而且文件数据量小，能够设置对文件的保护。

选择【文件】|【导出】|【导出影片】命令打开【导出影片】对话框，在对话框中选择文件的保存路径并设置导出文件的文件名，将导出文件的类型设置为【SWF 影片（*.swf）】，如图 1.34 所示。完成设置后，单击【保存】按钮即可将作品导出为 Flash 影片文件。

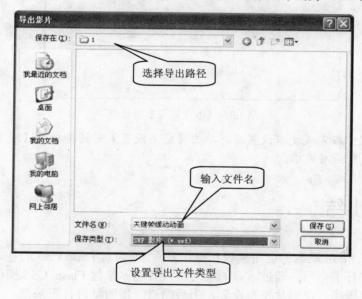

图 1.34　【导出影片】对话框

1.4.3　Flash 文件的发布设置

Flash 文件能够导出为多种格式，为了提高制作效率，避免在每次发布时都进行设置，可以在【发布设置】对话框中对需要发布的格式进行设置，然后只需要选择【文件】|【发布】命令即可按照设置直接将文件导出发布了。

选择【文件】|【发布设置】命令打开【发布设置】对话框，在【发布】栏中勾选 Flash（.swf）复选框，并选择该选项。在【输出文件】文本框中输入文件保存的路径和文件名，同时在对话框中对有关选项进行设置，如图 1.35 所示。

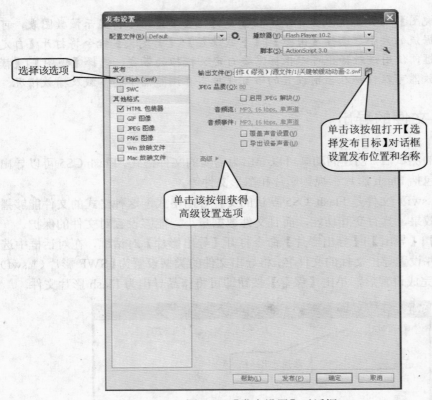

图 1.35 【发布设置】对话框

专家点拨：在完成发布设置后，单击【发布设置】对话框中的【发布】按钮将可以直接按照设置发布当前文档。

1.5 本章小结

本章介绍了 Flash 动画的应用领域和操作界面，同时对 Flash CS5 的基本操作和文档发布和发布设置进行了介绍。通过本章的学习，读者能够掌握 Flash CS5 操作界面的设置、文档打开和保存操作以及影片发布设置，为后面进一步的学习打下基础。

1.6 本章习题

一、选择题

1. Flash CS5 源文件的扩展名是什么？（　　）
   A．fla　　　　　　　　B．xfl　　　　　　　　C．swf　　　　　　　　D．asc
2. 以下关于【传统】工作区界面布局的描述，错误的是哪一项？（　　）
   A．应用程序栏位于窗口的右上方
   B．【工具箱】停放在窗口的右侧

C.【属性】面板打开并停放在窗口右侧

D.【时间轴】面板位于界面的上方

3．Flash CS5 无法将动画导出为下面哪种格式的文件？（　　）

　　A．jpg　　　　　　　　B．png　　　　　　　C．avi　　　　　　　D．ai

4．要直接在舞台上预览动画效果，应该按下面哪个快捷键？（　　）

　　A．Ctrl+Enter　　　　　　　　　　　　　B．Ctrl+Shift+Enter

　　C．Enter　　　　　　　　　　　　　　　D．Ctrl+Alt+Enter

二、填空题

1．在 Flash CS5 程序窗口中，对动画内容进行编辑的整个区域称为_____，用户可以在整个区域内对对象进行编辑绘制。_____用于显示动画文件的内容，供用户对对象进行浏览、绘制和编辑，默认情况下它为白色。

2．【时间轴】面板是一个显示_____的面板，用于控制和组织文档内容在一定时间内播放的_____，同时可以控制影片的_____。

3．将动画导出为 SWF 影片，可以选择_____命令打开【导出影片】对话框，同时在【保存类型】下拉列表中选择_____选项。

4．在【发布设置】对话框中，在【发布】栏中选择 Flash（.swf）选项，如果勾选【省略 trace 语句】复选框，则将取消作品中脚本中的_____。如果将【脚本时间限制】设置为 20 秒，则 Flash Player 将取消执行超过 20 秒的_____。

1.7　上机练习与指导

1.7.1　Flash CS5 界面的操作

使用【传统】工作区，并以此为基础创建一个简洁的操作界面，界面中只包括浮动的【工具】面板，如图 1.36 所示。同时将工作区布局保存以备以后使用。

图 1.36　只包含浮动【工具】面板的操作界面

主要练习步骤指导：

（1）选择【窗口】|【属性】命令关闭【属性】面板，选择【窗口】|【时间轴】命令关闭【时间轴】面板。

（2）将面板组拖放到窗口中，单击右上角的【关闭】按钮▣关闭面板组。

（3）选择【窗口】|【工具栏】|【编辑栏】命令关闭舞台编辑栏。

（4）将【工具】面板拖放到窗口中间。

1.7.2   使用模板并发布为可执行文件

打开 Flash CS5 自带的"随机布朗运动"模板，并将其发布为可执行文件。

（1）启动 Flash CS5 后，在开始页中选择【从模板创建】栏中的【动画】选项。

（2）在打开的【从模板创建】对话框的【类别】栏中选择【动画】，在对话框中间的【模板】栏中选择【随机布朗运动】选项，单击【确定】按钮打开该模板文件。

（3）选择【文件】|【发布设置】命令打开【发布设置】对话框，在对话框的【其他格式】栏中勾选【Win 放映文件】复选框。设置文件输出的位置和文件名，单击对话框的【发布】按钮发布文件。

第 2 章

绘制图形

在Flash CS5中，运用工具箱中的绘图工具来绘制图形，是创作动画的第一步，是动画设计的基础。使用Flash CS5工具箱绘制的图形是矢量图形，其具有任意放大缩小而不失真的优势，同时也能保证获得的动画文件体积较小。本章将介绍使用Flash CS5的绘图工具绘制各种图形对象的方法。

本章主要内容：
- 绘制规则图形；
- 绘制不规则图形；
- 特殊绘图工具；
- 其他辅助绘图工具。

2.1 绘制规则图形

在 Flash CS5 中，绘制规则图形的工具包括矩形工具、椭圆工具、基本矩形工具、基本椭圆工具和多角星形工具，它们被组合在一个工具组中供用户使用。使用这些工具可以绘制规则的矢量图形。

2.1.1 矩形工具和基本矩形工具

矩形工具和基本矩形工具主要用来绘制矩形、正方形和圆角矩形，在完成图形的绘制后，使用【属性】面板对绘制的图形进行设置。

1.【矩形工具】和【基本矩形工具】简介

【矩形工具】是基本的图形绘制工具，使用比较简单。在使用该工具时，首先在工具箱中选择该工具，如图 2.1 所示。在【属性】面板中对工具属性进行设置，如图 2.2 所示。

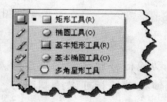

图 2.1　选择矩形工具

将鼠标光标移动到舞台上，当光标变为十字形时，拖动鼠标即可根据【属性】面板的设置绘制出需要的矩形。按照图 2.2 的设置得到的矩形如图 2.3 所示。

使用【基本矩形工具】绘制图形的方法和【矩形工具】相同，在工具箱中选择【基本矩形工具】，在【属性】面板中设置工具属性。将鼠标光标移动到舞台上，当光标变为十字形时，拖动鼠标即可绘制出需要的矩形，如图 2.4 所示。

图 2.2 【属性】面板   图 2.3   绘制图形

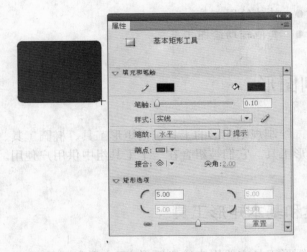

图 2.4   工具的【属性】面板设置和绘制的图形

专家点拨：在使用【矩形工具】或【基本矩形工具】绘制矩形时，按住 Shift 键拖动鼠标将能够绘制正方形。使用【椭圆工具】或【基本椭圆工具】绘制椭圆时，按住 Shift 键拖动鼠标可以绘制圆形。

2．设置图形的位置和大小

在完成图形的绘制后，可以使用【属性】面板对图形的属性进行设置。在工具箱中选择【选择工具】框选绘制的图形，在【属性】面板的【位置和大小】栏中设置图形的位置以及图形的宽高，如图 2.5 所示。

3．填充和笔触

Flash 中的每个图形都开始于一种形状，形状由两个部分组成，填充和笔触。填充是形状里面的部分，笔触就是形状的轮廓线。填充和笔触是互相独立的，可以修改或删除一个而不影响另一部分。如在工具箱中选择【选择工具】 ，在图形中单击选择填充部分，按 Delete 键即可删除填充部分只留下笔触，如图 2.6 所示。

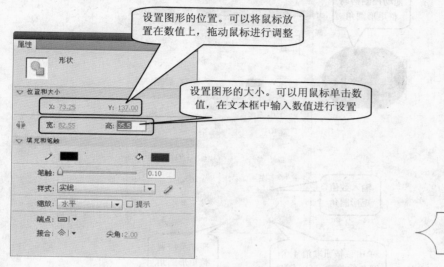

图 2.5　设置图形的位置和大小

图 2.6　删除填充

在图形的【属性】面板中可以对选择图形的填充和笔触进行设置，如这里设置绘制图形的填充色、笔触宽度和样式，如图 2.7 所示。

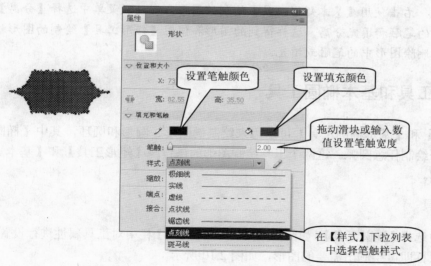

图 2.7　设置填充和笔触

4. 设置圆角

要绘制圆角矩形，如果使用【矩形工具】则只能在绘制矩形之前在【属性】面板中设置圆角半径。使用【基本矩形工具】绘制圆角矩形，在绘制完成后可以拖动图形边框上的控制柄来对圆角半径进行调整，也可以在【属性】面板的【矩形选项】栏中进行调整，如

图 2.8 所示。

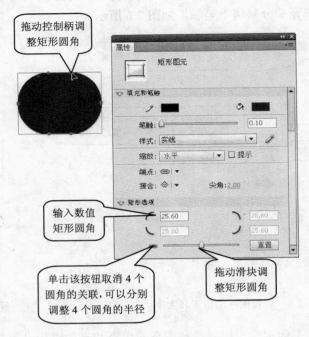

图 2.8　设置圆角

专家点拨：右击使用【基本矩形工具】绘制的图形，在关联菜单中选择【分离】命令，可以将图形的笔触和填充分离。这样得到的图形和使用【矩形工具】绘制的图形就完全一样了，可以删除图形中的笔触或填充。

2.1.2　椭圆工具和基本椭圆工具

【椭圆工具】和【基本椭圆工具】可以用来绘制椭圆形、圆形和圆环，其中【椭圆工具】还可以用来绘制任意圆弧。这两个工具绘制图形的操作与【矩形工具】和【基本矩形工具】基本相同。

1．椭圆工具

在工具箱中选择【椭圆工具】，如图 2.9 所示。在【属性】栏中对工具属性进行设置后，在舞台上拖动鼠标即可绘制出需要的图形，如图 2.10 所示。

专家点拨：在【属性】面板的【椭圆选项】栏中可以设置椭圆的各个参数，下面介绍各个设置项的含义。

● 【开始角度】：通过拖动滑块或在文本框中输入数值，可以设置椭圆开始点的角度。
● 【结束角度】：通过拖动滑块或在文本框中输入数值，可以设置椭圆结束点的角度。
● 【内径】：通过拖动滑块或在文本框中输入数值，可以设置内径的值。这个内径值决定了删除部分的大小。

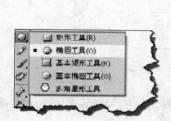

图 2.9 选择【椭圆工具】

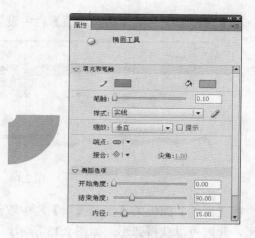

图 2.10 【属性】面板的设置

如果需要使用【椭圆工具】绘制一个封闭的环形，可以在【属性】面板的【椭圆选项】栏中将【开始角度】和【结束角度】设置相同的值，在【内径】文本框中设置环形的内径大小。这里，内径值设置得越大，中间删除的部分就越大，如图 2.11 所示。

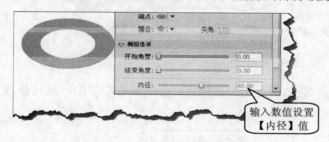

图 2.11 绘制封闭环形

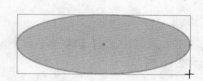

图 2.12 拖动鼠标绘制椭圆

2．基本椭圆工具

在工具箱中选择【基本椭圆工具】，在【属性】栏中根据需要设置图形属性，在舞台上拖动鼠标即可绘制需要的图形，如图 2.12 所示。

在【属性】面板的【椭圆选项】栏中设置【开始角度】和【结束角度】的值可以获得扇形，如图 2.13 所示。

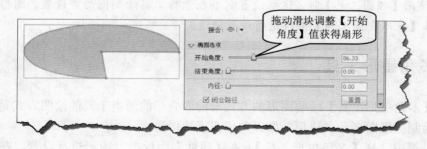

图 2.13 获得扇形

在【属性】面板的【椭圆选项】栏中设置【内径】值可以获得环形，如图 2.14 所示。

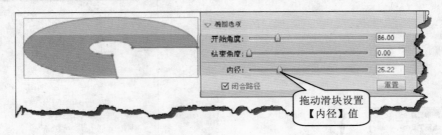

图 2.14　获得环形

在【属性】面板的【椭圆选项】栏中取消【闭合路径】复选框的勾选，则图形将不再封闭，此时可以获得弧形，如图 2.15 所示。

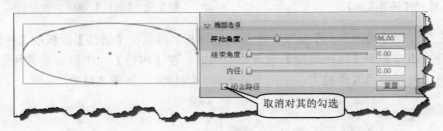

图 2.15　获得弧形

在工具箱中选择【选择工具】，拖动图形上的控制柄，可以对图形的形状进行修改，如图 2.16 所示。

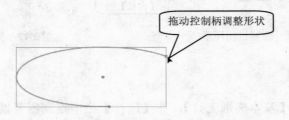

图 2.16　拖动控制柄修改图形形状

专家点拨：以上对使用【基本椭圆工具】绘制的图形的属性设置同样适用于【椭圆工具】。在使用【椭圆工具】时，这些设置需要在选择工具绘制图形前设置，图形绘制完成后无法再像【基本椭圆工具】那样进行设置修改。

2.1.3　多角星形工具

使用【多角星形工具】绘制图形的方式与前面介绍的两类工具的绘图方式是相同的，可以用来绘制星形图案和多边形，如五角星或五边形等。

在工具箱中选择【多角星形工具】，在【属性】面板中对图形进行设置，在舞台上拖动鼠标即可绘制需要的图形，如图 2.17 所示。

图 2.17 使用【多角星形工具】绘制图形

在【属性】面板中的【工具设置】栏中单击【选项】按钮将打开【工具设置】对话框，使用该对话框可以对【多角星形工具】进行设置。将工具设置为绘制 8 角星形后绘制的图形如图 2.18 所示。

图 2.18 绘制 8 角星形

专家点拨：下面介绍【工具设置】对话框中各设置项的作用。

● 【样式】：用于设置工具的绘图样式，有两个选项，它们是【多边形】和【星形】，默认选项为【多边形】。

● 【边数】：用于设置多边形或星形的边数。

● 【星形顶点大小】：用于设置星形或多边形顶点的大小。

2.1.4 实战范例——田园农舍

1．范例简介

本范例介绍绘制一幅炊烟升起的田园农舍剪影画的过程。在范例的制作过程中，使用【椭圆工具】、【矩形工具】和【多角星形工具】等工具来绘制图形，通过【属性】面板对图形的大小和位置等属性进行设置。同时，通过范例的制作还将能够掌握图形的移动和复制的操作方法。

2．制作步骤

（1）启动 Flash CS5，在开始页的【新建】栏中单击 ActionScript 3.0 选项创建一个新文档，如图 2.19 所示。

（2）在工具箱中选择【矩形工具】，在【属性】面板中单击【笔触颜色】色块，在打开的【调色板】中单击【无色】按钮取消笔触颜色，如图 2.20 所示。单击【填充颜色】色块，在打开的调色板中单击相应的颜色拾取填充色（绿色）（颜色值为 "#339900"），如图

2.21 所示。完成设置后拖动鼠标在舞台的下方绘制一个矩形，如图 2.22 所示。

图 2.19 创建新文档

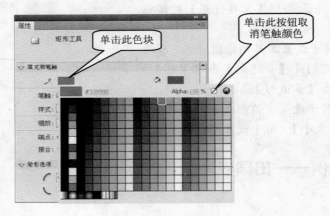

图 2.20 取消笔触颜色

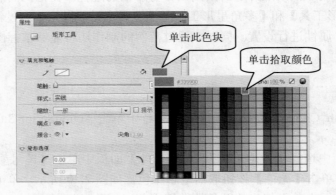

图 2.21 设置填充色

图 2.22 在舞台下方绘制一个矩形

（3）在工具箱中选择【多角星形工具】，在【属性】面板中取消笔触并设置和第（2）步绘制的矩形相同的填充色。单击面板中的【选项】按钮打开【工具设置】对话框，将【样式】设置为【多边形】，设置多边形的边数为"3"，如图 2.23 所示。完成设置后，单击【确定】按钮关闭【工具设置】对话框。

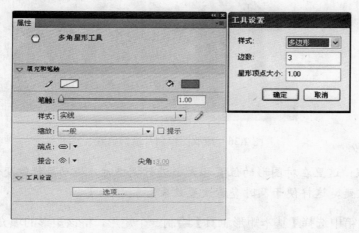

图 2.23 【多角星形工具】的设置

（4）拖动鼠标在舞台上绘制一个三角形，在工具箱中选择【选择工具】 ，将鼠标指针移动到三角形顶点处，鼠标指针变为 后拖动三角形的顶点修改三角形的形状，如图 2.24 所示。

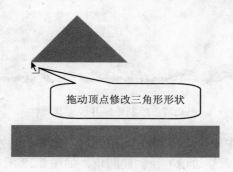

拖动顶点修改三角形形状

图 2.24 修改三角形形状

（5）选择【矩形工具】，使用相同的设置在三角形下方绘制一个矩形。使用【选择工具】选择绘制的矩形，在【属性】面板中调整矩形的位置和大小，如图 2.25 所示。完成设置后，使用【选择工具】框选三角形和矩形，拖动选择的图形将其放置到需要的位置，如图 2.26 所示。

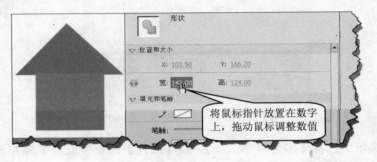

图 2.25 调整矩形的大小和位置

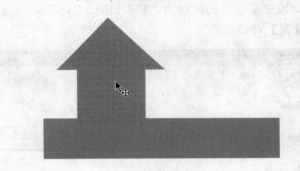

图 2.26 拖放图形到合适的位置

专家点拨：这里在对图形的位置和大小进行调整时，拖动鼠标改变设置值，图形将在舞台上随着改变，这样便于及时查看设置效果。

（6）在工具箱中选择【基本矩形工具】绘制一个矩形，将该矩形的填充色设置为白色，同时适当调整其位置和大小，如图 2.27 所示。

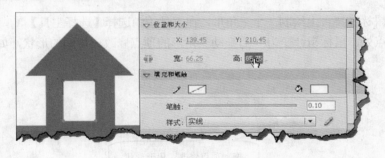

图 2.27 绘制矩形并设置其属性

（7）在【属性】面板中单击【将边角半径控件锁定为一个控件】按钮取消控件的锁定，拖动图形边角上的控制点调整边角半径创建圆角，如图 2.28 所示。

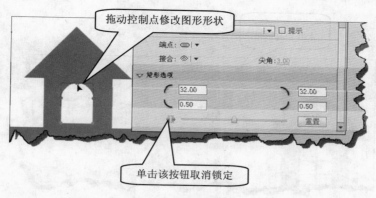

图 2.28　创建圆角

（8）使用【基本矩形工具】绘制一竖二横 3 个矩形，调整它们的位置以及宽度和高度。将它们放置到窗口作为窗棂。在屋顶处使用【基本矩形工具】绘制烟囱，在房子的右侧底部绘制一个矩形作为台阶，如图 2.90 所示。

图 2.29　绘制窗棂、烟囱和台阶

（9）在工具箱中选择【椭圆工具】，在【属性】面板中取消图形的笔触并将填充色设置为与前面使用工具的填充色相同。拖动鼠标在烟囱上方绘制一个椭圆形，在【属性】面板中对图形的宽度和高度进行设置，如图 2.30 所示。

图 2.30　绘制图形并设置宽度和高度

（10）使用【选择工具】选择椭圆形，按 Ctrl+C 键复制该图形，按 Ctrl+V 键两次在舞台上获得两个椭圆副本。拖动椭圆副本将其放置到适当的位置，在【属性】面板中单击【将宽度值和高度值锁定在一起】按钮锁定宽度和高度值，拖动【宽】值将复制图形适当缩小，如图 2.31 所示。

图 2.31　缩小图形

（11）使用【基本工具】绘制一横一竖两个矩形，调整绘制图形的位置，同时在【属性】面板中设置图形的宽度和高度。这里，竖放的矩形的宽度和横放矩形的高度均设置为 10，如图 2.32 所示。将竖放矩形复制 3 个，放置到横放的矩形上，调整它们的间距后，在【属性】面板中将它们的 Y 值设置得相同，如图 2.33 所示。至此，房屋左侧的篱笆制作完成。

图 2.32　设置竖放矩形的宽度

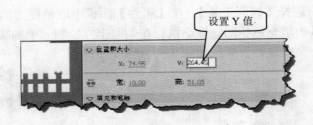

图 2.33　设置 Y 值

（12）使用【选择工具】按住 Shift 键分别单击左侧构成左侧篱笆的矩形同时选择它们。按 Ctrl+C 键复制选择的图形，按 Ctrl+V 键将复制图形粘贴到舞台上，将它们移到房屋的右侧。选择篱笆上的横放矩形，在【属性】面板中设置其宽度，如图 2.34 所示。

（13）使用【基本矩形工具】和【多角星形工具】绘制一个矩形和一个三角形，将矩形放置在三角形下方，调整它们的相对位置和大小。这样得到一个树的形状，如图 2.35 所示。使用相同的方法绘制第二个树形，这个树形比前一个树形要小。

（14）将绘制完成的两个树形放置到舞台中房子右侧适当的位置。至此，本范例制作完成，范例制作完成后的效果如图 2.36 所示。

图 2.34　设置矩形宽度

图 2.35　绘制树形

图 2.36　范例制作完成后的效果

2.2　绘制不规则图形

在使用 Flash 制作动画时，经常需要绘制不规则图形。在 Flash CS5 中，绘制不规则图形可以使用【线条工具】、【铅笔工具】和【钢笔工具】。本节将介绍使用这些工具绘制不规则图形的方法。

2.2.1　线条工具

线条是构成矢量图形的基本要素，在 Flash CS5 中，可以使用【线条工具】来绘制各种长度和角度的直线。同时，将绘制的多条直线连接，可以构成各种多边形。

1．绘制线条

与绘制规则图形一样，在使用【线条工具】时，首先在工具箱中选择【线条工具】，在【属性】面板中对工具的属性进行设置。在舞台上拖动鼠标即可，如图 2.37 所示。

专家点拨：在绘制直线时，按住 Shift 键拖动鼠标可以绘
制水平、垂直或角度为 45°倍数的直线。

图 2.37 拖动鼠标绘制线条

2. 设置笔触样式

在完成线条绘制后，可以使用【属性】面板对线条进行设置。在工具箱中选择【选择
工具】，选择线条。在【属性】面板的【填充和笔触】栏中可以对笔触的颜色和笔触高度进
行设置，设置方法与使用规则工具绘制图形时的方法一样。

线条笔触的样式可以在样式下拉列表中选择，Flash 提供了极细线、实线、虚线、点状
线等样式。在【属性】面板的【样式】下拉列表中选择相应的选项即可将该样式应用到线
条，如图 2.38 所示。

单击【样式】下拉列表框右侧的【编辑笔触样式】按钮将打开【笔触样式】对话框，
使用该对话框可以对笔触进行详细的设置，如图 2.39 所示。

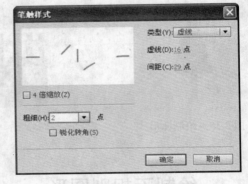

图 2.38 设置笔触样式

图 2.39 【笔触样式】对话框

专家点拨：在笔触样式列表中有一个【极细线】选项，使用这种样式的线条在进行
任何比例的放大时，其显示的大小都会保持不变。

3. 线条的端点

在【属性】面板中，可以使用【端点】下拉列表中包括【无】、【圆角】和【方形】3
个选项，这 3 个选项用来设置直线或曲线起始点和终止点的样式，如图 2.40 所示。

绘制 3 条直线，分别将它们的【端点】设置为【无】、【圆角】和【方形】，图形的效
果如图 2.41 所示。

图 2.40 设置线条端点样式

图 2.41 设置不同端点类型后的图形效果

专家点拨：当将端点设置为【无】时，其端点样式与设置为【方形】时相同，只是此时相同长度的线段比设置为【方形】时要短一截。

4．线条的接合

在【属性】面板中，用户可以设置多条线条交叉时接合点的类型。缩微的接合点也称为拐点，是多条线条交叉时相接合的位置。在【属性】面板中可以设置 3 种接合类型，它们分别是【尖角】、【圆角】和【斜角】。当设置为【尖角】时，可以在右侧的【尖角】文本框中输入尖角的限制值来控制尖角接合的清晰度，如图 2.42 所示。

绘制 3 条折线，在【属性】面板中分别将【接合】设置为【尖角】、【圆角】和【斜角】后的效果，如图 2.43 所示。

图 2.42　设置接合类型

图 2.43　选择不同【接合】选项后的折线效果

5．选项栏工具

在工具箱中选择【线条工具】后，工具栏底部的选项栏将提供【对象绘制】按钮和【贴紧对象】按钮。单击【对象绘制】按钮使其处于按下状态，此时绘制的线条将是一个独立的对象，如图 2.44 所示。

单击【贴紧对象】按钮使其处于按下状态，此时在绘制图形时，Flash 能自动捕获直线的端点，使图形在端点处会自动闭合，如图 2.45 所示。

图 2.44　绘制的线条是独立对象

图 2.45　自动闭合图形

2.2.2　铅笔工具

在 Flash 中，可以使用【铅笔工具】来绘制不规则的曲线和直线。【铅笔工具】的使用方法很简单，在工具箱中选择【铅笔工具】，在【属性】面板中对工具进行设置。这里【属性】面板的设置与【线条工具】的设置基本一致。在完成绘制后，同样可以在【属性】面板中对笔触的颜色、高度、样式和端点等进行调整。

在工具箱中选择【铅笔工具】，此时在工具箱下选项栏中将出现【铅笔模式】按钮，单击该按钮有 3 种铅笔模式供选择，如图 2.46 所示。铅笔模式决定了使用【铅笔工具】绘制的曲线以何种方式来对轨迹进行处理。

1．伸直

选择【伸直】模式，在绘制图形时，Flash 会自动规则所绘制的曲线，使其贴近规则图形。此时，在绘制图形时，只需要勾勒出图形的大致的轮廓，Flash 就能够自动将图形转换为最接近的图形，如图 2.47 所示。

图 2.46　铅笔模式

图 2.47　使用【伸直】模式时的绘图效果

2．平滑

选择【平滑】模式，在绘制图形时，Flash 会自动平滑绘制的曲线，这样能够获得圆弧效果，使曲线更加平滑，如图 2.48 所示。

3．墨水

选择【墨水】模式，在绘制图形时，Flash 不会对绘制的线条进行任何处理，此时绘制的线条将更加接近手绘的效果，如图 2.49 所示。

图 2.48　使用【平滑】模式时的绘图效果

图 2.49　使用【墨水】模式时的绘图效果

2.2.3　钢笔工具

在 Flash 中，【钢笔工具】可以精确地绘制出平滑精致的直线和曲线。对于绘制完成的曲线，通过对锚点的操作可以方便地调整曲线的形状。

1．绘制直线和曲线

在工具箱中选择【钢笔工具】，如图 2.50 所示。在舞台上单击创建锚点，再次单击创建锚点，锚点间将会以线段连接。在舞台上连续单击即可创建由线段连接各个锚点的折线路径，如图 2.51 所示。

如果需要绘制曲线，可以在舞台上单击创建第一个锚点，再次单击创建新的锚点。此时按住鼠标左键拖曳鼠标拉出一条线段，调整线段的长短和方向可以对曲线的形状进行调整，如图 2.52 所示。释放鼠标，即可获得需要的曲线。

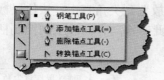

图 2.50　选择【钢笔工具】

图 2.51　绘制折线

🐚专家点拨：如果需要创建闭合的路径，可以将鼠标放置到第一个锚点上，当鼠标指针变为🖋。时，单击鼠标即可。

2．添加和删除锚点

使用【钢笔工具】绘制的曲线路径通过调整锚点来控制路径的形状。通过添加和删除锚点，可以更好地实现对路径的控制，同时可以扩展开放路径。在对路径进行编辑修改时要注意，不要在路径上添加不必要的锚点，较少的锚点更易于路径的编辑、文档的显示和打印。如果需要降低路径的复杂程度，可以适当删除不必要的锚点。

图 2.52　绘制曲线

在使用【钢笔工具】时，将鼠标指针放置在路径上，会变为【添加锚点工具】，如图 2.53 所示。将鼠标指针放置到已经存在的锚点上时，会变为【删除锚点工具】，如图 2.54 所示。

图 2.53　变为【添加锚点工具】

图 2.54　变为【删除锚点工具】

在工具箱中选择【添加锚点工具】后在路径上需要添加锚点的位置单击，即可添加锚点。在工具箱中选择【删除锚点工具】后，在锚点上单击，即可删除该锚点。

🐚专家点拨：在工具箱中选择【部分选取工具】，在锚点上单击可以选择该锚点。此时选择【编辑】|【清除】命令，按 Delete 键或 BackSpace 键均可以删除该锚点。但要注意，这里删除锚点后，会同时删除与之相连的线。

3．转换锚点

在使用【钢笔工具】绘制曲线时，创建的锚点是曲线点。使用【钢笔工具】绘制折线时，创建的锚点是尖角点。曲线点是连续弯曲路径上的锚点，而尖角点是直线路径或直线路径与曲线路径的接合处的锚点。

在 Flash 中，可以使用【转换锚点工具】来对锚点类型进行转换。在工具箱中选择

【转换锚点工具】 ，在曲线点上单击，即可将曲线点转换为尖角点，如图 2.55 所示。

在工具箱中选择【转换锚点工具】 ，将鼠标放置到尖角点上，按住鼠标左键拖动鼠标，即可将尖角点转换为曲线点，如图 2.56 所示。此时拖动方向线上的控制柄即可对曲线进行调整。

图 2.55　将曲线点转换为尖角点　　　　　　　图 2.56　将尖角点转换为曲线点

专家点拨：【添加锚点工具】、【删除锚点工具】和【转换锚点工具】不仅适用于使用【钢笔工具】绘制的图形，而且可以应用这些工具修改使用【矩形工具】、【椭圆工具】和【基本椭圆工具】等工具绘制的图形的形状。

2.2.4　实战范例——卡通狮子

1. 范例简介

本范例介绍卡通狮子线稿的绘制方法。在范例制作过程中，使用【钢笔工具】、【线条工具】和【铅笔工具】来勾绘图形轮廓，使用【转换锚点工具】转换锚点类型，并调整弧线的形状。通过本范例的制作，读者将能够掌握在 Flash 中使用各种工具绘制复杂形状图形的方法和技巧。

2. 制作步骤

（1）启动 Flash CS5，创建一个新文档。在工具箱中选择【钢笔工具】，依次在舞台上单击鼠标，绘制一个由折线构成的封闭图形。绘制完成后使用【选择工具】框选绘制的图形，在【属性】面板中设置笔触颜色为黑色，取消形状的色彩填充，同时将笔触高度设置为 4，如图 2.57 所示。

图 2.57　绘制图形并设置图形属性

（2）在工具箱中选择【转换锚点工具】，依次拖动图形上的各个锚点将它们转换为曲线点，同时拖动控制柄对曲线的弯曲弧度进行调整，如图 2.58 所示。

（3）再次选择【钢笔工具】在第（2）步绘制的图形中绘制一个封闭图形，如图 2.59 所示。在工具箱中选择【转换锚点工具】，将图形上的锚点依次转换为曲线点，同时调整曲线的形状。这样得到狮子的脸部外形，如图 2.60 所示。

图 2.58　将锚点转换为曲线点后调整曲线形状

图 2.59　绘制封闭图形

（4）在工具箱中选择【铅笔工具】，在工具箱下的选项栏中将铅笔模式设置为【平滑】。在狮子头部的耳朵部位拖动鼠标绘制两条弧线，如图 2.61 所示。

图 2.60　调整图形形状得到狮子脸部

图 2.61　在耳朵部位绘制两条弧线

（5）在工具箱中选择【椭圆工具】，在脸部绘制两个黑色的无笔触的椭圆作为狮子的眼睛。使用【多角星形工具】绘制一个三角形，其属性设置与第（1）步的设置相同，如图 2.62 所示。使用【转换锚点工具】将三角形底边两个端点设置为曲线点，调整曲线的形状，如图 2.63 所示。至此完成了狮子的眼睛和鼻子的绘制。

图 2.62　绘制椭圆和三角形

图 2.63　调整曲线的形状

（6）在工具箱中选择【线条工具】，拖动鼠标在狮子鼻子下方绘制一条线段。在工具箱中选择【添加锚点工具】，在线段中间单击添加一个锚点，如图 2.64 所示。在工具箱中选择【转换锚点工具】，将线段两端的锚点转换为曲线点，并调整曲线的形状，如图 2.65 所示。

（7）使用相同的方法绘制狮子的身体、双脚和尾巴，绘制完成后的效果如图 2.66 所示。

图 2.64 在线段中间添加一个锚点　　图 2.65 调整曲线形状　　图 2.66 范例效果

2.3 特殊绘图工具

在 Flash CS5 中除了绘制图形和线条的工具之外，还有一些特殊的绘图工具，如【刷子工具】、【喷涂刷工具】和【Deco 工具】，使用这些工具能够完成一些特殊效果的绘制。

2.3.1 刷子工具

在 Flash CS5 中，使用【刷子工具】可以绘制任意形状的色块，同时使用该工具还可以创建一些特殊的图形效果。

在工具箱中选择【刷子工具】，如图 2.67 所示。在【属性】面板中对工具的属性进行设置，这里除了可以设置笔触、填充以及端点和接合方式之外，还可以对绘制线条的平滑度进行设置，如图 2.68 所示。完成设置后在舞台上拖曳鼠标即可绘制出需要的图形。

在选择【刷子工具】后，选项栏中将会出现辅助按钮，使用这些按钮可以设置笔刷模式、笔刷大小、笔刷的形状以及锁定填充等，如图 2.69 所示。

在选项栏中单击【刷子模式】按钮，在打开的列表中选择工具模式，使用不同的模式将获得不同的绘画效果。

1. 标准绘画模式

在使用【刷子工具】绘画时，选择【标准绘画】模式，工具将不分笔触和填充。此时在拖动鼠标绘制图形时，笔刷通过的地方，笔触轮廓和填充都将被覆盖，如图 2.70 所示。

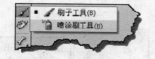

刷子工具(B)
喷涂刷工具(B)

图 2.67　选择【刷子工具】

属性
刷子工具
填充和笔触
笔触:
1.00
样式:
实线
缩放:
提示
端点:
接合:
尖角:
3.00
平滑
平滑:
50
设置平滑度

图 2.68　【属性】面板

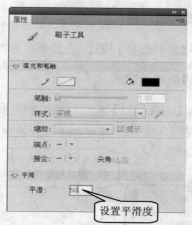

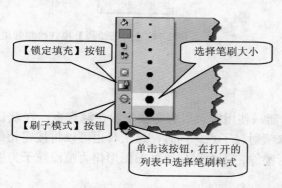

【锁定填充】按钮
选择笔刷大小
【刷子模式】按钮
单击该按钮，在打开的列表中选择笔刷样式

图 2.69　工具箱选项栏上的辅助按钮

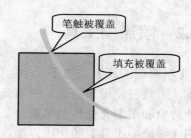

笔触被覆盖
填充被覆盖

图 2.70　使用【标准绘画】模式绘制的效果

2．颜料填充模式

选择【颜料填充】模式时，工具将不会填充笔触，只是对图形的填充部分进行填充覆盖，如图 2.71 所示。

3．后面绘画模式

选择【后面绘画】模式，在绘制图形时，笔刷将自动放置在已有图形的后面，不会覆盖当前已有图形，如图 2.72 所示。

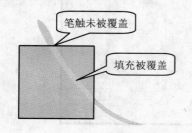

笔触未被覆盖
填充被覆盖

图 2.71　【颜料填充】模式绘制效果

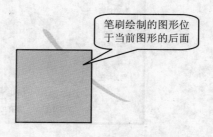

笔刷绘制的图形位于当前图形的后面

图 2.72　【后面绘画】模式绘制效果

4．颜料选择模式

选择【颜料选择】模式，在绘制图形时，笔刷将只能在选定的区域中着色，如图 2.73 所示。

5．内部绘画模式

选择【内部绘画】模式，在绘制图形时，笔刷将只对图形的填充部分或笔触轮廓包围的部分进行填充。此时，绘画的区域将只限制在轮廓线内，不会画到轮廓线外，如图 2.74 所示。

图 2.73 【颜料选择】模式绘制效果　　　图 2.74 【内部绘画】模式绘制效果

2.3.2　喷涂刷工具

【喷涂刷工具】类似于一个粒子喷射器，使用它可以将图案喷涂在舞台上。在默认情况下，工具将使用当前选定的填充颜色来喷射粒子点。同时，该工具也可以将按钮元件、影片剪辑和图形元件作为笔刷效果来进行喷涂。下面以使用外部图形作为喷涂粒子为例来介绍【喷涂刷工具】的使用方法。

（1）启动 Flash CS5 并创建一个空白文档。选择【文件】|【导入】|【导入到库】文件打开【导入到库】对话框，在对话框中选择作为喷涂粒子的图片，如图 2.75 所示。单击【打开】按钮，将选择的文件导入到库中。

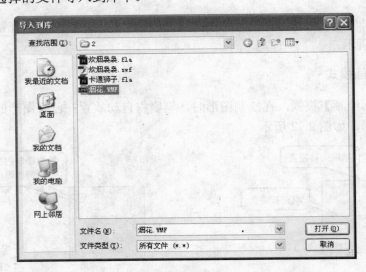

图 2.75 【导入到库】对话框

（2）在工具箱中选择【喷涂刷工具】，在【属性】栏中单击【编辑】按钮打开【选择元件】对话框。在对话框的列表中选择作为粒子的元件后单击【确定】按钮，如图 2.76 所示。

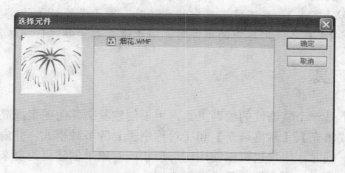

图 2.76　【选择元件】对话框

（3）在【属性】面板中对工具做进一步的设置，完成设置后，在舞台上单击或拖动鼠标即可将选择的图案喷涂在舞台上，如图 2.77 所示。

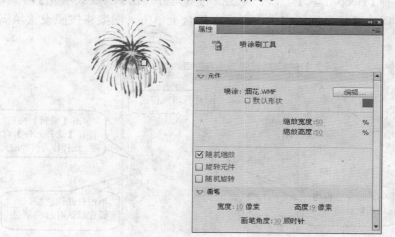

图 2.77　设置工具并喷涂图案

专家点拨： 下面介绍【喷涂刷工具】的【属性】面板各设置项的含义。

● 【缩放宽度】：此设置项只在将元件作为粒子时可用，用于设置作为喷涂粒子的元件宽度的缩放比例。其值小于 100％ 将元件的宽度缩小，大于 100％ 增大元件宽度。

● 【缩放高度】：此设置项只在将元件作为粒子时可用，其用于设置作为喷涂粒子的元件高度的缩放比例。其值小于 100％ 将元件的高度缩小，大于 100％ 增大元件高度。

● 【随机缩放】复选框：用于指定按随机缩放比例将基于元件的粒子放置到舞台上并改变每个粒子的大小。在使用默认喷涂点时，此复选框不可用。

● 【旋转元件】复选框：此复选框只在将元件作为粒子使用时可用。勾选该复选框，在喷涂时将围绕单击点旋转喷涂粒子。

- 【随机旋转】复选框：此复选框只在将元件作为粒子使用时可用。勾选该复选框，在喷涂时喷涂粒子将按随机旋转角度放置到舞台上。
- 【宽度】和【高度】：在不使用库中的元件时，用于设置粒子的宽度和高度。
- 【画笔角度】：在不使用库中的元件时，用于设置粒子顺时针旋转角度。

2.3.3 Deco 工具

【Deco 工具】是一个装饰性的绘画工具，用于创建复杂几何图案或高级动画效果。工具提供了【藤蔓式填充】、【网格填充】和【对称刷子】等多种模式，并内置了默认的图案供用户选择使用。同时，用户也可以使用图形形状或对象来创建更为复杂的图案，并轻松获得动画效果。下面对 4 个典型的效果进行介绍。

1. 藤蔓式填充方式

在工具箱中选择【Deco 工具】，工具默认的填充方式是【藤蔓式填充】方式。在【属性】面板中对工具属性进行设置。完成设置后在舞台上单击，图案将按照设置填满舞台，如图 2.78 所示。

图 2.78　以【藤蔓式填充】方式填充舞台

专家点拨：下面介绍【高级选项】栏中各个设置项的含义。

- 【分支角度】：指定分支图案的角度。
- 【分支颜色】：指定分支图案的颜色。
- 【图案缩放】：其值将使对象同时沿水平方向和垂直方向放大或缩小。
- 【段长度】：指定叶子节点和花朵节点之间的段的长度。

● 【动画图案】：指定效果的每次迭代都绘制到时间轴的新帧中。这样，将能够创建花朵图案的逐帧动画序列。

● 【帧步骤】：指定绘制效果动画时每秒要横跨的帧数。

2．网格填充方式

使用网格填充效果，可以使用矩形色块或库中的元件填充舞台、封闭区域或另一个元件。在使用网格填充绘制舞台后如果移动填充元件或调整其大小，网格填充也将随之变化。使用网格填充方式，能够方便地制作棋盘图案、平铺图案或用自定义图案填充某个区域。

在工具箱中选择【Deco 工具】后，在【属性】面板中选择【网格填充】方式。默认情况下，工具将以矩形色块填充，同时也可以使用最多 4 个元件来进行网格填充，如图 2.79 所示。

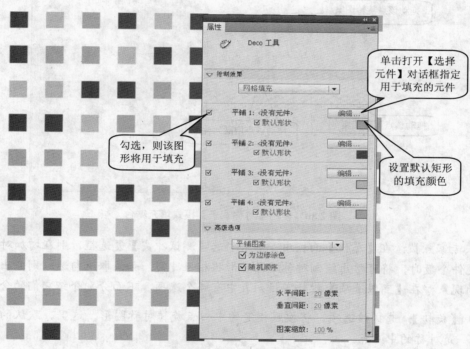

图 2.79　使用【网格填充】模式填充舞台

专家点拨：下面对【属性】面板中各设置项的作用进行介绍。

● 【平铺图案】下拉列表框：该列表框用于设置网格填充布局，共有 3 个选项。如果选择【平铺模式】选项，则以简单的网格模式排列元件。如果选择【砖形模式】选项，则以水平偏移网格模式排列元件。如果选择【楼层模式】选项，则以水平或垂直偏移网格模式排列元件。

● 【边缘涂色】复选框：勾选该复选框，用于填充的元件与包含这一填充的元件、形状或舞台的边缘将重叠。

● 【随机排序】复选框：勾选该复选框将允许元件在网格内随机分布。

● 【水平间距】和【垂直间距】：用于指定网格填充中所用元件间的水平和垂直间距，

其单位为像素。

● 【图案缩放】：用于设定元件沿水平方向和垂直方向上的放大或缩小比例。

3．对称刷子

使用对称刷子效果可以创建围绕中心点对称排列的元素。用户可以在该模式下创建圆形的元素（如钟表或仪表刻度盘）等，也可用于创建各种漩涡图案。

在工具箱中选择【Deco 工具】，在属性栏中选择使用【对称刷子】模式。在舞台上单击鼠标，图案将以对称形式填充。此时，在舞台上将会出现两根控制柄，通过拖动控制柄可以对填充效果进行调整，如图 2.80 所示。

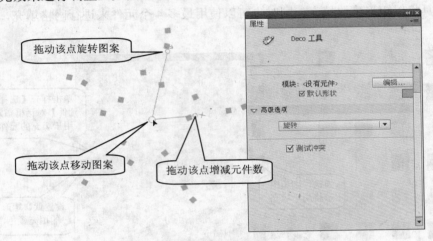

图 2.80　使用【对称刷子】模式填充舞台

专家点拨：在【属性】面板中，如果勾选【测试冲突】复选框，则在增加对称效果中的元件个数时，将可防止绘制对称效果时形状相互冲突。如果取消勾选，则会出现形状重叠的现象。在【高级选项】栏的下拉列表中有 4 个选项，下面分别介绍它们的含义。

● 【旋转】：选择该选项，将按照指定的中心点旋转对称图形。这里，默认的参考点是对称的中心点。

● 【跨线反射】：选择该选项，舞台上将出现一条控制线。鼠标单击后，将以该控制线为对称轴对称放置图案。

● 【跨点反射】：选择该选项，舞台上将出现一个中心点。鼠标单击后，将以该点为对称中心放置图案。

● 【网格平移】：选择该选项，在舞台上将会出现一个带控制柄的坐标系。鼠标单击后，将创建形状网格，用户可以通过拖动控制柄来定义 X 轴和 Y 轴的单位长度，以此可以调整形状的高度和宽度。

4．火焰动画效果

用 Flash CS5 的【Deco 工具】除了能够创建静态的复杂图形外，还可用于创建动画效果。【火焰动画】、【烟动画】和【粒子系统】等效果均能够直接创建逐帧动画效果。下面以火焰动画效果为例来介绍工具的使用方法。

在工具箱中选择【Deco 工具】，在【属性】面板的【绘制效果】下拉列表中选择【火焰动画】选项，在【高级选项】栏中对火焰的效果进行设置。完成设置后在舞台上单击，Flash 将创建逐帧火焰动画效果，如图 2.81 所示。

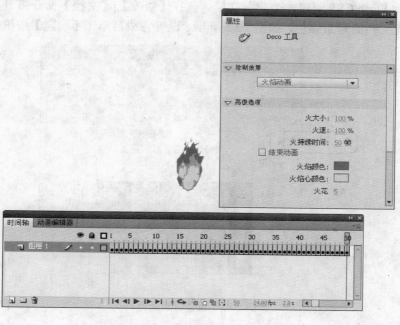

图 2.81　创建火焰动画效果

专家点拨：下面介绍【属性】面板的【高级选项】栏中各设置项的含义。

● 【火大小】：设置火焰的高度和宽度，其值越大，火焰就越大。
● 【火速】：设置动画的速度，其值越大，火焰燃烧的速度就越快。
● 【火持续时间】：指定动画持续时间，也就是动画过程在时间轴上的帧数。
● 【结束动画】：勾选该复选框可以创建火焰燃尽的动画效果，否则将创建火焰持续燃烧的效果。此时 Flash 会在指定的火焰持续时间后额外添加帧以获得火焰燃尽效果。
● 【火焰颜色】和【火焰焰心颜色】：设置火焰火苗和火焰底部的颜色。
● 【火花】：设置火源底部各个火焰的个数。

2.3.4　实战范例——月夜

1．范例简介

本范例介绍一幅浪漫的剪影画的制作过程。在本范例的制作过程中，使用【刷子工具】绘制舞台上的树干，使用【喷涂刷工具】喷涂舞台上的飞鸟、繁星和地上的草，使用【Deco 工具】绘制树的树枝。通过本范例的制作，读者将能够掌握使用【喷涂刷工具】喷涂默认图形和外部素材图片的方法，掌握使用【Deco 工具】的【树刷子】模式绘制树木的操作技巧。同时，读者还可以通过本范例掌握在 Flash 作品中导入各种外部图片素材的操作方法。

2．制作步骤

（1）启动 Flash CS5 创建一个空白文档，选择【修改】|【文档】命令打开【文档设置】对话框，设置文档的背景颜色，如图 2.82 所示。设置完成后单击【确定】按钮关闭对话框。

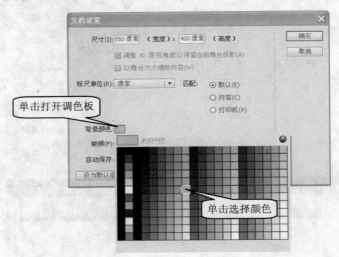

图 2.82　设置背景颜色

（2）在工具箱中选择【喷涂刷工具】，在【属性】面板中将喷涂颜色设置为白色，将【缩放】设置为 300%，勾选【随机缩放】复选框。在【画笔】栏中设置【宽度】和【高度】值，如图 2.83 所示。使用工具在舞台上单击喷涂白色的粒子，这些粒子将作为天上的繁星，如图 2.84 所示。

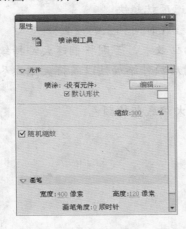

图 2.83　设置【喷涂工具】属性　　　　　　　　图 2.84　喷涂粒子

（3）选择【文件】|【导入】|【导入到库】命令打开【导入到库】对话框，在对话框中选择需要导入的素材图片，单击【打开】按钮将其导入到库中，如图 2.85 所示。

图 2.85　【导入到库】对话框

　　（4）在工具箱中选择【喷涂刷工具】，在【属性】面板中单击【编辑】按钮打开【选择元件】对话框。在对话框中选择第（3）步导入的图片元件后单击【确定】按钮，如图 2.86 所示。在【属性】面板中将【缩放宽度】和【缩放高度】设置为 8%，勾选【随机缩放】和【随机旋转】复选框，将【宽度】和【高度】设置为 400 像素和 100 像素，如图 2.87 所示。在舞台的左上角单击鼠标，将图片喷涂上去，如图 2.88 所示。

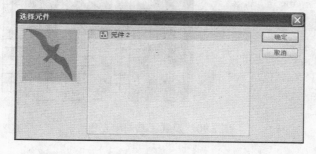

图 2.86　【选择元件】对话框

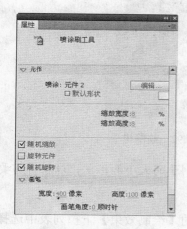

图 2.87　【属性】面板

图 2.88　在舞台左上角喷涂图片

（5）在工具箱中选择【椭圆工具】，在【属性】面板中将填充色设置为白色。按住 Shift 键拖动鼠标在舞台上绘制一个白色的圆形，如图 2.89 所示。

图 2.89　绘制一个白色圆形

（6）在工具箱中选择【刷子工具】，在【属性】面板中设置填充色，如图 2.90 所示。在工具箱的选项栏中将【刷子模式】设置为【标准绘画】，设置刷子的大小和形状，如图 2.91 所示。使用【刷子工具】在舞台上绘制出树干，如图 2.92 所示。

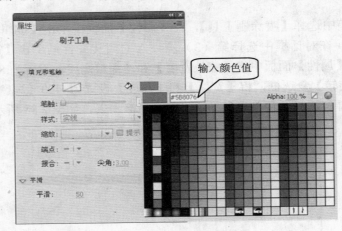

图 2.90　设置工具的填充色

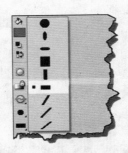

图 2.91　设置刷子的形状和大小

图 2.92　绘制树干

专家点拨：在绘制树干的不同位置时，要注意调整刷子的大小和形状，以获得需要的效果。

（7）在工具箱中选择【Deco 工具】，在【属性】面板的【绘制效果】下拉列表中选择【树刷子】选项，在【高级选项】栏的下拉列表中选择【枫树】选项。将【分支颜色】和【树叶颜色】均设置得与树干相同，如图 2.93 所示。使用该工具在树干上不同位置拖动鼠标添加树枝，效果如图 2.94 所示。

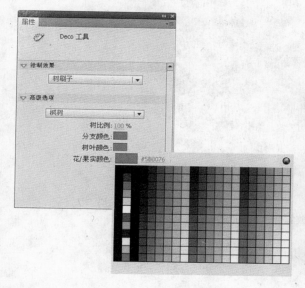

图 2.93 设置工具属性

图 2.94 添加树枝后的效果

专家点拨：在绘制树枝后，在工具箱中选择【选择工具】，单击该树枝可以选中该树枝，此时可以拖动树枝调整其位置。

（8）选择【文件】|【导入】|【导入到舞台】命令打开【导入】对话框，在对话框中选择需要导入的素材图片后单击【确定】按钮，如图 2.95 所示。在工具箱中选择【选择工具】，选择导入的图片后将其拖放到树下，如图 2.96 所示。

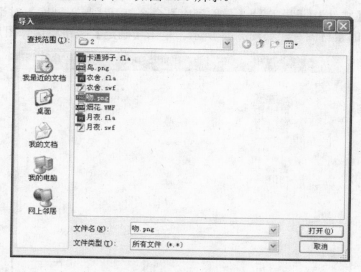

图 2.95 【导入】对话框

（9）在工具箱中选择【椭圆形工具】，在属性栏中将填充色设置为与树干相同的颜色，拖动鼠标在舞台底部绘制一个椭圆，如图 2.97 所示。

图 2.96　放置导入的图片

图 2.97　绘制椭圆

（10）选择【文件】|【导入】|【导入到库】命令打开【导入到库】对话框，在对话框中选择需要导入的素材图片，如图 2.98 所示。单击【确定】按钮将选择图片导入到库中。

图 2.98　【导入到库】对话框

（11）在工具箱中选择【喷涂刷工具】，在【属性】面板中单击【编辑】按钮打开【选择元件】对话框，选择第（10）步导入到库中的素材图片，如图 2.99 所示。单击【确定】按钮关闭对话框，在【属性】面板中对工具的属性进行设置，如图 2.100 所示。

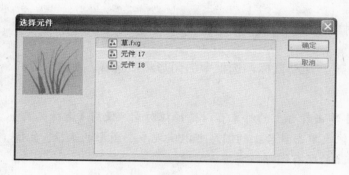

图 2.99 【选择元件】对话框

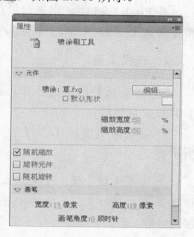

图 2.100 【喷涂刷工具】的属性设置

（12）完成设置后，拖动鼠标沿着椭圆形的边缘喷涂小草。在椭圆内部同样喷涂上小草，如图 2.101 所示。

（13）根据需要使用【选择工具】选择舞台上的对象，对选择对象的大小和位置进行适当调整。效果满意后，保存文档。本范例制作完成后的效果如图 2.102 所示。

图 2.101 喷涂小草

图 2.102 范例制作完成后的效果

2.4 其他辅助绘图工具

在绘制图形时，有时需要使用一些辅助绘图工具来帮助图形的绘制，如调整绘制图形的形状、去除不需要的图形或查看舞台上绘制图形的细部。本节将对 Flash CS5 中的辅助绘图工具进行介绍。

2.4.1 选取对象

在 Flash CS5 中，用于对象选取的工具有 3 个，分别是【选择工具】、【部分选取工具】和【套索工具】。本节将对这 3 个工具的使用进行介绍。

1．选择工具

【选择工具】用于选择和移动对象，同时使用该工具也可以对图形和线条的轮廓进行平滑和拉直等操作。

在工具箱中选择【选择工具】，拖动鼠标，选框中的图形将被选择，如图 2.103 所示。

专家点拨：使用【选择工具】单击舞台上的对象可以选择该对象。使用【选择工具】框住舞台上的对象，或按住 Shift 键依次单击舞台上的图形可以实现多个图形的选择。直接按 Ctrl+A 键可以同时选择当前舞台上的所有图形。

在完成图形的绘制后，在工具箱中选择【选择工具】，将鼠标放置在图形的笔触上，拖动鼠标可以修改图形的形状，如图 2.104 所示。

拖动鼠标，选框中的部分被选择

图 2.103　框选图形

拖动线条修改图形形状

图 2.104　修改图形形状

选择【选择工具】后，在工具箱底部的选项栏中单击【平滑】按钮或【伸直】按钮将能使选择的线条平滑或伸直。如选择一条弯曲的线条，单击【伸直】按钮，该线条被拉直，如图 2.105 所示。

选择弯曲的线条

曲线被拉直

图 2.105　伸直曲线

2．部分选取工具

【部分选取工具】可用于对图形的选择，也可以通过选择轮廓线上的锚点并通过拖动锚点上的控制柄来对图形轮廓进行调整。

在工具箱中选择【部分选取工具】 ，在绘制的图形上单击，图形上即会出现锚点。使用该工具选择锚点，拖动锚点可以改变图形的形状，如图 2.106 所示。在选择锚点后，拖动锚点两侧方向线上的控制柄改变方向线的方向和长度，可以对曲线进行调整，如图 2.107 所示。

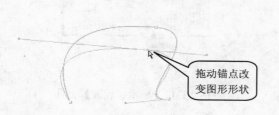

图 2.106　拖动锚点改变图形的形状　　　　　图 2.107　拖动控制柄调整曲线形状

在工具箱中选择【选择工具】 ，将鼠标指针放置到曲线上，当鼠标指针变为 时，可以直接拖动曲线改变曲线的形状，如图 2.108 所示。

专家点拨：使用【选择工具】拖曳直线，可以将直线拉成光滑的弧线。在拖曳线条的同时按住 Ctrl 键，将增加一个锚点，此时当前线条被分为两个线条。

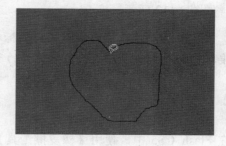

图 2.108　使用【选择工具】调整曲线形状　　　图 2.109　使用【套索工具】绘制选区

3．套索工具

【套索工具】用于在舞台上创建不规则的选区，以实现对多个对象的选取。在工具箱中选择【套索工具】 ，在舞台上按住鼠标左键移动鼠标即可绘制出选框，如图 2.109 所示。释放鼠标后，即可获得一个手绘的选区。

在选择【套索工具】后，工具箱下的选项栏提供了 3 个选项供选择。如果选择【魔术棒】 ，则【套索工具】变为与 Photoshop 中的【魔术棒工具】的功能相同。在舞台上单击，则舞台上所有与单击点处颜色相同的连续区域都将被选择，如图 2.110 所示。

专家点拨：使用魔术棒根据颜色来获得选区时，只对位图有效，且位图必须使用【修改】|【分离】命令进行分离。

在选择【魔术棒】模式后，单击【魔术棒设置】按钮 将打开【魔术棒设置】对话框，使用该对话框可以对魔术棒进行设置，如图 2.111 所示。

单击，颜色相同
的区域被选择

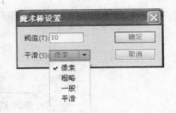

图 2.110 选择颜色相同的连续区域　　　　图 2.111 【魔术棒设置】工具

专家点拨：下面介绍【魔术棒设置】对话框各设置项的含义。

● 【阈值】：该值用于设置将相邻像素包含在选区中的颜色接近程度，其默认值为 10。
该值介于 1～200 之间，这个值越大，则选区中包含的颜色范围就越大。

● 【平滑】：用于设置选择区域的平滑度。

在工具箱的选项栏中单击【多边形模式】按钮，工具进入
多边形模式。此时可以使用鼠标单击的方法在舞台上创建多边形
选区，如图 2.112 所示。

专家点拨：在多边形模式下，鼠标双击，Flash CS5 将自
动连接双击点和起始点，从而获得封闭的多边形选区。

2.4.2　擦除对象

图 2.112 创建多边形选区

在 Flash CS5 中，使用【橡皮擦工具】能够擦除舞台上对象的填充和轮廓。在工具箱
中选择【橡皮擦工具】，在工具箱的选项栏中选择擦除模式和橡皮擦外形，如图 2.113
所示。

1. 标准擦除模式

在将【橡皮擦工具】设置为【标准擦除】模式时，拖曳鼠标，位于同一图层的图形的
笔触和填充都被擦除，如图 2.114 所示。

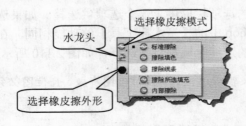

选择橡皮擦模式

水龙头

选择橡皮擦外形

图 2.113 工具箱选项栏　　　　　　　图 2.114 笔触和填充被擦除

2．擦除填色

选择【擦除填色】模式，拖曳鼠标，位于同一图层的图形的填充被擦除，而笔触将保留，如图 2.115 所示。

3．擦除线条

选择【擦除线条】模式，拖曳鼠标，位于同一图层图形的笔触被擦除，而填充将保留，如图 2.116 所示。

图 2.115　填充被擦除　　　　　　　图 2.116　笔触被擦除

4．擦除所有填充

使用工具对舞台上的图形区域进行选择，在使用【橡皮擦工具】时，如果选择了【擦除所有填充】模式，则在选择区域上拖曳鼠标时，该区域的填充被擦除，如图 2.117 所示。

5．内部擦除

选择【内部擦除】模式，拖曳鼠标，则工具将只擦除封闭图形内部的填充部分，不擦除笔触和该图形外的内容，如图 2.118 所示。

图 2.117　只擦除选择区域中的填充部分　　　图 2.118　只擦除封闭图形内的填充

专家点拨：在使用【橡皮擦工具】时，在选项栏中单击【水龙头】按钮，则在单击要删除的笔触或填充区域时，整个笔触段或填充区域将被删除。

2.4.3　查看对象

Flash CS5 提供了【缩放工具】和【手形工具】来帮助设计师更好地查看舞台上的图形对象。下面将对这两种工具的使用进行介绍。

1．手形工具

在舞台上进行图形绘制和编辑时，有时需要移动舞台以便更好地查看舞台上的特定图形，此时可以使用【手形工具】。在工具箱中选择【手形工具】，按住鼠标左键移动鼠标可以拖动舞台画面，这样即可方便地查看到需要的图形。

2．缩放工具

在绘制图形时，有时需要放大舞台画面查看图形的细节，而当需要了解整个舞台或某个对象的结构时，又需要缩小舞台，这类舞台画面的缩放操作可以通过使用【缩放工具】🔍来实现。

在工具箱中选择【缩放工具】，在工具箱的选项栏中单击【放大】按钮🔍，在舞台上单击即可增加舞台画面的显示比例。使用该工具在舞台上的图形上框选一个区域，则能将该区域放大，如图 2.119 所示。

2.4.4　实战范例——雨伞

1．范例简介

图 2.119　拖动鼠标选择要放大的区域

本范例介绍雨伞和滴落雨伞上的雨滴的绘制。本范例使用【多角星形工具】、【钢笔工具】和【椭圆形工具】来绘制基本图形，使用【选择工具】和【部分选取工具】来对图形的形状进行修改。通过本范例的制作，读者将掌握使用【选择工具】和【部分选取工具】来对图形形状进行修改的方法，同时掌握不使用对象旋转和缩放命令，使用【选择工具】和【部分选取工具】实现对象倾斜放置的技巧。

2．制作步骤

（1）启动 Flash CS5，创建一个新文档。在工具箱中选择【多角星形工具】，在【属性】面板中将填充色设置为红色，并取消笔触，如图 2.120 所示。单击【属性】面板中的【选项】按钮打开【工具设置】对话框，设置多边形的边数为"3"，如图 2.121 所示。完成设置后单击【确定】按钮关闭【工具设置】对话框。

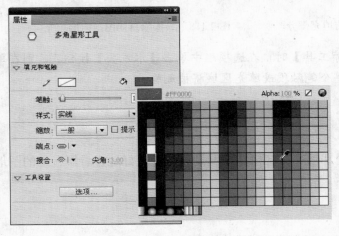

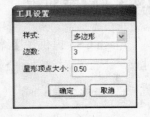

图 2.120　设置填充色　　　　　　　　　　　　　图 2.121　【工具设置】对话框

（2）在舞台上拖动鼠标绘制三角形，在工具箱中选择【选择工具】。将鼠标放置到三角形的顶点，光标变为 ⯾ 后拖动顶点改变三角形的形状，如图 2.122 所示。将鼠标放置到三角形的边上，当光标变为 ⯾ 后拖曳鼠标将直线变为曲线，如图 2.123 所示。

图 2.122　拖动三角形顶点　　　　　　图 2.123　将直线变为曲线

（3）再次选择【多角星形工具】，在属性栏设置填充色，如图 2.124 所示。绘制一个三角形，使用与第（2）步相同的方法对三角形进行修改，得到的图形如图 2.125 所示。再次绘制一个红色的三角形，使用【选择工具】调整三角形的形状，效果如图 2.126 所示。

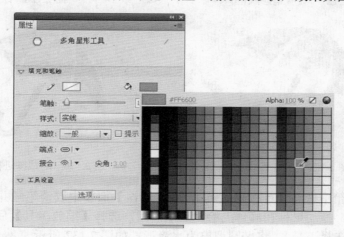

图 2.124　设置填充色

图 2.125　绘制图形　　　　　　　　　图 2.126　绘制三角形并调整形状

（4）在工具箱中选择【钢笔工具】，在【属性】面板中设置笔触的颜色，如图 2.127 所示。在【笔触】文本框中将笔触的宽度设置为 12，在舞台上绘制一条折线，如图 2.128 所示。

（5）在工具箱中选择【选择工具】，在折线的中间拉成弧线，如图 2.129 所示。在【部分选取工具】上单击，拖动折线上的锚点对线条进行调整，如图 2.130 所示。

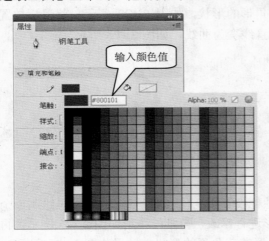

图 2.127 设置笔触颜色

图 2.128 绘制一条折线

图 2.129 拉成弧线

图 2.130 对线条进行调整

（6）在工具箱中选择【椭圆形工具】，在【属性】面板中取消笔触并设置填充颜色，如图 2.131 所示。拖动鼠标在舞台上绘制一个椭圆，选择【缩放工具】后在舞台上单击放大场景。选择【选择工具】，将椭圆调整为水滴形，如图 2.132 所示。

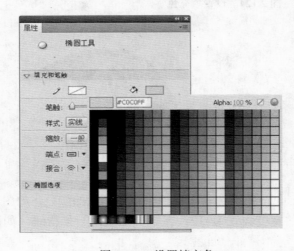

图 2.131 设置填充色

图 2.132 获得水滴

（7）使用【选择工具】选择绘制的水滴，对水滴进行复制。将这些复制的水滴放置到舞台的合适位置，至此本范例制作完成。本范例的最终效果如图 2.133 所示。

图 2.133 本范例的最终效果

2.5 本章小结

图形绘制是 Flash CS5 动画制作的基础，本章介绍了在 Flash 中绘制规则图形和不规则图形的方法、在舞台上喷涂各种特殊图形的技巧以及 Flash 提供的辅助绘图工具的使用方法。通过本章的学习，读者掌握【铅笔工具】、【钢笔工具】、【刷子工具】、【喷涂刷工具】、【Deco 工具】和规则图形工具的使用方法，能够灵活应用这些工具绘制各种图形。

2.6 本章练习

一、选择题

1．在使用【矩形工具】绘制图形时，要绘制正方形，可以按哪个键拖动鼠标？（　　）

　　A．Ctrl　　　　　　B．Alt　　　　　　C．Shift　　　　　　D．Ctrl+Shift

2．在使用【铅笔工具】绘制图形时，要使 Flash 对绘制的线条不做任何处理，应该使用下面哪种模式？（　　）

　　A．【对象绘制】　　B．【伸直】　　　　C．【平滑】　　　　D．【墨水】

3．在使用【刷子工具】时，要获得如图 2.134 所示的绘图效果，应该使用哪种模式？（　　）

　　A．【标准绘画】　　　　　　　　B．【颜料填充】

　　C．【后面绘画】　　　　　　　　D．【颜料选择】

4．下面哪个工具是【Deco 工具】？（　　）

A. 　　　　　B.

C. 　　　　　D.

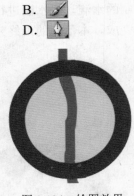

图 2.134　绘图效果

二、填空题

1．在 Flash 中，绘制矩形可以使用的工具是＿＿＿＿＿或＿＿＿＿＿，绘制椭圆可以使用的工具是＿＿＿＿或＿＿＿＿。

2．在绘制图形后，使用＿＿＿＿＿＿工具可以将尖角点转换为曲线点，要删除锚点可以使用＿＿＿＿＿，在选择锚点后按＿＿＿＿＿键或＿＿＿＿＿键同样可以删除该锚点。

3．在【喷涂刷工具】的【属性】面板中，勾选【旋转元件】复选框，则在喷涂时将围绕＿＿＿＿旋转喷涂粒子；勾选【随机旋转】复选框，喷涂粒子将按＿＿＿＿放置到舞台上；【画笔角度】用于设置粒子＿＿＿＿＿。

4．在使用【橡皮擦工具】时，在＿＿＿＿＿模式下将只擦除填充色，在＿＿＿＿＿模式下将擦除选择区域中的填充色，在＿＿＿＿＿模式下将只会擦除轮廓线。

2.7　上机练习和指导

2.7.1　绘制卡通鱼

绘制卡通鱼，绘制完成后的效果如图 2.135 所示。

图 2.135　绘制完成的卡通鱼

主要操作步骤指导:

（1）使用【椭圆工具】分别绘制鱼的身体和嘴唇,使用【选择工具】对绘制的椭圆进行修改,获得需要的鱼身体和嘴唇效果。

（2）使用【椭圆工具】绘制 5 个椭圆,使用【添加锚点工具】添加锚点,使用【部分选取工具】选择锚点并对锚点进行调整获得鱼鳍和鱼尾。

（3）使用【钢笔工具】绘制鱼身上的鱼鳞和鱼鳍鱼尾上的条纹。

（4）使用【椭圆工具】绘制鱼的眼睛。

2.7.2 绘制足球

绘制一个足球,如图 2.136 所示。

图 2.136　绘制完成的足球

主要操作步骤指导:

（1）使用【椭圆工具】绘制一个圆形。

（2）使用【多角星形工具】绘制黑色的五边形,将五边形复制 5 个。使用【选择工具】将五边形放置到圆中合适的位置,同时将它们的边调整为弧线,拖动顶点调整它们的大小。

（3）使用【钢笔工具】绘制线条连接各个多边形的顶点,同时对线条的形状进行调整。

图形的色彩

在绘制图形时，绘制出以线条为主体的矢量图形只是完成了图形绘制的第一步，接下来需要为图形上色。为图形上色可以使图形逼真和美观，使其符合进一步制作动画的要求。在Flash中，填充了色彩的矢量图形在图形进行任意的缩放时，都不会出现色彩失真，同时色彩的复杂程度对文件大小也不会有影响。在Flash CS5中，用户可以对对象进行纯色填充、渐变填充和位图填充，本章将分别对这些填充方式的使用方法进行介绍。

本章主要内容：
- 纯色填充；
- 渐变填充；
- 位图填充。

3.1　纯色填充

在 Flash 中的图形由两部分构成，即笔触和填充，因此矢量图形的颜色实际上包括笔触颜色和填充颜色这两个部分。对图形进行纯色填充一般需要先创建纯色，然后再使用Flash 的填充工具来对图形应用创建的颜色。创建颜色可以在 Flash 的【调色板】、【样本】面板和【颜色】面板中进行，而对笔触填充颜色可以使用【墨水瓶工具】，对图形填充颜色可以使用【颜料桶工具】。本节将对颜色的创建和填充的方法及操作技巧进行介绍。

3.1.1　创建颜色

每一个 Flash 文件都有自己的调色板，其存储在 Flash 文档中，Flash 默认的调色板是256 色的 Web 安全调色板。用户在创建颜色后，可以将颜色添加到调色板中，也可以将当前调色板保存为系统默认调色板，在下次创建文档时使用。

1.【样本】面板

选择【窗口】|【样本】命令（或按 Ctrl+F9 键）将打开【样本】面板，该面板中列出了文档中使用的一些颜色，默认情况下其列出了 Web 安全调色板。在面板中单击某个颜色，即可选取该颜色。

单击面板左上角的按钮 将打开面板菜单，在菜单中选择命令可以进行颜色样本的复制、删除和添加，同时可以将当前颜色方案保存为默认调色板，如图 3.1 所示。

专家点拨：在面板菜单中选择【按颜色排序】命令，则颜色将按照色相排序，这样可以方便颜色的选取。选择【保存颜色】命令，可以将当前调色板的颜色信息以文件的形式保存。选择【添加颜色】命令将打开【导入色样】对话框，可以选择保存的颜色信息文件，将颜色添加到面板中。如果选择【替换颜色】命令，则导入的颜色将替换当前颜色。

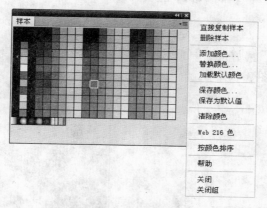

图 3.1 【样本】面板

2. 调色板

要设置填充色和笔触颜色，可以通过单击工具箱下方的【笔触颜色】按钮或【填充颜色】按钮打开调色板，如图 3.2 所示。使用调色板，用户可以拾取颜色、设置颜色的 Alpha 值、使用十六进制值来创建颜色以及取消笔触或填充颜色。

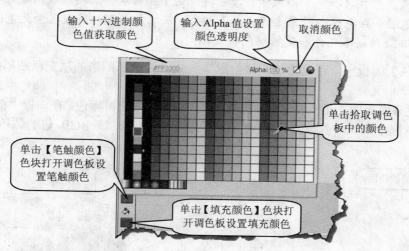

图 3.2 使用调色板

专家点拨：在绘制图形时，可以在绘图工具的【属性】面板中单击【笔触颜色】按钮或【填充颜色】按钮打开调色板，通过选择调色板中的颜色来设置图形的笔触和填充的颜色。

选择颜色后，在调色板中通过设置 Alpha 值可以控制颜色的透明度。这里，Alpha 值的取值在 0 至 100％之间，0 表示颜色完全透明，100％表示完全不透明，其值越大，颜色的透明度就越低。如绘制一个矩形和一个圆形，圆形位于矩形的上方，在调色板中将圆形的填充色设置为 "#99FFFF"，将 Alpha 值设置为 40%后的效果如图 3.3 所示。

3. 【颜色】面板

如果需要创建纯色，最好的工具就是使用【颜色】面板。选择【窗口】|【颜色】命令打开【颜色】面板，如图 3.4 所示。

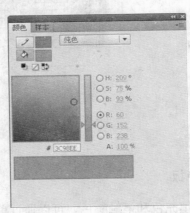

图 3.3　Alpha 值设置为 30%时的效果　　　　图 3.4　【颜色】面板

专家点拨：在【颜色】面板中，单击【黑白】按钮将切换到默认笔触颜色和填充色，即黑色笔触和白色填充。单击【无色】按钮，填充或笔触将设置为无色。单击【交换颜色】按钮，则填充色和笔触颜色将互换。

在【颜色】面板中，可以通过直接拾取颜色来设置选择图形的填充色或笔触颜色，如图 3.5 所示。

在【颜色】面板中，可以通过分别设置颜色 RGB 值来获得颜色。在面板中的【R】、【G】和【B】文本框中依次输入数值，Flash 将在面板中自动拾取该 RGB 值的颜色，如图 3.6 所示。

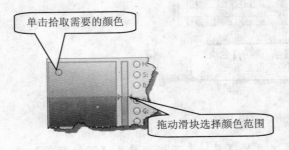

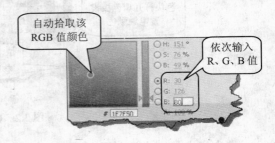

图 3.5　直接拾取颜色　　　　　　　　　图 3.6　输入 RGB 值

专家点拨：在电脑中，色彩由红、绿和蓝这三种色光按照不同的比例交互叠加而成，这就是所谓的光的三原色。基于三原色原理，Flash 中的颜色可以用这 3 种颜色的数值来表示，R 表示红色值，G 表示绿色值，B 表示蓝色值。如纯红色的 R 值为 255，G 值为 0，B 值也为 0。将 R、G 和 B 值转换为十六进制数值，即是十六进制的颜色值。如红色颜色值为#FF0000，按两位一组来对这一串十六进制数分组，其中 FF 即为 R 值 255 的十六进制值，第二组 00 是 B 的十六进制值，第三组 00 则是 G 的十六进制值。

在【颜色】面板中，同样可以通过输入颜色的 HSB 值来设置颜色。这里，在面板的【H】、【S】和【B】文本框中输入数值，Flash 将在面板中拾取该值对应的颜色，如图 3.7 所示。

专家点拨：自然界中的任何一个颜色都具有色相、明度和纯度这 3 个属性，即色彩三属性。其中，色相也称为色泽，是区别色彩的相貌。明度也称为亮度，是色彩的明暗程度，体现色彩的深浅。而纯度也称为饱和度，是颜色的纯洁程度。在色彩中，这 3 个属性中的一项或多项发生变化，色彩也将随着发生变化。正是利用了这个原理，在电脑中也可以以这 3 个属性的值来确定应该显示的色彩。在【颜色】面板中，H 值确定颜色的色相，S 值确定颜色的明度，B 值确定颜色的纯度，用这 3 个颜色的属性值即可确定唯一的颜色。

在【颜色】面板中单击【笔触颜色】按钮或【填充颜色】按钮可以选择当前设置的颜色是用于笔触还是填充。单击按钮后的色块可以打开调色板选择颜色，如图 3.8 所示。

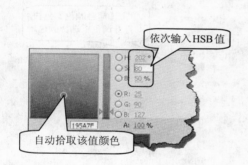

图 3.7　输入 HSB 值

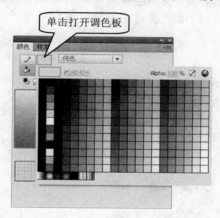

图 3.8　打开调色板选择颜色

在调色板中单击右上角的按钮将打开【颜色】对话框，如图 3.9 所示。该对话框具有与 Flash 中的【颜色】面板相同的功能，用户可以通过设置 RGB 值或 HSB 值来选择颜色，也可以在【基本颜色】列表中单击相应的颜色将其应用到图形中。在设置颜色后，单击【添加到自定义颜色】按钮，该颜色将添加到对话框的【自定义颜色】列表中。

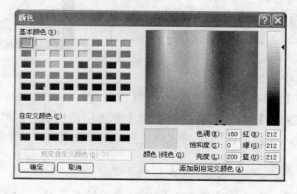

图 3.9　【颜色】对话框

3.1.2 填充纯色

在完成颜色的设置后，即可将颜色应用到图形中。Flash 提供了上色工具，可以帮助用户将颜色应用到舞台的图形中。Flash 的上色工具一共有 3 个，它们是【墨水瓶工具】、【颜料桶工具】和【滴管工具】，下面对这 3 个工具的使用方法进行介绍。

1.【墨水瓶工具】

【墨水瓶工具】用于以当前笔触方式对矢量图形进行描边，具有改变矢量线段、曲线或图形轮廓的属性。【墨水瓶工具】不仅能够改变图形笔触的颜色，还可以更改笔触的高度和样式。

在工具箱中选择【墨水瓶工具】，如图 3.10 所示。在【属性】面板中对工具进行设置，这里的设置包括设置笔触的颜色、样式和端点的形状等，如图 3.11 所示。在图形边缘处单击，即可实现对图形笔触属性的修改，如图 3.12 所示。

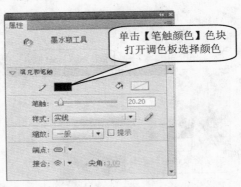

图 3.10　选择【墨水瓶工具】　　　　图 3.11　【墨水瓶工具】的【属性】面板

2.【颜料桶工具】

【颜料桶工具】用于使用当前的填充方式对对象进行填充，该工具可以进行纯色填充，也可以实现渐变填充和位图填充。【颜料桶工具】的使用方法和【墨水瓶工具】相似，在工具箱中选择该工具后，在【属性】面板或【颜色】面板对颜色进行设置，在图形中单击，即可将颜色填充到图形中，如图 3.13 所示。

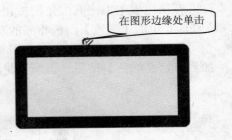

图 3.12　改变图形笔触属性

在工具箱中选择【颜料桶工具】后，在工具箱下的选项栏中单击【空隙大小】按钮 将打开包含 4 个选项的列表。这些选项用于设置在向指定的图形区域填充时，如何对未封闭的区域进行填充，如图 3.14 所示。

　专家点拨：下面介绍【空隙大小】列表中 4 个选项的含义。

● 【不封闭空隙】：选择该选项，则填充时要求填充区域必须是封闭区域，否则将无法进行填充。

图 3.13　向图形填充颜色　　　　　　　　图 3.14　【空隙大小】列表的各个设置项

- 【封闭小空隙】：选择该选项，允许填充区域有一些小空隙，填充时将忽略这些小空隙。
- 【封闭中等空隙】：选择该选项，允许填充区域有一些较大的空隙存在，此时填充操作将能够执行。
- 【封闭大空隙】：选择该选项，允许填充区域有一些大的空隙存在，此时填充操作将能够被执行。

3.【滴管工具】

在对图形进行颜色填充时，有时需要将一个图形中的颜色应用到另外的图形中，此时使用【滴管工具】可以快速实现这种相同颜色的复制操作。

首先选择需要填充的图形或图形区域，在工具箱中选择【滴管工具】，将鼠标移动到需要吸取颜色的地方，如图 3.15 所示。此时，单击鼠标，则选择图形或区域的颜色设置为单击点处的颜色，如图 3.16 所示。

图 3.15　将鼠标放置到需要吸取颜色的地方　　　　图 3.16　鼠标单击后选择图形的填充色变为单击点处的颜色

专家点拨：在使用【滴管工具】时，也可以先在图形上拾取颜色，当鼠标指针变为后，在需要填充颜色的图形上单击即可将拾取的颜色应用到这个图形。

3.1.3 实战范例——线稿上色

1. 范例简介

本范例介绍对一个卡通螃蟹线稿上色的过程。在本例的制作过程中，应用【颜料桶工具】来给线稿的各个部分上色。使用【滴管工具】来实现对线稿不同部分添加相同的颜色。通过本例的制作，读者将能够进一步熟悉设置颜色以及将颜色应用到图形中的操作方法。

2. 制作步骤

（1）启动 Flash CS5，打开素材文件（文件的位置为：配套光盘\源文件\3\卡通螃蟹线稿.fla）。这是一个已经绘制完成的线稿图形，如图 3.17 所示。

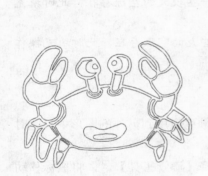

图 3.17 打开素材文件

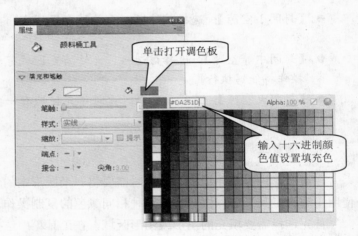

图 3.18 在调色板中设置填充色

（2）在工具箱中选择【颜料桶工具】，在【属性】面板中单击【填充颜色】色块。在打开的调色板中输入十六进制值颜色值"#DA251D"设置填充色，如图 3.18 所示。在工具箱的【空隙大小】列表中选择【不封闭空隙】选项，在需要填充颜色的区域中单击填充颜色，如图 3.19 所示。

（3）在工具箱下的选项栏中单击【填充颜色】色块打开调色板，再次在调色板中输入填充颜色的十六进制颜色值。这里的颜色值为"#EF9B49"，如图 3.20 所示。在需要填充颜色的区域单击填充颜色，如图 3.21 所示。

（4）将填充色设置为黑色（颜色值为"#000000"），在眼睛、线稿的轮廓线内和嘴巴内单击填充黑色。将填充色的颜色值设置为"#E77860"，在嘴巴内的椭圆内单击填充颜色，如图 3.22 所示。

（5）在工具箱中选择【缩放工具】，在舞台上单击放大图形，使用【颜料桶工具】在左侧的蟹脚处填充黄色（颜色值为"FF0000"）。在工具箱中选择【滴管工具】，在填充了黄色的位置单击吸取颜色。在其他需要填充这种颜色的区域中单击填充吸取的颜色，如

图 3.23 所示。

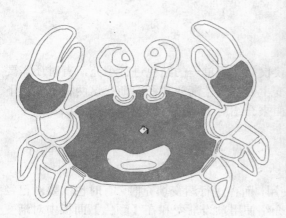

图 3.19 单击填充颜色

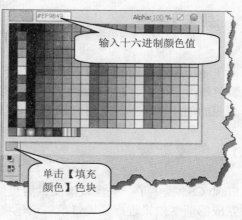

图 3.20 在调色板中设置填充颜色

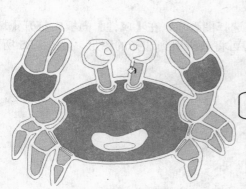

图 3.21 填充颜色

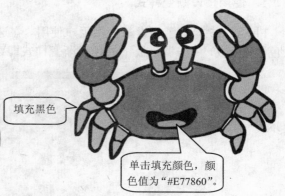

图 3.22 继续填充颜色

图 3.23 填充吸取的颜色

图 3.24 范例制作完成后的效果

（6）完成各个部位的颜色填充后，保存文档。本例制作完成后的效果如图 3.24 所示。

3.2 渐变填充

在 Flash 中，给绘制的图形填充颜色不仅仅是使用单一的纯色进行填充，有时还需要填充颜色的渐变效果。在 Flash 中，颜色渐变主要有线性渐变和径向渐变这两种形式，下面从渐变的创建和渐变效果的调整这两个方面来介绍对图形进行渐变填充的方法。

3.2.1 创建渐变

Flash CS5 提供了一些预设渐变供用户使用，而在进行渐变填充时，有时也需要对已经创建完成的渐变效果进行编辑修改。这里将介绍使用预设渐变和在【颜色】面板中对渐变进行设置的方法。

1. 使用预设渐变样式

Flash CS5 提供了预设渐变供用户使用。在选择图形后，在【属性】面板中打开【填充颜色】调色板，单击调色板下的预设渐变样式即可将其应用到选择的图形，如图 3.25 所示。

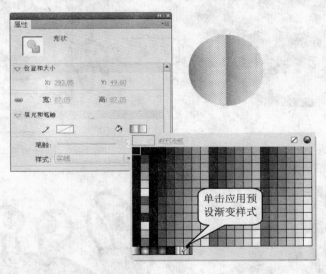

图 3.25 应用预设渐变

2. 创建渐变

在进行渐变填充时，预设渐变往往无法满足效果的需要，此时需要创建渐变。创建渐变效果，可以在【颜色】面板中进行。选择【窗口】|【颜色】命令打开【颜色】面板，在面板中选择需要使用的渐变类型，这里选择【线性渐变】，如图 3.26 所示。

选择线性渐变模式后，在【颜色】面板的下方将会出现一个色谱条，色谱条显示出颜色的变化情况。在色谱条下方有颜色色标，它是一种颜色标记，标示出颜色在渐变中的位置。颜色的渐变就是从一个色标所代表的颜色过渡到下一个色标代表的颜色。

专家点拨：Flash 的色谱条上最多可以有 15 个色标，也就是说 Flash 最多能够创建具有 15 种颜色的颜色渐变效果。

如果要向渐变添加颜色，可以将鼠标光标放置在色谱条的下方，当其变为时单击鼠标即可，如图 3.27 所示。

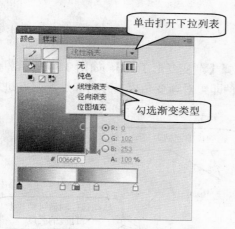

图 3.26　在【颜色】面板中选择渐变类型

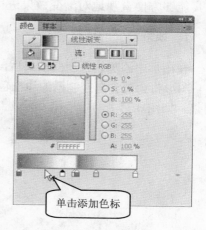

图 3.27　添加色标

专家点拨：如果需要从渐变色中删除颜色，可以将该颜色的色标拖离色谱条即可。同时，也可以在选择该颜色的色标后，按 Delete 键将其删除。这里要注意，在选择某个颜色色标后，色标上面的三角形变为黑色。

如果需要改变渐变中的某个颜色，可以选择该颜色色标，在【颜色】面板中拾取需要的颜色即可，如图 3.28 所示。

专家点拨：与纯色填充中设置颜色相同，这里也可以通过输入颜色的十六进制值、输入颜色的 RGB 值和颜色的 HSB 值来设置颜色。同时，也可以通过设置颜色的 Alpha 值来设置颜色在渐变中的透明度。

如果需要更改某个颜色在渐变中的位置，只需要用鼠标拖动该颜色色标改变其在色谱条上的位置即可，如图 3.29 所示。

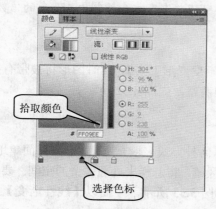

图 3.28　改变渐变中的颜色

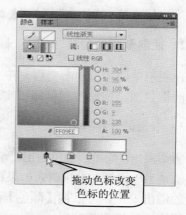

图 3.29　改变颜色在渐变中的位置

3.2.2 渐变的调整

在 Flash 中,【渐变变形工具】用于控制渐变的方向和渐变色之间的过渡强度,使用该工具能够方便直观地对渐变效果进行调整。

1. 线性渐变的调整

在图形中添加线性渐变效果后,在工具箱中选择【渐变变形工具】,如图 3.30 所示。此时,图形将会被含有控制柄的边框包围,拖动控制柄即可对渐变角度、方向和过渡强度进行调整,如图 3.31 所示。

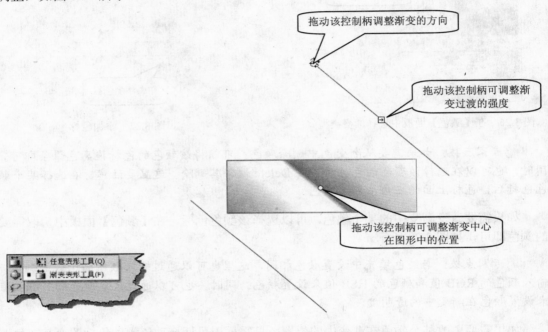

图 3.30   选择线性渐变工具   图 3.31   调整线性渐变

专家点拨: 按住 Shift 键调整线性渐变的方向,可以将渐变方向控制为 45° 角的倍数角。

2. 径向渐变的调整

在图形中创建径向渐变后,在工具箱中选择【渐变变形工具】。此时图形将被带有控制柄的圆框包围,拖动控制柄即可实现对渐变效果的调整,如图 3.32 所示。

3. 溢出的 3 种模式

所谓溢出,是指当颜色超出了渐变的限制时,以何种方式来填充空余的区域。简单地说,溢出就是当一段渐变结束时,如果还不能填满整个区域,将怎样来处理多余的空间。要设置渐变的溢出模式,可以在【颜色】面板中进行,如图 3.33 所示。下面以【线性渐变】为例来介绍这 3 种模式的效果。

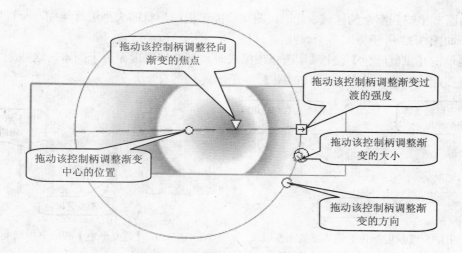

图 3.32 调整径向渐变效果

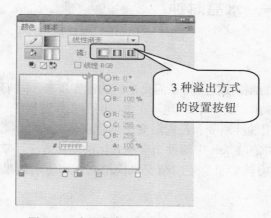

图 3.33 在【颜色】面板中设置溢出方式

使用【渐变变形工具】缩小渐变的宽度，此时渐变集中于图形的中间。当单击【扩展颜色】按钮 ▢ 选择该模式时，渐变的起始色和结束色向边缘漫延以填充空出来的空间，如图 3.34 所示。

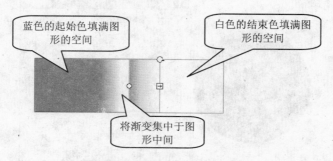

图 3.34 【扩展颜色】模式下的渐变效果

当单击【反射颜色】按钮 ▣ 选择该模式时，当前渐变将对称翻转并首尾相接合为一体后作为图案平铺到空余的区域。此时，图案将能够根据形状的大小进行伸缩，一直填满整个图形，如图 3.35 所示。

当单击【重复颜色】按钮 ▌▌ 选择该模式时，渐变将出现无数个副本，这些副本一个一个地连接起来填充多余的空间，如图 3.36 所示。

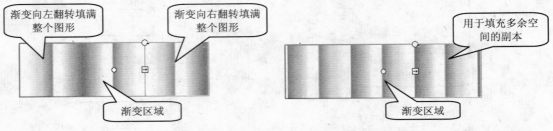

渐变向左翻转填满整个图形

渐变向右翻转填满整个图形

用于填充多余空间的副本

渐变区域

渐变区域

图 3.35　【反射颜色】模式下的渐变效果　　图 3.36　【重复颜色】模式下的渐变效果

3.2.3　实战范例——水晶时钟

1．范例简介

本例介绍水晶时钟的制作过程，为了简化范例的制作步骤，本例只介绍钟面效果的制作，而刻度、指针和商标的制作这里不作讲述。在本范例的制作过程中，使用【椭圆形工具】绘制钟面，通过对图形应用线性渐变和径向渐变来创建水晶玻璃立体效果和透明效果。通过本例的制作，读者将能够掌握 Flash 中两种渐变模式化的创建方法，掌握【渐变变形工具】的使用技巧。同时，读者将能够了解使用渐变来模拟立体和透明效果的方法。

2．制作步骤

（1）启动 Flash CS5，创建一个空白文档。在工具箱中选择【椭圆工具】，按住 Shift 键拖动鼠标绘制一个圆形。选择绘制的圆形，在【属性】面板中取消笔触颜色，将圆形的【宽】和【高】均设置为 195 像素，如图 3.37 所示。

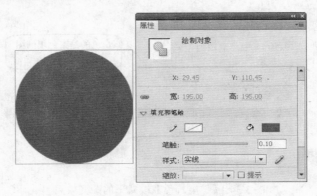

图 3.37　绘制圆形并设置圆形的大小

（2）在圆形被选择的状态下，选择【窗口】|【颜色】命令打开【颜色】面板，在其中选择颜色类型为【径向渐变】。将左侧的起始颜色色标向右拖动，设置其颜色值为"#E1E1E1"。选择右侧终止颜色色标，将其颜色值设置为"#DCDCDC"。在这两个色标间单击创建一个新色标，将其颜色设置为纯白色（颜色值为"#FFFFFF"），如图 3.38 所示。此时，创建的渐变将直接应用到圆形。

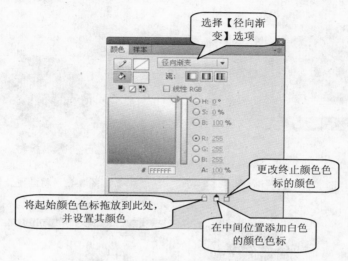

图 3.38　选择渐变模式并设置颜色

（3）在工具箱中选择【渐变变形工具】，拖动渐变框上的控制柄对渐变效果进行调整，使渐变框正好框住圆形，如图 3.39 所示。

（4）使用【椭圆工具】再次绘制一个圆形，将其放置到前面绘制圆形的中间。在【属性】面板中取消图形的笔触，并设置其【宽】和【高】的值，使圆形正好位于下面圆形的内圈，如图 3.40 所示。

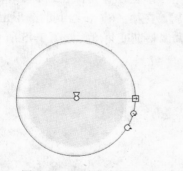

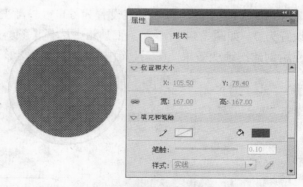

图 3.39　调整渐变效果　　　　　　图 3.40　绘制圆形并调整其大小

（5）在【颜色】面板中将颜色类型设置为【线性渐变】，选择起始颜色色标，将颜色值设置为"#003399"。选择终止颜色色标，将颜色值设置为"#0099FF"，如图 3.41 所示。在工具箱中选择【渐变变形工具】，拖动控制柄将渐变旋转 90°，如图 3.42 所示。

（6）在【时间轴】面板中单击【新建图层】按钮创建一个新图层，在该图层中使用【椭圆形工具】绘制一个与钟面内圈圆形相同大小的圆形,在【属性】面板中取消图形的笔触。在工具箱中选择【选择工具】,将圆形放置到与内圈圆对齐的位置。将鼠标放置到圆形边框上,当鼠标指针变为时拖动边框调整图形的形状,如图 3.43 所示。

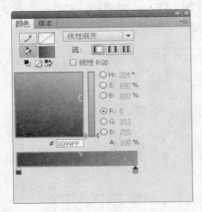

图 3.41 设置渐变

图 3.42 将渐变旋转 90°

图 3.43 在新图层中绘制圆形并调整其形状

（7）在【颜色】面板中选择颜色类型为线性渐变,将渐变的起始颜色设置为白色（颜色值为"#FFFFFF"）,将其 Alpha 值设置为 60%。将渐变的终止颜色也设置为白色,将其 Alpha 值设置为 0,如图 3.44 所示。在工具箱中选择【颜料桶工具】,在第（6）步绘制的图形上单击应用创建的渐变效果。在工具箱中选择【渐变变形工具】,调整渐变角度,如图 3.45 所示。

图 3.44 设置渐变

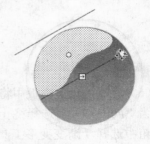

图 3.45 调整渐变角度

（8）选择【文件】|【导入】|【导入到舞台】命令打开【导入】对话框，选择钟表刻度
素材文件，如图 3.46 所示。使用【选择工具】选择导入的素材，将其放置到钟面的中间，
如图 3.47 所示。

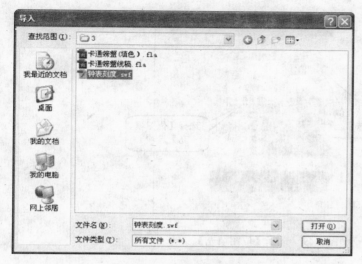

图 3.46 【导入】对话框   图 3.47 放置导入的素材

（9）对构成钟表的各个部件的位置进行调整，效果满意后，保存文档。本例完成后的效
果如图 3.48 所示。

图 3.48 本例制作完成后的效果

3.3 位图填充

对于绘制的图形，除了可以使用纯色和渐变色进行填充之外，还可以使用位图来对图形
进行填充。在 Flash 中，位图不仅可以用于填充图形的内部，还可以应用到图形的笔触上。
下面介绍位图填充的有关知识。

3.3.1 填充位图

对图形进行位图填充的方法与渐变填充类似，可以在【颜色】面板中选择位图填充并将
其应用到图形上。

选择【窗口】|【颜色】命令打开【颜色】面板，在面板中单击【填充颜色】按钮，选择颜色类型为【位图填充】，如图 3.49 所示。此时将打开【导入到库】对话框，在对话框中选择用于填充的图像文件，如图 3.50 所示。单击【打开】按钮，图像将会填充到选择的图形中，如图 3.51 所示。

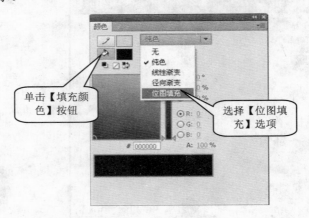

图 3.49　选择【位图填充】

图 3.50　【导入到库】对话框

图 3.51　将图像填充到选择的图形中

如果当前的文件已经使用位图填充过图形，或位图已经导入到库中，则使用过的位图将出现在调色板中，选择该位图后可以将其直接应用到图形中，如图 3.52 所示。如果需要使用其他的位图文件，可以在【颜色】面板中单击【导入】按钮打开【导入到库】对话框导入位图。

专家点拨：用于填充的位图被导入到库中。按 Ctrl+L 键打开【库】面板，在面板的列表中将可以看到导入的位图和元件。如果需要将该位图从调色板列表中删掉，只需要在【库】面板的列表中删除对应的位图和元件即可。

图 3.52　在列表中选择位图

3.3.2　调整位图填充

与渐变填充一样，在对图形进行了位图填充后，可以使用【渐变变形工具】对位图的填充效果进行修改。在工具箱中选择【渐变变形工具】，在应用了位图填充的图形上单击，图形将被一个带有控制柄的方框包围。与渐变填充一样，拖动方框上的控制柄能够对填充效果进行修改，如图 3.53 所示。

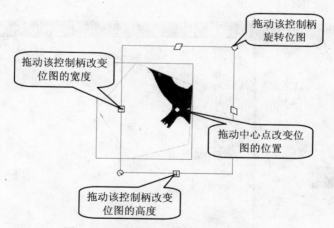

图 3.53　拖动控制柄修改位图填充效果

当需要使图形中的填充位图倾斜时，可以拖动边框上方和右边的控制柄，如图 3.54 所示。

如果需要位图在图形中平铺，可以通过拖动边框左下角的控制柄缩小位图来实现，如图 3.55 所示。

3.3.3　实战范例——国画卷轴

1. 范例简介

本例介绍一幅国画卷轴的制作过程。本例在制作时，作为素材的纸材质、国画和卷轴的柄均以位图填充的方式添加到舞台上的基本图形中。同时，使用渐变填充方式来模拟卷轴两侧的卷起效果。通过本例的制作，读者将掌握使用位图填充图形和使用【渐变变形工具】对填充的位图进行调整的操作方法。

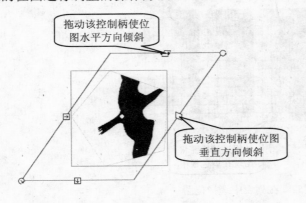

图 3.54　倾斜填充位图　　　　　　　　图 3.55　平铺位图

2．制作步骤

（1）启动 Flash CS5，创建一个新文档。打开【颜色】面板，在面板中将填充模式设置为【位图填充】。在打开的【导入到库】对话框中选择纸材质图片，如图 3.56 所示。单击【确定】按钮导入用于填充的位图。

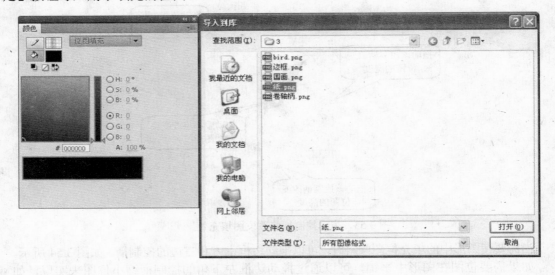

图 3.56　导入用于填充的位图

（2）在工具箱中选择【基本矩形工具】，拖动鼠标在舞台上绘制一个矩形。选择矩形后，在【属性】面板中将笔触颜色设置为无色，同时打开【填充颜色】调色板，拾取第（1）步导入的位图对图形进行位图填充，如图 3.57 所示。在【矩形选项】栏中设置矩形圆角的大小，如图 3.58 所示。

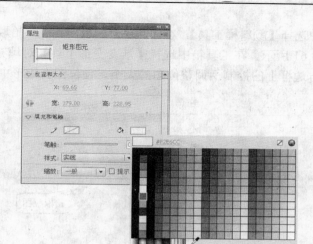

图 3.57　选择位图填充图形

（3）在工具箱中选择【矩形工具】，在第（2）步绘制的矩形上拖动鼠标绘制一个没有笔触的矩形，如图 3.59 所示。在【颜色】面板中选择颜色类型为【位图填充】，单击【导入】按钮打开【导入到库】对话框。为了后面操作的方便，这里按住 Ctrl 键依次选择后面步骤中所有需要使用的位图图片，如图 3.60 所示。单击【打开】按钮将这些图片导入到库中。

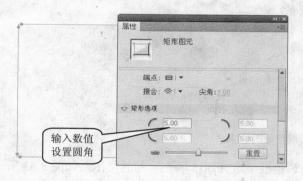

图 3.58　设置圆角

图 3.59　绘制一个无笔触的矩形

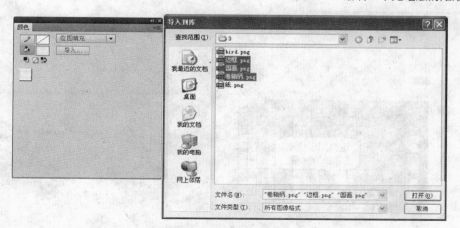

图 3.60　选择需要导入的位图

（4）在工具箱中选择【颜料桶工具】，在【颜色】面板的列表中拾取导入的国画位图文件填充矩形，如图 3.61 所示。在工具箱中选择【渐变变形工具】对填充的位图进行调整，这里拖动左侧和下方边框上的控制柄调整位图的大小，使位图在矩形中完全显示出来，如图 3.62 所示。

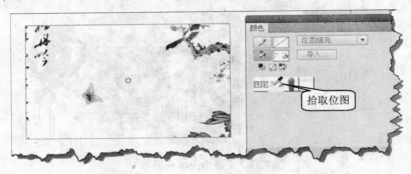

图 3.61　拾取位图

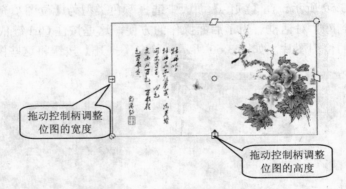

图 3.62　调整位图的大小

（5）在工具箱中选择【线条工具】，在调色板中选择用于填充笔触的位图，如图 3.63 所示。在国画的上方拖动鼠标绘制一条直线，此时直线笔触以选择的位图填充，如图 3.64 所示。

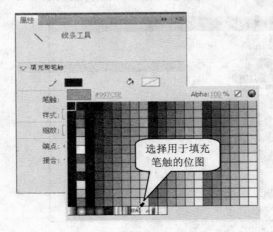

图 3.63　使用位图填充笔触

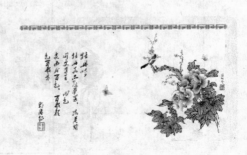

图 3.64　绘制一条直线

（6）选择绘制的直线，在【属性】面板中将笔触的高度设置为 14，使位图全部显示出来。同时，将【端点】设置为【无】，使线段两端显示为方形，如图 3.65 所示。复制设置完成的线段，将其放置到国画的下方，如图 3.66 所示。

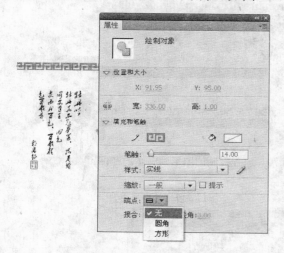

图 3.65　设置线段属性

图 3.66　复制线条并放置到国画的下方

（7）在工具箱中选择【矩形工具】，在舞台上绘制一个矩形，选择该矩形后在【属性】面板中选择以卷轴柄位图来填充图形，如图 3.67 所示。将矩形放置到卷轴的右上方，使用【渐变变形工具】调整填充位图的大小和位置，使其正好在矩形中完全显示，如图 3.68 所示。

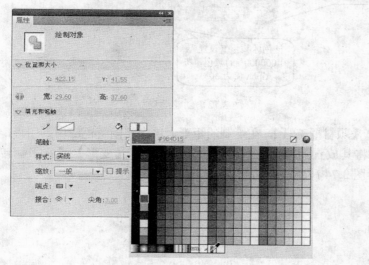

图 3.67　设置填充的位图

图 3.68　调整位图在矩形中的大小

（8）复制第（7）步制作的矩形，将其放置到国画的下方，使用【渐变变形工具】将填充的位图旋转 180°，如图 3.69 所示。复制这两个图形，将复制图形分别放置到国画的左侧的上方和下方，如图 3.70 所示。

（9）在工具箱中选择【基本矩形工具】，在国画右边上绘制一个与国画等高的矩形，如图 3.71 所示。在【颜色】面板中将颜色类型设置为【线性渐变】。这里，创建有 3 个颜色的线性渐变，如图 3.72 所示。

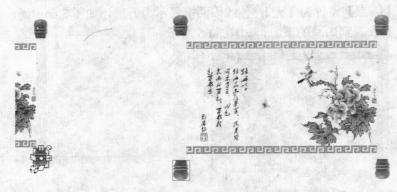

图 3.69　旋转复制图形中的位图　　　　图 3.70　放置复制的图形到国画的左侧

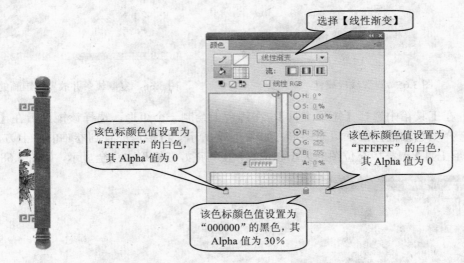

图 3.71　绘制一个矩形　　　　　　　　图 3.72　创建渐变

　　（10）在工具箱中选择【颜料桶工具】，在绘制的矩形上单击将渐变色应用到图形，如图 3.73 所示。复制该矩形，将其放置到国画的左侧，选择【修改】|【变形】|【水平翻转】命令将其水平翻转放置，如图 3.74 所示。

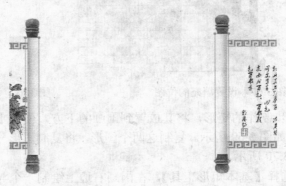

图 3.73　应用渐变效果　　　　　图 3.74　将复制矩形放置到左侧并翻转

（11）对各个图形的大小和位置进行适当的调整，效果满意后保存文档。本例制作完成后的效果如图 3.75 所示。

图 3.75　本例制作完成后的效果

3.4　本章小结

　　本章学习了 Flash CS5 中图形填充的 3 种方式，它们是纯色填充、渐变填充和位图填充。通过本章的学习，读者将掌握纯色填充时颜色设置和拾取的方法，能够在【颜色】面板中创建渐变并使用【渐变变形工具】对渐变效果进行修改。同时，读者还将熟悉使用位图填充图形的方法。

3.5　本章练习

一、选择题

1．在【颜色】面板中，要切换到默认笔触颜色和填充色，应该单击下面哪个按钮？（　　　）

A. 　　　　　　　　　　　B.

C. 　　　　　　　　　　　D.

2．下面哪个按钮是【颜色】面板中用于编辑渐变的颜色色标？（　　　）

A. 　　　　　　　　　　　B.

C. 　　　　　　　　　　　D.

3．在使用【渐变变形工具】调整径向渐变效果时，如图 3.76 所示，使用下面哪个控制柄可以旋转渐变？（　　　）

4．在使用【渐变变形工具】对位图填充效果进行调整时，如图 3.77 所示，使用下面哪个控制柄能够实现位图的水平倾斜？（　　　）

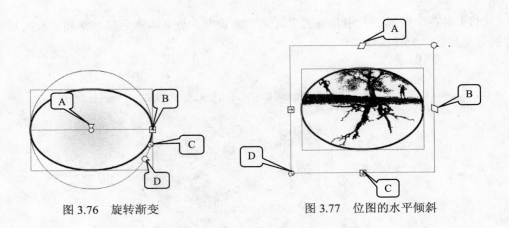

图 3.76 旋转渐变　　　　　图 3.77 位图的水平倾斜

二、填空题

1. 在【属性】面板的调色板中通过设置 Alpha 值可以控制_____。这里，Alpha 值的取值在_____之间，其值越大，_____就越低。

2. 在 Flash 中，【墨水瓶工具】用于以当前笔触方式对矢量图形进行_____，【颜料桶工具】用于使用当前的填充方式对对象进行_____，该工具可以进行纯色填充、渐变填充和_____。

3. 在【颜色】面板中，如果要向渐变添加颜色，可以在色谱条下方_____添加色标即可。如果需要删除渐变中的颜色，可以将色标_____或选择色标后按_____即可。

4. 溢出是指当颜色超出了渐变的限制时，以何种方式来_____，Flash 的渐变有 3 种溢出方式，它们分别是_____、_____和_____。

3.6 上机练习和指导

3.6.1 糖果

绘制卡通糖果，效果如图 3.78 所示。

图 3.78 绘制完成的卡通糖果

主要操作步骤指导：

（1）使用【椭圆工具】绘制椭圆作为糖果果体和其下的阴影。使用【钢笔工具】勾勒糖果两侧的包装纸，并使用【转换锚点工具】和【部分选取工具】对勾勒的图形进行编辑修改。

（2）使用径向渐变填充绘制的图形，渐变均为双色渐变，糖果上的渐变起始颜色为白色（颜色值为#FFFFFF），终止颜色的颜色值为"#FF005D"。阴影使用黑白双色径向渐变。使用【渐变变形工具】对渐变效果进行调整。

（3）使用【多角星形工具】绘制五角星，在【属性】面板中设置填充色（颜色值为#ED6593）。

3.6.2　水晶按钮

制作凸起和凹陷的透明水晶按钮，按钮效果如图 3.79 所示。

图 3.79　水晶按钮效果

主要制作步骤指导：

（1）使用【基本矩形工具】绘制一个带有圆角的矩形，以双色线性渐变填充该矩形。渐变的起始颜色为白色（颜色值为"#FFFFFF"），渐变的终止颜色为蓝色（颜色值为"#0000FF"），将终止色的 Alpha 值设置为 0。

（2）复制该矩形，在【属性】面板中调整其【宽】和【高】的值将其适当缩小。复制缩小后的矩形，选择【修改】|【变形】|【垂直翻转】命令将其垂直翻转。

（3）选择第二次复制的矩形，在【颜色】面板中将渐变白色颜色色标向右适当移动，此时即可获得凸起水晶按钮效果。

（4）要获得凹陷的水晶按钮效果，只需将第（3）步改为缩小最后复制矩形即可。

第 4 章

图形的变换

在舞台上要构成漂亮的场景，往往需要大量的图形对象。放置于舞台上的对象，需要对其进行布局才能符合场景画面的要求。而对象的布局，离不开对象的移动、缩放、旋转以及对齐等操作。同时为了方便实现各种操作，需要将多个图形变为一个对象。本章将介绍对象的变形、位置排列和组合等变换操作。

本章主要内容：

● 对象的变形；

● 对象的对齐和排列；

● 对象的合并和组合。

4.1　对象的变形

在完成图形的绘制后，往往需要对图形进行变形以修改图形的形状。对象的变形可以使用 Flash 提供的【任意变形工具】来操作，也可以使用【变形】面板来对图形进行精确变形。下面介绍 Flash 中对图形变形的操作方法。

4.1.1　线条的平滑和伸直

对线条进行平滑和伸直处理是图形变形的常用操作，主要用于对所选线条进行调整，以改变图形的外观。修改线条的形状，除了使用工具箱中提供的【选择工具】和【部分选择工具】外，还可以使用菜单命令对线条进行更为准确的平滑和伸直处理。

在绘制图形时，拉伸操作能够使绘制的线条变直，可以让图形的几何外观更加完美。平滑操作能够使曲线变得柔和并减少曲线整体方向上的突起和变化，减少曲线中的线段数。在工具箱中选择【选择工具】，选择图形上的曲线，选择【修改】|【形状】|【伸直】命令，曲线伸直为直线，如图 4.1 所示。

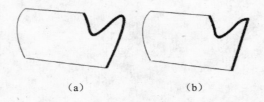

(a)　　　　　　　(b)

图 4.1　命令使用前后的图形效果

专家点拨：在进行拉伸和平滑线条操作时，有时需要多次使用相同的命令才能达到需要的直线或曲线效果。

选择图形上的线条，选择【修改】|【形状】|【高级伸直】命令打开【高级伸直】对话框，在其中的【伸直强度】文本框中输入数值可以调整曲线拉直的强度，如图 4.2 所示。

使用【选择工具】选择曲线，选择【修改】|【形状】|【高级平滑】命令打开【高级平滑】对话框，在其中的【下方的平滑角度】、【上方的平滑角度】和【平滑强度】文本框中输入数值，即对线条的平滑操作进行设置，如图 4.3 所示。

图 4.2　打开【高级伸直】对话框设置伸直效果　　图 4.3　打开【高级平滑】对话框设置平滑效果

4.1.2　对象的任意变形

对对象进行变形操作，可以使用【任意变形工具】或选择【修改】|【变形】的下级菜单命令来进行操作。这些操作包括对图形进行缩放、旋转、扭曲或封套等操作。

1．缩放和旋转

在工具箱中选择【任意变形工具】后在需要变形的对象上单击，对象即被含有控制柄的变形框包围，此时拖动位于变形框上的控制柄可以对对象进行缩放操作。

将鼠标放置到变形框四角上的控制柄上，鼠标指针变为或时，拖动控制柄可以将对象沿对角方向进行缩放。将鼠标放置到变形框四边的控制柄上时，鼠标指针变为或时，拖动控制柄将能使对象沿垂直方向或水平方向缩放。将鼠标放置到变形框四角的控制柄外，鼠标指针变为时，拖曳鼠标可以实现图形的旋转操作，如图 4.4 所示。

专家点拨：这里要注意，【任意变形工具】不能对元件、位图、视频对象、声音对象、渐变或文本进行变形。如果选择的多个对象中包含有上面的对象，则只能变形其中的形状对象。

在选择对象后，选择【修改】|【变形】|【缩放和旋转】命令将打开【缩放和旋转】对话框。在其中的【缩放】文本框中输入缩放比例，【旋转】文本框中输入旋转角度，这样可以实现对象旋转和缩放的精确控制，如图 4.5 所示。

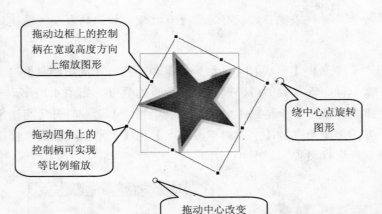

拖动边框上的控制
柄在宽或高度方向
上缩放图形

绕中心点旋转
图形

拖动四角上的
控制柄可实现
等比例缩放

拖动中心改变
中心点的位置

图 4.4　放置中心点后旋转图形　　　　　　图 4.5　【缩放和旋转】对话框

专家点拨：选择【修改】|【变形】|【顺时针旋转 90°】或【逆时针旋转 90°】命令可以使图形绕中心点顺时针或逆时针旋转 90°。在旋转对象时，如果按住 Shift 键拖动鼠标，则可以以 45°为增量进行旋转。如果按住 Alt 键拖动鼠标，则将实现围绕对角的旋转。

2．倾斜变形

对象倾斜指的是使选择对象沿着一个或两个轴倾斜。使用【任意变形工具】单击图形，将鼠标放置到变形框的上下边框上，指针变为 ⇌ 后，拖动鼠标即可实现对象的水平倾斜变形。将鼠标放到变形框左右边框上，鼠标指针变为 ‖ 后，拖动鼠标即可实现对象的垂直倾斜变形，如图 4.6 所示。

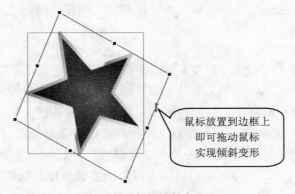

鼠标放置到边框上
即可拖动鼠标
实现倾斜变形

图 4.6　对象的倾斜变形

专家点拨：选择【修改】|【变形】|【旋转和倾斜】命令，或在选择了【任意变形工具】后在工具箱的选项栏中按下【旋转和倾斜】按钮 ，则对变形框的拖放操作将只能实现旋转和倾斜操作。

3．扭曲变形

在使用【任意变形工具】时，在工具箱的选项栏中单击【扭曲】按钮 （或选择【修

改】|【变形】|【扭曲】命令），此时拖动变形框上的控制柄即可实现对象的扭曲变形，如图 4.7 所示。

　　按住 Shift 键拖动变形框角上的控制柄，可以使该角和相邻的角沿着相反方向移动相等的距离，如图 4.8 所示。

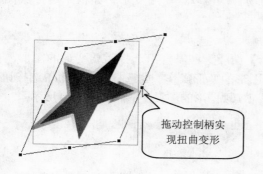

图 4.7　对象的扭曲变形

图 4.8　按住 Shift 键拖动变形框角上的控制柄

4．封套变形

　　Flash 的封套是一个边框，该边框套住需要变形的对象，通过更改这个边框的形状从而改变套在其中的对象的形状。

　　在使用【任意变形工具】时，单击工具箱选项栏中的【封套】按钮（或是直接选择【修改】|【变形】|【封套】命令），此时对象被一个带有锚点的边框包围。这个边框可以像矢量线条那样通过拖放锚点或是调整锚点拉出的方向线来修改形状。封套形状的改变将改变套于其中的图形的形状，如图 4.9 所示。

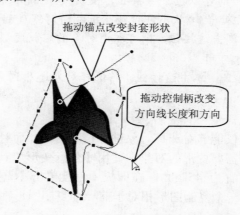

图 4.9　修改封套形状

　　🐾专家点拨：如果需要取消对选择对象的变形，可以选择【修改】|【变形】|【取消变形】命令。如果需要对选择的对象进行垂直翻转或水平翻转变形，可以选择【修改】|【变形】|【垂直翻转】或【水平翻转】命令。

4.1.3　对象的精确变形

使用【任意变形工具】可以快速地实现对选择对象的各种变形操作，但却无法控制变形的精确度。在需要对对象进行精确变形的场合，可以使用【变形】面板来进行操作。

1．对象的精确变形

选择【窗口】|【变形】命令打开【变形】面板，在舞台上选择需要变形的图形，在面板中设置缩放、旋转或倾斜值，即可实现对图形的变形操作。如选择【倾斜】单选按钮，在其下的文本框中输入水平和垂直倾斜的度数即可实现图形的倾斜变形，如图 4.10 所示。

图 4.10　使用【变形】面板实现对象的倾斜变形

专家点拨：下面对【变形】面板中的一些功能按钮的作用进行介绍。

- 【约束】按钮：在对选择对象进行缩放变形时，如果需要对对象的宽度和高度按照相同比例缩放，则可以按下该按钮，使其处于 状态（即锁定状态）。再次单击该按钮，使按钮处于 状态即可解除缩放时对宽度和高度的约束。
- 【重置】按钮：单击该按钮，则可取消对象的缩放变形。该按钮只有对选择对象进行了缩放变形才可用。
- 【取消变形】按钮：单击该按钮，将选择对象还原到变形前的状态。

2．重置选区和变形

使用【变形】面板不仅能够对选择对象进行精确变形，而且可以在变形对象的同时复制对象。如在舞台上选择需要变形的对象，使用【任意变形工具】重新放置中心，在【变形】面板中将【旋转】设置为 45°角。在面板中连续单击【重置选区和变形】按钮，此时将不断复制图形，后一个复制图形相对于前一个复制图形都将绕中心点旋转 45°，如图 4.11 所示。

4.1.4　实战范例——礼品盒

1．范例简介

本例介绍礼盒打开盒盖喷洒彩带的画面的制作过程。本例在制作过程中，使用【矩形工具】、【椭圆工具】和【多角星形工具】等工具绘制图形，使用【任意变形工具】对图形进行变形处理以获得立体效果。通过本例的制作，读者将能掌握通过对矩形进行变形来制作立方体的方法，了解利用渐变填充使二维图形获得立体感和体积感的制作技巧。同时，本例将使用各种绘图工具绘制大量图形并对图形进行变形和填充，读者将能够进一步巩固各种图形绘制工具的使用方法和对象填充的技巧，熟练掌握对象变形的操作技巧。

图 4.11 旋转并复制对象

2．制作步骤

（1）启动 Flash CS5，创建一个空白文档。在工具箱中选择【矩形工具】，拖动鼠标在舞台上绘制一个覆盖整个舞台的矩形。在【颜色】面板中将填充方式设置为【径向渐变】，创建一个双色渐变，将渐变的起始颜色设置为白色（其颜色值为 "#FFFFFF"），将渐变的终止颜色的颜色值设置为 "#006280"，如图 4.12 所示。使用【颜料桶工具】对矩形填充颜色，同时使用【渐变变形工具】将渐变中心拖放到矩形的下方，如图 4.13 所示。

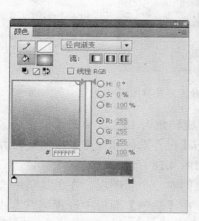
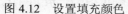

图 4.12 设置填充颜色   图 4.13 调整渐变中心的位置

（2）在【时间轴】面板中单击【创建新图层】按钮创建一个新图层。在工具箱中选择【矩形工具】，在舞台上绘制一个矩形的长条。在【属性】面板中取消其笔触，设置其填充颜色（颜色值为"#BFD4DE"），同时将 Alpha 值设置为 20%，如图 4.14 所示。

（3）在工具箱中选择【任意变形工具】，首先将中心拖放到图形下面的边上，如图 4.15 所示。在工具箱的选项栏按下【扭曲】按钮，拖动矩形下面边上的控制柄调整其形状，如图 4.16 所示。

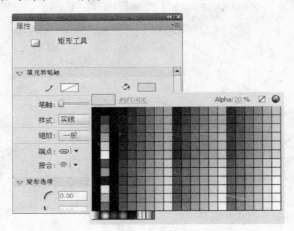

图 4.14 在【属性】面板中设置填充色   图 4.15 放置中心

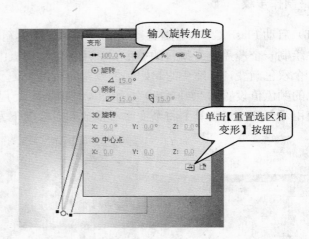

图 4.16 调整形状   图 4.17 旋转并复制图形

（4）在【变形】面板中选择【旋转】单选按钮，设置旋转角为 15°，单击【重置选区和变形】按钮旋转并复制图形，如图 4.17 所示。继续单击【重置选区和变形】按钮旋转并复制图形，此时可以获得环绕中心点一周的光芒效果，如图 4.18 所示。

（5）在【时间轴】面板中单击【创建新图层】按钮创建一个新图层。在工具箱中选择【矩形工具】，按住 Shift 键拖动鼠标绘制一个正方形。在【颜色】面板中设置填充方式为【线性渐变】，创建一个双色线性渐变，其中渐变开始颜色的颜色值为"#FFF31C"，渐变终止颜色的颜色值为"#F5BB4F"，如图 4.19 所示。使用【颜料桶工具】渐变填充绘制的正方形，如图 4.20 所示。

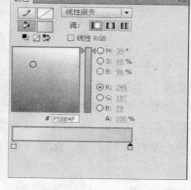

图 4.18　获得光芒效果　　　　　图 4.19　在【颜色】面板中创建渐变

　　（6）在工具箱中选择【任意变形工具】，在工具箱的选项栏中按下【扭曲】按钮 。单击舞台上的正方形，拖动变形框 4 个角上的控制柄调整正方形的形状，如图 4.21 所示。将该图形复制一个，使用相同的方法对图形进行变形，如图 4.22 所示。在工具箱中选择【渐变变形工具】，旋转填充的渐变效果，如图 4.23 所示。

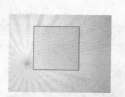

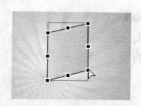

图 4.20　用渐变填充正方形　　　图 4.21　调整正方形的形状

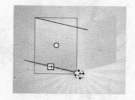

图 4.22　对复制图形进行变形　　　图 4.23　旋转渐变

　　（7）在工具箱中选择【钢笔工具】，在【属性】面板中取消笔触，同时设置填充颜色（颜色值为 "#DF7B1D"），在舞台上绘制一个三角形，如图 4.24 所示。将该三角形复制一个，选择【修改】|【变形】|【水平翻转】将复制三角形水平翻转，在【属性】面板中修改其填充色（颜色值为 "FAA21C"）。将该三角形与前一个三角形并排放置，此时获得立体纸盒，如图 4.25 所示。

图 4.24　绘制一个三角形　　　　图 4.25　获得立体纸盒

（8）在工具箱中选择【矩形工具】，在【属性】面板中设置填充色（颜色值为"#FFE14F"），在舞台上绘制一个正方形。选择【任意变形工具】，在选项栏中按下【扭曲】按钮，拖动变形框上的控制柄对正方形进行变形处理，获得一个打开的盒盖，如图 4.26 所示。复制变形后的正方形，将其放置到纸盒的左侧，使用【任意变形工具】调整该副本的形状创建另外一个打开的盒盖，如图 4.27 所示。

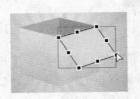
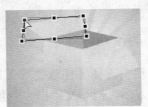

图 4.26　变形正方形　　　　图 4.27　调整副本形状

（9）使用【矩形工具】再绘制两个正方形，这两个正方形的填充色的颜色值为"#FFC20F"。使用【任意变形工具】对这两个正方形进行扭曲变形处理获得另外两个打开的盒盖，一个打开的纸盒制作完成，如图 4.28 所示。

图 4.28　绘制完成的纸盒

（10）在【时间轴】面板中单击【创建新图层】按钮创建一个新图层。在工具箱中选择【矩形工具】，将填充色设置为"#01BAF2"，在舞台上绘制一个矩形。在工具箱中选择【任意变形工具】，使用工具旋转绘制的矩形，在工具箱的选项栏中单击【扭曲】按钮后拖动变形框上的控制柄将其变为三角形，如图 4.29 所示。

（11）在工具箱的选项栏中单击【封套】按钮，图形被含有锚点的变形框包围。拖动锚点改变图形形状，拖动锚点两侧方向线上的控制柄对曲线的方向和弯曲程度进行调整，如图 4.30 所示。使用相同的方法绘制其他图形获得喷出的飘带，如图 4.31 所示。

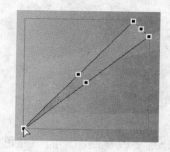 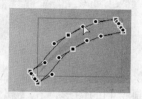

图 4.29　拖动控制柄将旋转后的矩形变为三角形　　　　图 4.30　对封套进行调整

图 4.31　绘制其他图形获得喷出的飘带

（12）在工具箱中选择【多边形工具】，在【属性】面板中取消笔触，设置填充颜色（颜色值为 "#F8DB03"）。在【属性】面板中单击【选项】按钮打开【工具设置】对话框，在其中将【样式】设置为【星形】，将【边数】设置为 5，将【星形顶点大小】设置为 0.8，如图 4.32 所示。拖动鼠标绘制不同大小的星形，如图 4.33 所示。

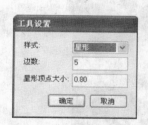 

图 4.32　设置星形形状　　　　　　　　图 4.33　绘制星形

（13）在工具箱中选择【钢笔工具】，勾勒出弯曲的月牙形框架，在【属性】面板中取消笔触，同时设置填充颜色（颜色值为 "#4D4D4D"），如图 4.34 所示。在工具箱中选择【选择工具】，在工具箱的选项栏中单击【平滑】按钮 几次，使图形的边界变得平滑，如

图 4.35 所示。

图 4.34 勾勒出月牙形　　　　　图 4.35 平滑边界

（14）复制绘制的图形，在【属性】面板中分别更改复制图形的填充色。使用【任意变形工具】对复制图形进行缩放、旋转和扭曲变形，并将这些图形放置到舞台的不同位置，如图 4.36 所示。

图 4.36 复制图形并改变它们的颜色和形状

（15）在工具箱中选择【矩形工具】和【椭圆形工具】，使用工具在舞台的不同部位绘制大小和颜色不同的正方形和圆形，如图 4.37 所示。

图 4.37 在舞台上绘制大小和形状不同的正方形和圆形

（16）在工具箱中选择【多角星形工具】，在【属性】面板中将填充色的 Alpha 值设置为 50%，单击【选项】按钮打开【工具设置】对话框，在其中将工具设置为绘制十二边星形，如图 4.38 所示。拖动鼠标在舞台上绘制星形，在舞台的不同位置复制星形，使用【任意变形工具】调整星形的大小，如图 4.39 所示。

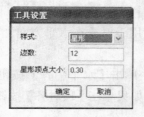

图 4.38　设置绘制十二边星形　　　　　　　　图 4.39　在舞台上复制星形并调整大小

（17）对绘制的各个图形的大小和位置进行适当调整，效果满意后，保存文档完成本例的操作。本例制作完成后的效果如图 4.40 所示。

图 4.40　本例制作完成后的效果

4.2　对象的对齐和排列

在 Flash 中绘制复杂图形时，常常需要将这个图形分解为小的图形分别进行绘制，然后再将它们放置在一起构成一个完整的图形。在构建图形时，不可避免地会遇到图形的对齐以及改变图形间的堆叠关系的问题，本节将介绍在 Flash 中精确对齐对象和改变对象排列顺序的方法。

4.2.1 对象的对齐

在由多个对象构成复杂图形时，往往需要精确确定各个对象间的相对位置。在 Flash 中，可以使用【对齐】菜单命令或【对齐】面板来调整各个对象之间的相对位置和对象相对于舞台的位置。

1. 对齐对象

选择【窗口】|【对齐】命令打开【对齐】面板，在【对齐】栏中包含了 6 个按钮，左边的 3 个按钮用于将对象在垂直方向上的对齐，右边的 3 个按钮用于对象在水平方向上的对齐。

在舞台上框选 3 个对象，如图 4.41 所示。在【对齐】面板中单击【水平中齐】按钮，此时选择图形的中心将对齐到同一条垂直线上，如图 4.42 所示。如果单击【顶对齐】按钮，选择对象的顶部将对齐到同一条水平线上，如图 4.43 所示。

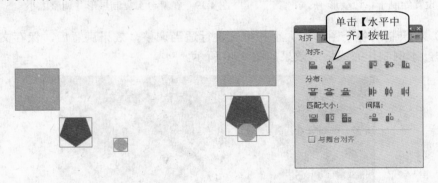

图 4.41　选择图形　　　　　　　　图 4.42　图形水平中对齐

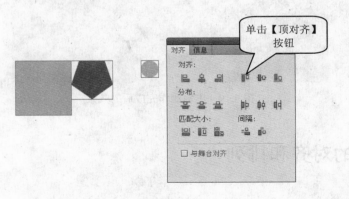

图 4.43　图形顶对齐

专家点拨：下面介绍其他【对齐】按钮的含义。

- 【左对齐】按钮▣：单击该按钮，所选对象以靠左对象的左侧为基准对齐。
- 【右对齐】按钮▣：单击该按钮，所选对象以靠右对象的右侧为基准对齐。
- 【上对齐】按钮▣：单击该按钮，所选对象以最上边对象的上边界为基准对齐。
- 【底对齐】按钮▣：单击该按钮，所选对象以最下边对象的下边界为基准对齐。

另外，在【对齐】面板中勾选【与舞台对齐】复选框，则所有的调整都将按照与整个舞台的相对关系来进行操作。

2．分布对象

在【对齐】面板中，【分布】栏中提供了 6 个按钮，其中左边 3 个按钮用于对象的在垂直方向上分布，右边 3 个按钮用于对象在水平方向上的分布。【分布】栏中的按钮可以将选择的对象在垂直方向或水平方向上均匀地分散开。

在舞台上选择需要分布处理的图形，如图 4.44 所示。在【对齐】面板中单击【顶部分布】按钮，则对象的顶部将在垂直方向上均匀分布，如图 4.45 所示。如果单击【左侧分布】按钮，则对象的左侧将在水平方向上均匀分布，如图 4.46 所示。

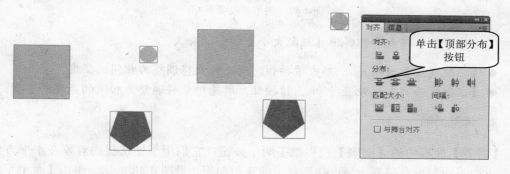

图 4.44　选择图形　　　　　　　　　图 4.45　图形的顶部分布

图 4.46　图形左侧分布

专家点拨：下面介绍其他【分布】按钮的含义。

- 【垂直居中分布】按钮▣：单击该按钮，选择对象的中心垂直方向等间距。
- 【底部分布】按钮▣：单击该按钮，选择对象的下边沿等间距。

● 【水平居中分布】按钮⚏：单击该按钮，选择对象的中心水平方向等间距。

● 【右侧分布】按钮⚏：单击该按钮，选择对象的右边沿等间距。

3．匹配大小

【对齐】面板的匹配大小栏提供了 3 个按钮，该按钮能够强制两个或多个大小不同的对象宽度或高度变得相同。选择 3 个图形后单击【匹配宽度】按钮，则 3 个图形的宽度变得相同，如图 4.47 所示。

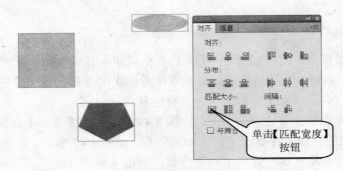

图 4.47　图形宽度变得相同

专家点拨：下面介绍其他【匹配大小】按钮的含义。

● 【匹配高度】按钮▥：单击该按钮，所选对象将调整为相同的高度。

● 【匹配宽和高】按钮▦：单击该按钮，所选对象将调整为相同的高度和宽度。

4．调整间隔

【对齐】面板中的【间隔】栏提供了两个按钮，它们用于使选择的对象在水平方向和垂直方向上均匀地分隔开。如选择舞台上的 3 个图形，见图 4.48 所示。单击【水平平均间隔】按钮，此时图形将在水平方向上均匀分隔，如图 4.49 所示。

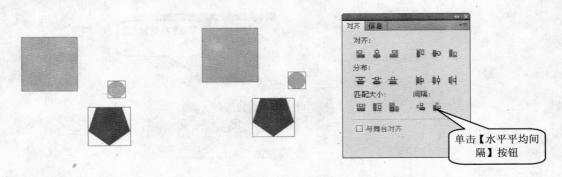

图 4.48　选择图形　　　　　　　　　图 4.49　水平平均间隔图形

专家点拨：【分布】按钮是根据共同的参照物（顶部、中心或底部）来均匀放置对象的，而【间隔】则是使所有对象间隔相同。因此当选择图形具有相同的大小时，使用【间隔】栏中的按钮和使用【分布】栏中的按钮会有相同效果。只是当图形大小不一时，两者在使用上的效果才会不同。

4.2.2　对象的排列

在舞台上创建多个图形，图形将按照创建的先后顺序来排列，即先创建的图形在下层，后创建的图形在上层，舞台上层的图形将遮盖下层的图形。Flash 的【修改】|【排列】子菜单提供了【移至顶层】、【上移一层】、【下移一层】和【移至底层】这 4 个命令，使用这些命令可以调整各个对象之间的叠放次序，以改变图形间的遮盖关系。

在舞台上有 3 个叠放在一起的图形，最上层是圆形，中间是五边形，最下层是正方形，如图 4.50 所示。选择圆形后，选择【修改】|【排列】|【下移一层】命令，则圆形将下移一层被五边形遮盖，如图 4.51 所示。如果选择【修改】|【排列】|【移至顶层】命令，则圆形将被移至底层，被正方形和五边形遮盖，圆形将看不见，如图 4.52 所示。

图 4.50　三个图形的叠放关系　　图 4.51　圆形被五边形遮盖　　　图 4.52　圆形被遮盖

专家点拨：选择对象后右击，在打开的关联菜单中选择【排列】命令也可以获得对象排列的子菜单命令。

4.2.3　对象的贴紧

贴紧是 Flash 为了方便在舞台上移动对象时定位而提供的一种功能，使用该功能能够帮助用户精确调整对象与其他对象、网格线、参考线以及整个像素网格点之间的位置关系。Flash 提供了 5 种贴紧方式，它们是【贴紧对齐】、【贴紧至网格】、【贴紧至辅助线】、【贴紧至像素】和【贴紧至对象】，可以通过勾选【视图】|【贴紧】命令的下级菜单选项来实现对贴紧方式的选择。

选择【视图】|【贴紧】|【贴紧对齐】命令，使用鼠标移动图形，当两个图形的边缘接触时，可以看到水平的或垂直的参考线提示边缘接触的位置。这样可以有效地帮助用户在移动图形时精确定位，如图 4.53 所示。

图 4.53　显示水平和垂直参考线

选择【视图】|【贴紧】|【贴紧至对象】命令（或在使用【选择工具】时，在工具箱下的选项栏中按下【贴紧至对象】按钮），在拖动对象靠近了另一个对象时，鼠标指针旁会显示圆圈标记，表示图形正在贴紧中，如图 4.54 所示。当该圆圈被贴紧到图形上，圆圈图标稍微变大，如图 4.55 所示。此时释放鼠标即可使对象贴紧另一对象放置。

图 4.54　图形上显示圆圈图标　　　　图 4.55　贴紧对象时圆圈图标变大

🐛专家点拨：下面介绍 Flash 提供的其他贴紧方式的含义。

● 【贴紧至网格】：当舞台上显示网格时，开启该功能，能够帮助用户在移动对象时对齐到网格。当对象移动到网格线附近时将会出现贴紧图标。

● 【贴紧至辅助线】：舞台上存在水平或垂直辅助线，开启该功能，在移动对象时将能够使对象贴紧到辅助线上。

● 【贴紧至像素】：开启该功能，在移动对象时，对象将能够对齐到舞台上的像素网格。这里要注意，选择该功能后，只有将舞台的显示比例放大到 400％以上才会出现像素网格，此功能能够方便实现将对象放置到像素点上。

选择【视图】|【贴紧】|【编辑贴紧方式】命令打开【编辑贴紧方式】对话框，在对话框中勾选【贴紧对齐】和【贴紧网格】等复选框将能够选择相应的贴紧方式，如图 4.56 所示。

🐛专家点拨：下面介绍【编辑贴紧方式】对话框的【高级】栏中各个设置项的含义。

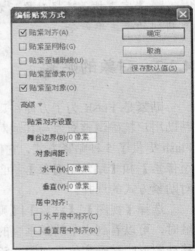

图 4.56　【编辑贴紧方式】对话框

● 【舞台边界】文本框：在使用【贴紧对齐】功能时，拖动对象，当对象靠近舞台边缘时，将会出现水平或垂直参考线提示接触。该文本框用于设置距离舞台边缘多少像素时出现参考线以提示边缘接触。

● 【水平】和【垂直】文本框：该文本框用于设置当对象靠近另一个对象多少像素时出现提示参考线。

● 【水平居中对齐】和【垂直居中对齐】复选框：勾选这两个复选框，当对象与另一个对象水平居中对齐或垂直居中对齐时，将出现提示参考线。

4.2.4　实战范例——手机

1. 范例简介

本例介绍一个手机的制作过程。在本例的制作过程中，使用绘图工具绘制图形并填充颜色，使用【对齐】面板放置绘制的图形。通过本例的制作，读者将能够掌握使用【对齐】面板构造复杂图形的操作方法和技巧。

2．制作步骤

（1）启动 Flash CS5，创建一个空白文档。在工具箱中选择【基本矩形工具】在舞台上绘制一个矩形，在【属性】面板中将矩形的填充颜色设置为黑色（颜色值为"#000000），取消矩形笔触，同时设置矩形的圆角，如图 4.57 所示。

图 4.57　绘制一个矩形并设置后其属性

（2）按住 Ctrl 键拖动该矩形创建一个副本，在【颜色】面板中将填充设置为【线性渐变】。创建一个双色渐变，渐变的起始颜色设置后为白色（颜色值为"#FFFFFF"），渐变终止颜色的颜色值为"#E9AD17"，如图 4.58 所示。在工具箱中选择【渐变变形工具】旋转渐变，如图 4.59 所示。

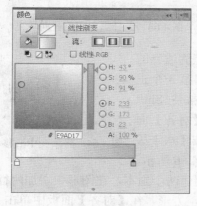

图 4.58　创建双色线性渐变

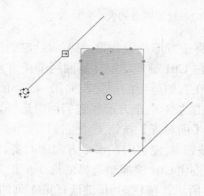

图 4.59　旋转渐变

（3）使用【选择工具】框选这两个矩形，在【对齐】栏中单击【水平中齐】按钮 使它们的中心在垂直方向对齐，如图 4.60 所示。按键盘上的【↑】键将图形垂直上移到需要的位置，如图 4.61 所示。

图 4.60　图形中心在垂直方向对齐　　图 4.61　将矩形上移到需要的位置

（4）再将第（1）步中绘制的矩形复制一个，选择【修改】|【排列】|【移至底层】命令将其移至舞台底层。在【属性】面板上通过拖动【宽】和【高】的值改变图形的大小，通过拖动【X】和【Y】的值改变其位置，如图 4.62 所示。

（5）使用【基本矩形工具】绘制一个正方形，在调色板中选择 Flash 预设的黑白双色径向填充，如图 4.63 所示。在工具箱中选择【渐变变形工具】将渐变中心移到正方形的右下角，如图 4.64 所示。

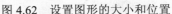
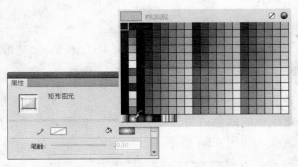

图 4.62　设置图形的大小和位置　　　　图 4.63　选择黑白双色径向填充

（6）将正方形放置到第（1）步绘制的矩形左侧适当的位置，按住 Ctrl 键拖动鼠标复制两个正方形。将第 3 个正方形放置在右侧适当的位置，如图 4.65 所示。按住 Shift 键依次单击这 3 个正方形将它们同时选择，在【对齐】面板中单击【顶对齐】按钮 使它们顶部对齐，按【水平居中对齐】按钮 使它们在水平方向上对齐，如图 4.66 所示。

图 4.64　将渐变中心移动到右下角

（7）按住 Ctrl 键拖动选择的这 3 个正方形创建两个副本，在图形中增加两行正方形，如图 4.67 所示。按住 Shift 键选择第 1 列的 3 个正方形，在【对齐】面板中单击【左对齐】

按钮 使它们左对齐排列，然后单击【垂直居中分布】按钮 使它们在垂直方向上均匀分布，如图 4.68 所示。使用相同的方法对另外两列正方形进行排列，至此手机制作完成，如图 4.69 所示。

图 4.65 复制并放置正方形

图 4.66 使正方形水平居中分布

图 4.67 增加两行正方形

图 4.68 对齐图形

图 4.69 绘制完成的手机

（8）在工具箱中选择【基本椭圆工具】，在【属性】面板中将笔触颜色设置为黑色，取消图形的颜色填充。设置【笔触高度】，同时设置椭圆的【结束角度】，拖动鼠标在舞台上绘制弧线，如图 4.70 所示。使用【选择工具】按住 Ctrl 键拖动弧线，为该弧线创建两个副本，如图 4.71 所示。框选这 3 条弧线，在【对齐】面板中单击【垂直中齐】按钮 使它们中心在一条水平线上，单击【水平居中分布】按钮 使它们在水平方向上均匀分布，如图 4.72 所示。

（9）使用【选择工具】框选绘制的 3 条弧线，按 Ctrl+C 键后按 Ctrl+V 键复制图形，选择【修改】|【变形】|【水平翻转】命令将复制图形水平翻转。将开口朝左的 3 条弧线放置到手机的左侧，把开口向右的弧线放置到手机的右侧。在放置图形时，可以根据出现的参考线来对齐对象，如图 4.73 所示。

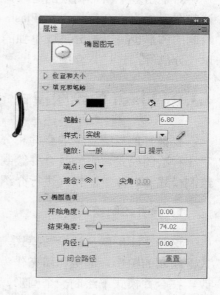

图 4.70 绘制弧线

图 4.71　创建副本　　　　　　图 4.72　对弧线进行对齐和分布操作后的效果

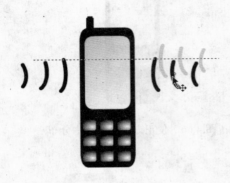 

图 4.73　放置弧线　　　　　　　　图 4.74　本例制作完成后的效果

（10）对各个图形的位置进行适当调整，效果满意后保存文档完成本例的执行。本例完成后的效果如图 4.74 所示。

4.3　对象的合并和组合

对于由多个图形构成的对象，往往在制作动画时需要对其进行整体操作，这就需要使这些图形成为一个整体。在 Flash 中，图形可以通过组合或合并操作成为一个整体，同时绘制的图形也可以被分离成单独的元素以便于局部操作。本节将对图形对象的合并、组合以及分离等操作进行介绍。

4.3.1　Flash 的绘图模式

要很好地理解对象的合并和分离等操作，首先需要了解 Flash 的绘图模式。Flash 提供了 3 种绘图模式，它们是合并绘制模式、对象绘制模式和基本绘制模式。下面主要对合并绘制模式和对象绘制模式进行介绍。

1．合并绘制模式

这是 Flash 默认的绘图模式，在这种模式下使用工具绘制的将是矢量图形。在这种模式下绘制的图形，笔触和填充作为独立的部分存在，可以单独选择笔触和填充进行变形修改。在合并模式下绘制一个圆形，可以使用【选择工具】将圆形的填充部分拖出到图形的外部，如图 4.75 所示。

图 4.75　单独将填充部分移到图形外部

　　在合并绘制模式下，Flash 将会把绘制图形的重叠部分进行合并或裁切。当绘制的两个图形的填充属性相同时，重叠后图形将合并。如果两个图形的填充属性不同，则重叠时将会出现裁切现象。

　　绘制一个圆形和一个五边形，使用相同的填充色填充它们。将它们放置到一起，鼠标在舞台空白处单击取消对图形的选择，此时这两个图形将被合并为一个图形，如图 4.76 所示。

图 4.76　两个图形合并为一个图形

　　绘制一个圆形和一个五边形，使用不同的颜色填充这两个图形。将它们放置在一起，上层的形状将会截取下层重叠图形的形状，如图 4.77 所示。

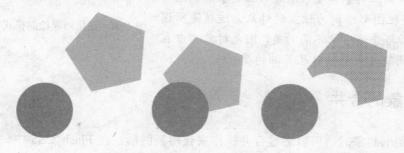

图 4.77　图形的出现切割

　　专家点拨：这里要注意，实际上填充属性相同的两个图形叠放时同样也会出现裁切现象。将一个图形叠放到另一图形上，如果直接切换图形的选择，则位于下层的图形同样会被裁切。

　　当线条与图形重叠时，线条将切割矢量图形，如图 4.78 所示。当线条与线条重叠时，线条将会在交叉点处相互切割，如图 4.79 所示。

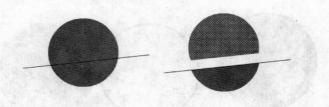

图 4.78　图形被线条切割

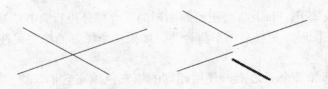

图 4.79　线条互相切割

2．对象绘制模式

在对象绘制模式下，绘制的图形作为一个对象存在，笔触和填充不会分离，当两个作为对象的图形重叠时也不会出现合并绘制模式下的合并和分割现象。在绘制图形时，要启用对象绘制模式，可以在选择绘图工具后，在工具箱中按下【对象绘制】按钮，此时绘制的图形将出现对象框，图形重叠也不会合并或切割，如图 4.80 所示。

图 4.80　使用对象绘制模式化绘制的图形

专家点拨：Flash 的基本绘制模式比较简单，使用【基本椭圆工具】和【基本矩形工具】绘制图形时，Flash 将把图形绘制为独立的对象，这就是所谓的图元对象。与普通对象不同的是，图元对象可以在绘制完成后调整边角半径以及其他的属性。

4.3.2　对象的合并

在创建图形对象时，可以通过合并操作来获得新图形。在 Flash CS5 中，对象的合并包括联合、交集、打孔和裁剪，下面对这些操作进行介绍。

1．联合

联合是将选择的对象合并为一个对象。在对象绘制模式下绘制重叠放置的圆形和五角星，选择这两个图形，如图 4.81 所示。选择【修改】|【合并对象】|【联合】命令，则选择的图形变为一个图形对象，如图 4.82 所示。

图 4.81　选择图形　　　　　图 4.82　联合后的图形效果

2．交集

当两图形有重叠时，交集是把两个图形的重叠部分留下来，而其余的部分被裁剪掉，此时留下的是位于上层的图形。选择图 4.81 中叠放在舞台上的五角星和圆形，选择【修改】|【合并对象】|【交集】命令。此时重叠部分五角星保留下来，五角星之外的其他部分被裁剪掉，如图 4.83 所示。

3．打孔

当两图形有重叠时，打孔是使用位于上层的图形去裁剪下层的图形，此时留下的将是下层的图形。选择图 4.81 中叠放在舞台上的五角星和圆形，选择【修改】|【合并对象】|【打孔】命令。此时上层的五角星消失，下层圆被保留，且圆与五角星重叠部分被裁剪掉，如图 4.84 所示。

图 4.83　交集后的图形效果　　　　图 4.84　打孔后的图形效果

4．裁剪

裁剪与交集正好相反，当两图形有重叠时，裁剪是使用上层图形去裁剪下层图形，多余图形被裁剪掉，而留下的是下层图形。选择图 4.81 中叠放在舞台上的五角星和圆形，选择【修改】|【合并对象】|【裁剪】命令。此时可以看到圆形与五角星重叠部分被保留，获得一个与圆形相同颜色的五角星，如图 4.85 所示。

图 4.85　裁剪后的图形效果

专家点拨：这里要注意，除了联合操作可以同时用于合并绘制模式下绘制的矢量图形和对象绘制模式下绘制的对象外，交集、打孔和裁剪操作都

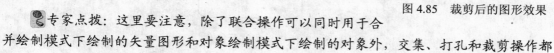

只能用于使用对象绘制模式下绘制的图形对象。

4.3.3 对象的组合

在进行图形绘制时，有时需要将多个图形对象作为一个整体来进行处理，如改变它们的大小、修改它们的填充和笔触或对其进行变形。如果需要构成对象的各个图形仍然保持独立，并能够单独编辑，则应该使用组合操作。

要进行图形的组合，首先选择【选择工具】选择需要组合的对象，这些对象可以是图形、文本或其他的组对象。选择【修改】|【组合】命令（或按 Ctrl+G）键即可将选择对象组合为一个对象，如图 4.86 所示。

选择组合后的对象，选择【修改】|【取消组合】命令（或按 Ctrl+Shift+G 键），即可取消对象的组合，将这些对象变为组合前的状态，如图 4.87 所示。

图 4.86　对象组合

图 4.87　图形恢复到组合前状态

在对图形组合后，可以对组合后的对象进行各种操作，同时也可以对组中的单个对象进行单独的操作而不需要取消组合。下面以对图 4.86 中成组后的五角星进行变形操作为例来介绍具体的操作方法。

在工具箱中选择【选择工具】，双击需要编辑的组，此时将进入组编辑状态。在舞台上方将显示【组】图标，舞台上其他不属于该组的对象将显示为灰色并不可访问，此时即可对组中的对象单独进行各种编辑操作了。如这里在工具箱中选择【任意变形工具】，单击组中的五角星，即可对五角星进行变形操作，如图 4.88 所示。完成操作后，在空白处双击或单击舞台上方的【场景 1】按钮 ▲场景1 即可退出组编辑状态。

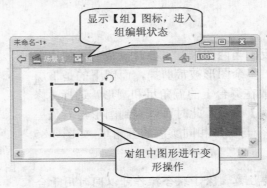

图 4.88　对组中对象进行操作

4.3.4 对象的分离

在 Flash 中，可以使用【分离】命令将组、图形、文本、实例和导入的位图分离成单独的元件，通过对元件的修改来对这些对象进行各种编辑操作。同时，对于导入的图形来说，分离能够减小它们的大小。

选择需要分离的图形对象，选择【修改】|【分离】命令即可对图形进行分离，如图 4.89 所示。此时即可对分离出来的元素进行编辑，这里框选正方形左上角，将颜色变为黄色，如图 4.90 所示。

图 4.89　分离选择图形

图 4.90　编辑分离出来的元素

专家点拨：*这里要注意，【分离】命令是将图形、文本、位图和实例等分离成矢量图形。如果需要将在对象合并模式下绘制的图形对象转换为矢量图形，可以使用【分离】命令来实现这种转换。另外要注意，【分离】命令对影片实例是不可逆的，使用该命令可能会造成实例时间轴除当前帧外的其他帧的丢失。*

4.3.5 实战范例——清晨

1. 范例简介

本例介绍一个风景画的制作过程。本例场景中的绿地、树木和花朵在制作时，使用图形绘制工具绘制基本图形，然后进行复制和变形，再将变形后的对象合并。通过本例的制作，读者将能体会到对象的组合和合并在绘制复杂场景时的作用，掌握构建各种复杂图形的技巧。同时进一步巩固图形的绘制、图形的填充和对象的变形的操作技巧。

2. 制作步骤

（1）启动 Flash CS5，创建一个空白文档。在工具箱中选择【椭圆工具】，在工具箱的选项栏中按下【对象绘制】按钮，本例中绘制的图形都将在对象绘制模式下绘制。在【属性】面板取消图形的笔触，并设置填充颜色（颜色值为"#00973A"）。使用工具在舞台下方绘制两个叠放的椭圆，使用【选择工具】框选这两个图形后，选择【修改】|【合并对象】|【联合】命令将图形合并为一个图形，如图 4.91 所示。

（2）在工具箱中选择【椭圆工具】，在舞台上绘制一个占满舞台的椭圆。选择【窗口】|【颜色】命令打开【颜色】面板，将填充类型设置为【径向渐变】，设置渐变的起始颜色和结束颜色（颜色值分别为"#F5B700"和"#E87C19"），同时将起始颜色色标适当右移，

如图 4.92 所示。使用【渐变变形工具】调整径向渐变中心在图形中的位置并调整渐变的大小，如图 4.93 所示。

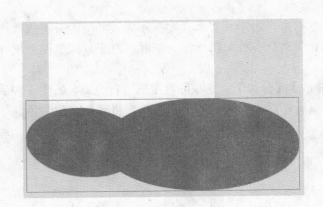

图 4.91　绘制两个椭圆并合并为一个图形

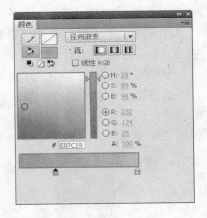

图 4.92　【颜色】面板

（3）在工具箱中选择【椭圆工具】，在【属性】面板中将填充色设置为白色（颜色值为 "#FFFFFF"）。使用该工具在舞台上绘制一个白色椭圆，使用【任意变形工具】将其适当旋转，如图 4.94 所示。

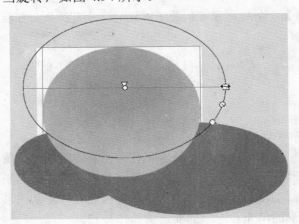

图 4.93　使用【渐变变形工具】调整渐变

图 4.94　绘制椭圆并旋转

（4）按住 Ctrl 键使用【选择工具】拖动白色椭圆创建一个副本，将该副本放置到当前椭圆的旁边。然后再创建一个椭圆副本，使用【任意变形工具】将其放大并适当旋转。将这 3 个椭圆依次靠拢叠放，如图 4.95 所示。依次复制椭圆，调整它们的大小和旋转角度，并将它们从左向右排列叠放，如图 4.96 所示。

（5）使用【椭圆工具】再绘制一个较大白色椭圆放置到第（4）步绘制椭圆的下部，如图 4.97 所示。选择第（1）步中绘制的图形，选择【修改】|【排列】|【移至顶层】命令将其移动到顶层。此时即获得朝阳、白云和绿地效果，如图 4.98 所示。

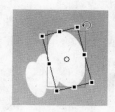

图 4.95　复制并放置椭圆

图 4.96　从左向右叠放复制的椭圆

图 4.97　绘制一个较大椭圆

图 4.98　获得朝阳、白云和绿地

（6）使用【椭圆工具】绘制一个椭圆和一个小圆形，将小圆形放置到椭圆上，只露出部分，如图 4.99 所示。复制圆形，将圆形沿着椭圆的边摆放，使它们只露出部分并且露出部分大小不一，如图 4.100 所示。使用【选择工具】选择所有的圆形和椭圆后，选择【修改】|【合并图形】|【联合】命令将这些图形合并为一个图形。

（7）选择合并后的图形，在【颜色】面板中创建一个双色的线性渐变，渐变起始颜色的颜色值为"#79B84F"，渐变终止颜色的颜色值为"#DAD754"，如图 4.101 所示。至此完成了树冠的制作，效果如图 4.102 所示。

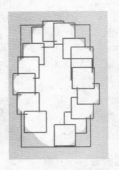

图 4.99　将小圆形放置到椭圆的上边　　图 4.100　放置复制的圆形

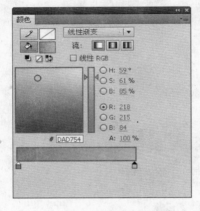

图 4.101　创建双色渐变　　　　　　图 4.102　完成的树冠

（8）在工具箱中选择【矩形工具】，在【属性】面板中将填充颜色设置为"#9F5D47"，如图 4.103 所示。在绘制的树冠下绘制一个矩形，选择【修改】|【排列】|【下移一层】命令将其下移一层，这个矩形将作为树干。同时选择树干和树冠，按 Ctrl+G 键将它们组合为一个对象。此时得到一棵完整的树，如图 4.104 所示。

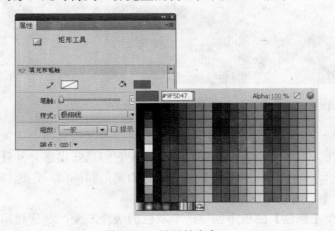

图 4.103　设置填充色　　　　　　图 4.104　绘制完成的树

（9）使用【选择工具】将树移动到绘制的绿地上，在【属性】面板中拖动【宽】或【高】值来调整图形的大小，如图 4.105 所示。将树复制一棵，选择【修改】|【排列】|【下移一层】命令将其下移一层，将其适当缩小，如图 4.106 所示。再将树复制两棵，调整它们的大小并放置在需要的位置，如图 4.107 所示。

图 4.105　调整图形的大小

图 4.106　后移一层并缩小复制的树

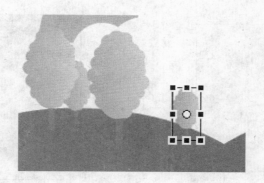

图 4.107　再复制两棵树

（10）将第（9）步中的树复制一棵，选择【修改】|【变形】|【水平翻转】命令将图形水平翻转，将其放置到右边山坡上，如图 4.108 所示。将这棵树再复制两棵，调整它们的大小，放置在右侧山坡的不同位置，如图 4.109 所示。

图 4.108　翻转并复制树

图 4.109　再复制两棵树

（11）使用【钢笔工具】绘制一个封闭的多边形，使用【颜料桶工具】为其填充颜色（颜色值为 "#75D071"），如图 4.110 所示。使用【转换锚点工具】依次将路径上的锚点都转换为曲线锚点，使用【部分选择工具】修改图形的形状，如图 4.111 所示。

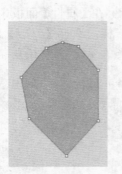 

图 4.110　绘制多边形　　　　　图 4.111　修改图形形状

（12）在工具箱中选择【任意变形工具】将第（11）步绘制的图形的中心放置到下面的尖端，如图 4.112 所示。选择【窗口】|【变形】命令打开【变形】面板，选择其中的【旋转】按钮，将旋转角设置为 90°，如图 4.113 所示。单击【重置选区和变形】按钮复制并旋转图形，如图 4.114 所示。

图 4.112　放置中心　　　　　　图 4.13　【变形】面板中设置旋转角

图 4.114　复制并旋转图形

（13）使用【选择工具】框选这 4 个图形，选择【修改】|【对象合并】|【联合】命令
将它们合并为一个图形。将该图形放置在左侧山坡上，使用【任意变形工具】对其进行扭
曲变形，如图 4.115 所示。复制这朵花，将复制的花放置在山坡的不同位置，并使它们大
小略有不同，如图 4.116 所示。

图 4.115 放置花朵

图 4.116 复制花朵

（14）在工具箱中选择【椭圆工具】绘制一个椭圆，复制该椭圆，将两个椭圆并排放
置使它们部分重叠，如图 4.117 所示。选择这两个椭圆后，选择【修改】|【合并对象】|
【联合】命令将这两个图形合并为一个图形，使用【部分选择工具】调整图形的形状，如
图 4.118 所示。

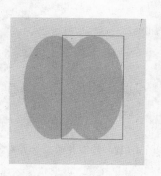

图 4.117 将两个椭圆并排放置

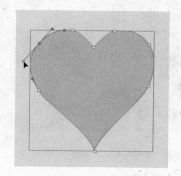

图 4.118 调整图形形状

（15）在【颜色】面板中创建双色线性渐变，渐变起始颜色值为"#F09A900"，渐变终
止颜色值为"#E2E532"，如图 4.119 所示。使用【任意变形工具】将图形的中心放置到下
面的尖端，如图 4.120 所示。在【变形】面板中将旋转角度设置为 75°，旋转并复制图形
得到旋转的花瓣，如图 4.121 所示。

（16）使用【椭圆工具】在第（15）步制作的图形中绘制一个黄色的圆形作为花心（花
心的颜色值为"#FFFF00"），在框选花瓣和花心后，选择【修改】|【合并对象】|【联合】
命令将它们合并为一个对象，如图 4.122 所示。

（17）将该花放置到右侧山坡的下角，使用【任意变形工具】对其进行变形，如图 4.123
所示。将花朵复制多个，调整它们的大小和位置，如图 4.124 所示。

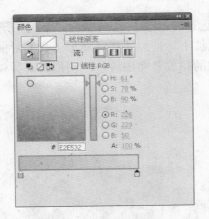

图 4.119 【颜色】面板的设置

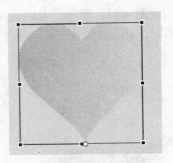

图 4.120　放置中心

图 4.121　复制并旋转图形

图 4.122　绘制花心后合并对象

图 4.123　对花进行变形处理

图 4.124　复制花朵并调整它们的大小和位置

（18）使用【钢笔工具】在山坡上勾勒上山道路的轮廓，使用【颜料桶工具】对其填充颜色（颜色值为"# B8CCCA"）。使用【部分选择工具】对绘制轮廓的形状进行调整，如图 4.125 所示。

（19）对舞台上各个图形的位置和大小进行适当调整，效果满意后保存文档完成本例的制作。本例制作完成后的效果如图 4.126 所示。

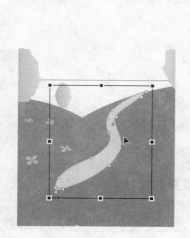
图 4.125　调整道路轮廓

图 4.126　本例制作完成后的效果

4.4　本章小结

　　本章学习了对选择对象进行旋转、缩放和扭曲等变形的操作方法，介绍了 Flash 中对象的各种对齐方式的应用，同时讲解了将多个对象组合或合并为一个对象的操作方法。通过本章的学习，读者能够掌握对象的变形、对齐和合并的方法，能够利用各种基本图形来创建复杂场景效果。

4.5　本章练习

一、选择题

　　1．在工具箱中选择【任意变形工具】，在工具箱的属性栏中，下面哪个按钮是【缩放】按钮？　（　　　　）

A. ▢　　　　　　　　　B. ▢

C. ▢　　　　　　　　　D. ▢

　　2．在使用【选择工具】移动图形时，在工具箱的属性栏中单击下面哪个按钮能够实现将图形贴紧对象？　（　　　　）

A. ▢　　　　　　　　　B. ▢

C. ▢　　　　　　　　　D. ▢

3. 要将选择的对象组合起来，可以使用下面哪个快捷键？　　（　　　）

    A. Ctrl+G　　　　　　　　　　B. Ctrl+Shift+G

    C. Ctrl+B　　　　　　　　　　D. Ctrl+Z

4. 在【对齐】面板中，单击下面哪个按钮能使选择的对象的中心沿一条水平线对齐？
（　　）

    A. ⊟　　　　　　　　　　　　B. ⫴

    C. ⊪　　　　　　　　　　　　D. ⊟

二、填空题

1. 在旋转对象时，如果按住＿＿＿＿＿＿键拖动鼠标，则可以以 45°为增量进行旋转。
如果按住＿＿＿＿键拖动鼠标，则将实现围绕对角的旋转。

2. 在【变形】面板中，对选择对象进行缩放变形时，如果需要对对象的宽度和高度
按照相同比例来进行缩放，则可以按下＿＿＿＿＿按钮。如果要取消对象的变形，应该按
下＿＿＿＿按钮。

3. Flash 提供了 5 种贴紧方式，它们是＿＿＿＿＿＿＿＿＿＿＿＿＿＿＿＿，可以通
过勾选＿＿＿＿＿＿下级菜单选项来实现对贴紧方式的选择。

4. 要分离对象，可以选择＿＿＿＿＿＿＿命令或按＿＿＿＿＿键，分离是将图形、文
本、位图和实例等分离成＿＿＿＿＿。

4.6　上机练习和指导

4.6.1　绘制图案

绘制图案，如图 4.127 所示。

图 4.127　绘制完成的图案

主要操作步骤指导：

（1）使用【多角星形工具】绘制一个六角星，使用【选择工具】将其各边拉成弧线。
将该图形复制 3 个，调整边框弧度获得尖角。将填充色变为绿色、白色和红色并旋转。选
择这 4 个图形后在【对齐】面板中依次单击【水平中齐】和【垂直中齐】按钮使它们按图

形中心居中对齐。

（2）使用【多角星形工具】绘制绿色六角星，复制 3 个，更改它们的颜色后将它们与上一步绘制的图形按图形中心居中对齐，分别调整它们的大小和旋转角度。

（3）使用【多角星形工具】绘制两个六边形，设置颜色后将它们与前面绘制的图形按图形中心居中对齐，分别调整它们的大小和旋转角度后完成本例的制作。

4.6.2　绘制各种花朵

分别绘制 4 朵花，效果如图 4.128 所示。

图 4.128　绘制 4 朵花

主要步骤指导：

（1）花 1 的制作：使用【椭圆工具】绘制一个椭圆，使用【任意变形工具】将旋转中心移到椭圆外部适当位置。在【变形】面板中将旋转角设置为 75°后旋转并复制图形即可。

（2）花 2 的制作：首先绘制一个椭圆，将旋转中心移到椭圆的顶点处，在【变形】面板中对其复制并旋转 15°获得一个副本，将两个图形联合为一个图形。将联合后的图形的中心移到图形外合适的位置，使用【变形】面板对图形复制并依次旋转 15°得到花瓣，合并获得的花瓣。绘制一个黄色的圆形，将其与花瓣的中心对齐即可。

（3）花 3 的制作：使用【多角星形工具】绘制一个五角星，使用【选择工具】将五角星的边变为弧线。将五角星复制两个并填充不同的颜色，将 3 个图形中心对齐后，调整图形的大小。

（4）花 4 的制作：绘制一个浅蓝色圆形，使用【任意变形工具】将圆形的中心移到圆形的边上，使用【变形】面板复制图形并依次使复制图旋转 45°，将所有图形联合为一个图形。在图形中心绘制一个小一些的圆形（对象类型为绘制对象），选择这两个图形，执行【修改】|【合并对象】|【打孔】命令将蓝色图形打孔。绘制一个绿色圆形（对象类型为绘制对象），在其内部靠边框绘制一个较小的红色圆形。使用【任意变形工具】将较小圆形的中心移到绿色圆形的中心位置，使用【变形】面板复制图形并依次旋转 45°，将它们联合为一个图形。将获得的图形按照舞台中心居中对齐后，在内部再绘制一个黄色圆形即可。

第5章 创建和编辑静态文本

文字无论是在动画还是在绘画作品中都是不可或缺的元素，在作品中文字是传递各种信息最直接也是最有效的手段。作品中的文字不仅能够迅速而直接地表达作品的主题，还能够起到影响整个画面效果的作用。Flash CS5的文本功能十分强大，不仅能够输入文本，而且借助于滤镜可以制作出各种漂亮的文字效果。本章将对文字的创建和编辑的有关知识进行介绍。

本章主要内容：

● 文本的基本操作；

● 使用滤镜。

5.1 文本的基本操作

与以前的版本相比，Flash CS5 启用了新的文本引擎——TLF 文本（即文本布局框架），其支持文本布局功能并能够对文本属性进行精确控制。本节将介绍 TLF 文本的创建、文字样式和段落样式设置的知识。

5.1.1 创建 TLF 文本

在 Flash CS5 中，其默认的文本引擎是 TLF，使用工具箱中的【文本工具】T可以创建两种类型的 TLF 文本，即点文本和区域文本。点文本的容器的大小由其包含的文本所决定，而区域文本的容器大小与包含的文本量无关。在 Flash CS5 中，默认创建的是点文本。

1. 点文本

在工具箱中选择【文本工具】T，在舞台上单击，此时就会出现一个文本输入框。在文本框中输入文字，文本框会随着文字的输入而向右扩大。此时，文本框中的文字不会自动换行，在需要换行时，按 Enter 键即可，如图 5.1 所示。

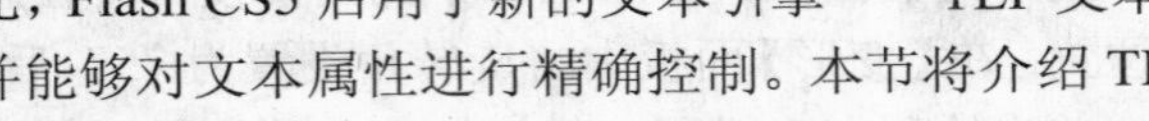

图 5.1　输入点文本

2. 区域文本

在工具箱中选择【文本工具】T，在舞台上向右拖动鼠标获得一个文本框，这个文本框就是一个文本容器，如图 5.2 所示。在文本框中输入文字时，文本的输入范围将被限制在这个容器中，即当文字超出了这个范围时将会自动换行，如图 5.3 所示。

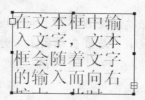

图 5.2　拖动鼠标绘制文本框　　　　　图 5.3　输入的文字会自动换行

专家点拨：如果需要将点文本转换为区域文本，可以使用【选择工具】拖动文本框上的黑点调整文本框的大小或拖动文本框右下角的圆形控制柄。

5.1.2　文本的选择

在创建文本后，如果需要对文本的属性进行设置，首先选择需要设置的文本。选择文本包括选择文本框中部分文本和选择整个文本框中文字这两种方式。

1．选择文本框中文本

与常用的文字处理软件一样，要选择文本框中的文字，可以从要选择的第一个字符开始拖动鼠标到需要选择的最后一个字符。此时，鼠标拖动过的文字被选择，文字背景呈蓝色，如图 5.4 所示。

专家点拨：在文本框中的文字前用鼠标双击，则双击点后的单个字符被选择。在需要选择的文字前单击，在需要选择的文字后按住 Shift 单击，则这两个单击点间的文字被选择。在文本框中右击，选择关联菜单中的【全选】命令，将能够将文本框中的所有字符全部选择。

2．选择文本框中的所有文字

在工具箱中选择【选择工具】，在舞台上单击文本框，则该文本框被选择，文本框显示为蓝色的线框。此时，文本框中所有的文本被选择，如图 5.5 所示。

图 5.4　选择文本框中的部分文字　　　　　图 5.5　选择文本框

5.1.3 设置文本类型和方向

根据文本在动画播放时的不同表现形式，TLF 文本包括 3 种类型的文本块，它们是只读、可选和可编辑。选择在舞台上创建的文本，在【属性】面板【文本类型】下拉列表中可以选择文本的类型，如图 5.6 所示。

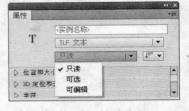

专家点拨：【文本类型】下拉列表中有 3 个选项，这 3 个选项的意义介绍如下。

图 5.6　选择文本类型

- 【只读】：当文档作为 SWF 文件发布时，文本无法被选择或进行编辑。
- 【可选】：当文档作为 SWF 文件发布时，文本可以被选择并能将文本复制到剪贴板，但不能进行编辑。
- 【可编辑】：当文档作为 SWF 文件发布时，文本可以被选择并可以进行编辑。

在文档中，文本有两种排列方向，它们是水平方向和垂直方向。文本的排列方向，可以在【属性】面板的【改变文本方向】下拉列表中选择，如图 5.7 所示。文本以水平和垂直方向排列的效果如图 5.8 所示。

图 5.7　【改变文本方向】下拉列表

图 5.8　文本的水平排列和垂直排列

5.1.4 设置字符样式

字符样式是应用于单个或多个字符的属性，其决定了字符的外观表现。在 Flash 中，要设置字符的样式，可以在文本的【属性】面板的【字符】和【高级字符】栏中进行选择。

1．【字符】栏

与常用的文字处理软件一样，Flash 可以对选择字符的字体、大小、颜色和字符间距等进行设置。对于这些常用字符样式的设置，可以在【属性】面板的【字符】栏中进行。

在【属性】面板中展开【字符】栏，在该栏的【系列】下拉列表中可以选择字体应用于选择的字符，在【样式】下拉列表中选择设置字符的样式，如图 5.9 所示。

专家点拨：TLF 文本对象不能使用仿斜体和仿粗体样式。在【样式】列表中能够使用哪些样式，取决于选择的字体。

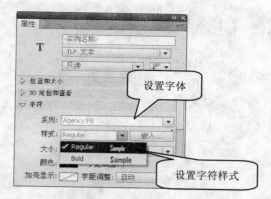

图 5.9 设置字体和字符样式

在【大小】文本框中输入数值，可以设置选择字符的大小。在【行距】文本框中输入数值可以设置文本行之间的垂直间距。在【字距调整】文本框中输入数值可以设置选择字符之间的间距，如图 5.10 所示。

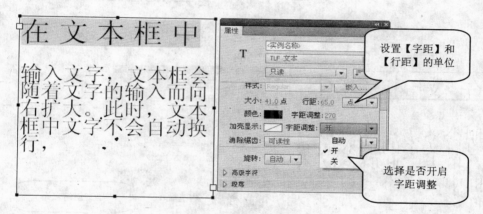

图 5.10 设置字距和行距

专家点拨：在【属性】面板中单击右上角的面板菜单按钮，在打开的面板菜单中取消【显示亚洲文本选项】的勾选，则【字符调整】下拉列表框将被【自动调整字距】复选框所取代。勾选该复选框，TLF 文本将使用内置于大多数字体内的字距微调信息来自动微调字符间距。

在文本框中选择字符，单击【颜色】按钮可以打开调色板，拾取的颜色将应用到选择文本。单击【加亮显示】按钮打开调色板，拾取颜色将作为选择文字的背景以起到突出显示文字的作用，如图 5.11 所示。

在文本框中选择文字，单击【属性】面板中的【下划线】按钮可以在选择文字下方添加一条水平线作为下划线，如图 5.12 所示。

专家点拨：在【属性】面板中，【消除锯齿】下拉列表框中有 3 个选项，下面分别介绍它们的含义。

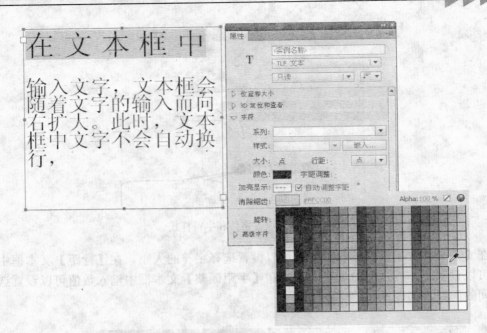

图 5.11 拾取颜色加亮显示字符

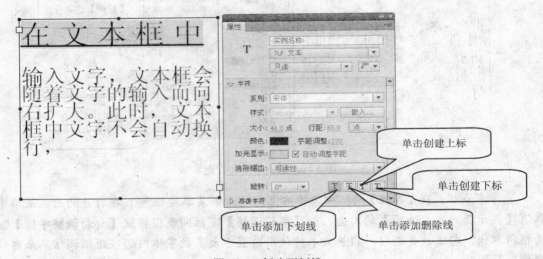

图 5.12 创建下划线

- 【使用设备字体】: 指定 SWF 文件使用本地计算机上安装的字体来显示文字。此选项不会增加 SWF 文件的大小,但会强制用户依靠计算机上已安装的字体进行文字显示。如果选择该选项,则应该选择计算机上已安装的字体系列。
- 【可读性】: 如果文字比较小,选择该选项能够使文字易于辨认。在选择该选项时,应该嵌入文本对象使用的字体。如果对文本使用了动画效果,不要使用该选项,应使用【动画】选项。
- 【动画】: 通过忽略对齐方式和字距微调信息来创建平滑的动画。使用该选项时,应嵌入文本使用的字体。同时,为了提高清晰度,在选择该选项时文字应使用 10

点或更大的字号。

【旋转】下拉列表框用于旋转选择的字符，其下拉列表中各选项的含义介绍如下。

- 【0°】：强制字符不进行旋转。
- 【270°】：主要用于具有垂直方向的罗马字文本。如果对其他类型的文本（如泰语）使用了该选项，则可能导致非预期的效果。
- 【自动】：该选项用于对全宽字符和宽字符指定 90° 逆时针旋转，这是字符的 Unicode 属性决定的。此选项通常用于亚洲字体，此旋转仅在垂直文本中应用，可以使全宽字符和宽字符回到垂直方向而不影响其他字符。

2.【高级字符】栏

在【属性】面板中展开【高级字符】栏，该栏提供了设置文本高级属性的各个选项。在该栏的【链接】文本框中输入文本的超链接，即在发布为 SWF 文件运行时单击该文字将要链接到的地址，如果这里输入了链接地址，在其下的【目标】下拉列表中选择链接内容加载位置，如图 5.13 所示。

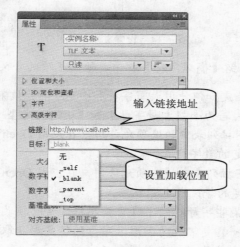

图 5.13　创建链接

🔖专家点拨：在【高级字符】栏的【目标】下拉列表框中有 5 个选项，当在【链接】文本框中输入链接地址后此下拉列表框可用，其用于指定链接内容加载的窗口。下面介绍各个选项的含义。

- 【无】：当选择此选项时，用户可以在【目标】下拉列表框中输入任意需要的自定义字符串，该字符串用于指定在播放 SWF 文件时已打开浏览器窗口或浏览器框架的自定义名称。
- 【_self】：指定在当前窗口的当前帧中显示链接内容。
- 【_blank】：指定在一个新的空白窗口中显示链接内容。
- 【_parent】：指定当前帧的父级显示链接内容。
- 【_top】：指定在当前窗口的顶级帧中显示链接内容。

当在【属性】面板的面板菜单中选择【显示亚洲文本选项】时，在【基准基线】下拉列表中选择文本主要基线，在【对齐基线】下拉列表中选择文本的对齐基线，在【基线偏移】文本框中输入数值就可以设置文本的偏移量了，如图 5.14 所示。

在文本框中选择字符，单击【颜色】按钮可以打开调色板，拾取的颜色将应用到选择文本。单击【加亮显示】按钮打开调色板，拾取颜色将作为选择文字的背景以起到突出显示文字的作用，

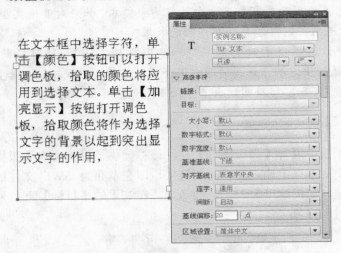

图 5.14　设置文本的偏移

专家点拨：下面介绍【高级字符】栏中其他设置项的含义。

- 【大小写】：用于指定如何使用大写字符和小写字符。该下拉列表包括【默认】、【大写】、【小写】、【大写为小型大写字母】和【小写为大型小写字母】这 5 个选项。
- 【数字格式】：该下拉列表中的选项允许用户在应用 OpenType 字体提供的等高和变高数字时使用指定的数字样式。
- 【数字宽度】：该下拉列表中的选项允许用户在应用 OpenType 字体提供的等高和变高数字时使用指定的等比或定宽数字。
- 【连字】：连字是某些字母对的字母替换字符，常替换共享共用组成部分的连续的字符。连字属于一类更常规的字形，字母的特定形状取决于上下文。连字包括波斯-阿拉伯文字、梵文和其他一些类型的文字。
- 【间断】：用于防止所选词在行尾被断行。同时，这里的设置可以用来将多个字符或词组放在一起，如首字母大写的英文姓或名。
- 【区域设置】：用于选择使用的语言，这里的设置将通过字体中的 OpenType 功能影响字形的形状。

5.1.5　设置段落样式

要设置文本的段落样式，可以在【属性】面板的【段落】和【高级段落】栏中进行，单击栏名称左侧的三角按钮可以将其展开。

1.【段落】栏

在舞台的文本框中单击，将插入点光标放置到需要设置样式的段落中。在【属性】面

板中展开【段落】栏，使用该栏中的设置项可以对段落的样式进行设置。在【段落】栏中，【对齐】按钮用于设置段落在文本框中的对齐方式。如这里单击【右对齐】按钮，当前段落将以文本框右侧边框为基准对齐，如图 5.15 所示。

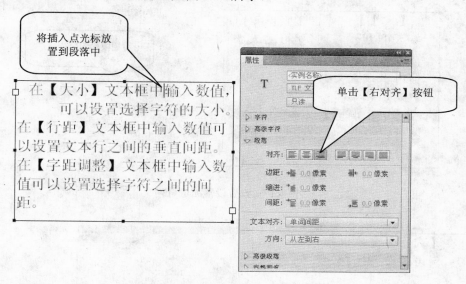

图 5.15　段落右对齐

在【段落】栏中，【边距】的【起始边距】和【终止边距】输入框用于设置段落左边距和右边距，其单位为像素，默认值为 0。如将选择段落的【起始边距】和【终止边距】均设置为 20 像素，此时段落在文本框中的效果如图 5.16 所示。

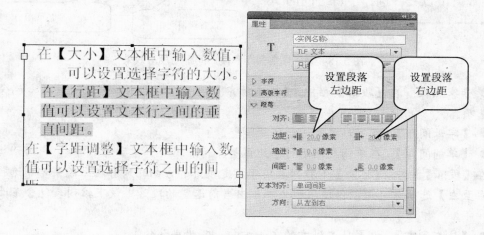

图 5.16　设置段落左右边距

在【段落】栏中，【缩进】用于设置段落首行的缩进量。如这里将选择段落的【缩进】设置为 20 像素，此时段落在文本框中的效果如图 5.17 所示。

在【段落】栏中，【间距】用于设置段落与段落之间的距离，可以设置段前间距和段后间距。如这里将选择段落的【段前间距】和【段后间距】均设置为 20 像素，此时段落在文本框中的效果如图 5.18 所示。

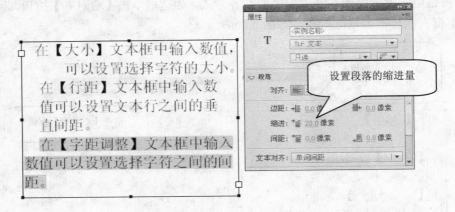

图 5.17　设置段落缩进量

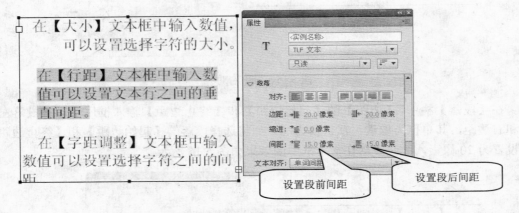

图 5.18　设置段前间距和段后间距的段落效果

专家点拨：在【段落】栏中，【文本对齐】用于指定文本如何应用对齐，包含下面两个选项。

● **【字母间距】:** 在字母之间进行字距调整。

● **【单词间距】:** 在单词之间进行字距调整。

在【段落】栏中，【方向】下拉列表用于指定段落的方向，只有在面板菜单中选择【显示从右至左】选项才可用，仅适用于文本框中当前选定的段落。该下拉列表包含下面两个选项。

● **【从左到右】:** 设置从左到右的文本方向，其为默认值。

● **【从右到左】:** 设置从右到左的文本方向，一般适用于中东语言，如阿拉伯语和希伯来语等。

2.【高级段落】栏

当文本【属性】面板菜单中的【显示亚洲文本选项】被选择时，【高级段落】栏的设

置项才可用。在【属性】面板中，展开的【高级段落】栏的
各设置项如图 5.19 所示。

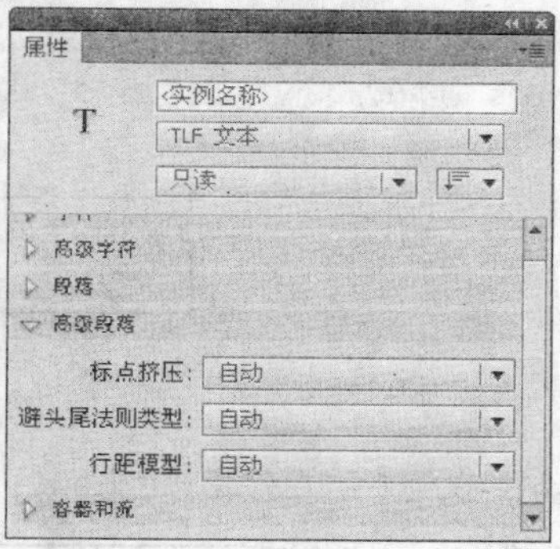

  🎯专家点拨：在【高级段落】栏中各设置项的作用介绍
如下。

- 【标点挤压】：标点挤压也称为对齐规则，在罗马语
  版本中，逗号和日语句号占据整个字符的宽度，而
  东亚字体占半个字符的宽度。针对不同的语种，该
  设置项用于确定如何应用段落样式，应用此设置的
  字距调整器会影响标点的间距和行距。

- 【避头尾法则类型】：避头尾法也称为对齐样式，用
  于指定处理日语避头尾字符的选项。

图 5.19　【高级段落】栏的设置项

- 【行距模型】：用于设置由允许的行距基准和行距方向组合构成的段落格式，行距
  基准确定两个连续行的基线，它们的距离实际上是行高指定的相互距离。

5.1.6　设置【容器和流】属性

  所谓的容器，指的就是放置文本的文本框，【属性】面板的【容器和流】栏中的各个
设置项用于对文本框进行设置，这些设置对容器中文本的样式也会有所影响。

1．密码文本框

  在【容器和流】栏中，【行为】下拉列表框用于控制文本框如何随文本数量的增加而
扩展。利用该下拉列表中的选项，可以将普通的文本框设置为文字不显示的密码文本框，
此时文本框中的文字以星号"*"代替。

  选择文本框，【属性】面板中将文本类型设置为【可编辑】，在【容器和流】栏的【行
为】下拉列表中选择【密码】选项，此时选择文本框中的文字将不可见，显示为星号，如
图 5.20 所示。

  🎯专家点拨：在【行为】下拉列表中，【密码】选项只有在【文本类型】下拉列表中
选择了【可编辑】选项后才可见。下面介绍列表中各个选项的含义。

- 【单行】：选择该项，文本框中文本是单行文本，将不管文字有多少均单行排列。

- 【多行】：该选项只在创建的文本是区域文本时才出现。选择该选项，选定的文本
  将以多行排列。

- 【多行不换行】：选择该选项，文本框中的文本将按照段落分行，段落中的文字将
  一行排列而不分行。

2．文本的分栏

  在【容器和流】栏中，在【列】文本框中输入数值可以设置文本在文本框中的列数，
这样可以获得文本框中文字分栏的效果。在其后的【列间距】文本框中输入数值可以设置
每列之间的间距，如图 5.21 所示。

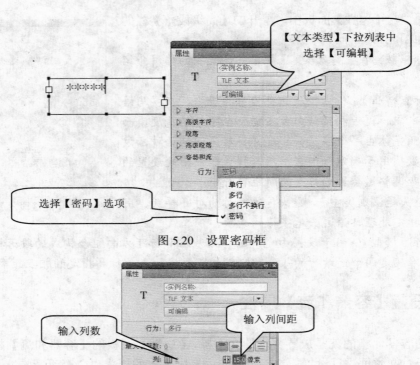

图 5.20　设置密码框

图 5.21　将文本在文本框中分为两列

专家点拨：这里，【列】中的默认值为 1，能输入的最大值为 50。【列间距】中的默认认值为 20，最大值为 1000，其单位是【文档设置】对话框中设置的【标尺单位】。

3．对齐方式

在【容器和流】栏中可以通过【对齐方式】按钮设置文本框内文字的对齐方式。如单击【将文本与容器中心对齐】按钮 ，文本框中的文本行将居中，如图 5.22 所示。

图 5.22　将文本与容器中心对齐

专家点拨：这里，【最大字符数】用于设置文本容器中允许的最大字符数，只适用于文本类型设置为【可编辑】的文本容器，最大值为 65 535。用于设置对齐方式的按钮共有 4 个，除了上面介绍的【将文本与容器中心对齐】按钮外，还有 3 个按钮，下面介绍它们的意义。

● 【将文本与顶部对齐】按钮 ≡：从容器的顶部向下垂直对齐文本行。
● 【将文本与底部对齐】按钮 ≡：从容器的底部向上垂直对齐文本行。
● 【两端对齐容器中的文本】 ≡：在容器的顶部和底部之间垂直平均分配文本行。

4. 设置文本框的外观

在 Flash 中，文本框可以像绘制的图形那样对文本框笔触的宽度、颜色和填充颜色进行设置。在【容器和流】栏中，单击【容器边框】按钮可以打开【调色板】设置文本框笔触颜色，单击【容器背景颜色】按钮可以打开调色板设置文本框的填充颜色，在【边框宽度】文本框中输入数值可以设置文本框的边框宽度，如图 5.23 所示。

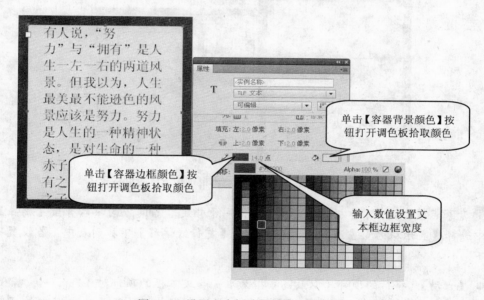

单击【容器背景颜色】按钮打开调色板拾取颜色

单击【容器边框颜色】按钮打开调色板拾取颜色

输入数值设置文本框边框宽度

图 5.23　设置文本框边框颜色和填充色

专家点拨：这里要注意，文本框边框宽度的最大值为 200。

5. 设置文本位置

在【容器和流】栏中，【填充】用于指定文本和选定容器之间的边距宽度，上下左右四个边距都可以设置，如图 5.24 所示。

【首行线偏移】下拉列表用于设置首行与文本框顶部的对齐方式，其有【点】、【自动】、【上缘】和【行高】这 4 个选项。如果选择【点】选项，则可以在下拉列表框左侧输入数值来设定文本相对于文本框顶部下移的距离，如图 5.25 所示。

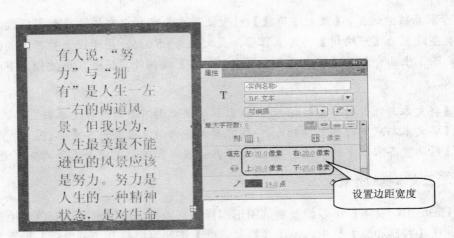

图 5.24 设置【填充】值

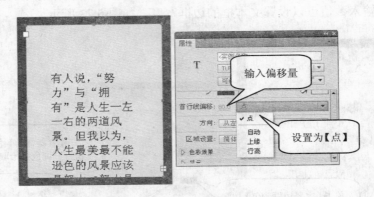

图 5.25 设定文本相对于文本框顶部下移的距离

专家点拨：这里，【方向】下拉列表框用于指定容器的方向，只有当【属性】面板菜单中选择【显示从右至左选项】时可用。在【首行线偏移】下拉列表中，各设置项的含义如下。

● 【自动】：将行的顶部（以最高字型为准）与文本框的顶部对齐。
● 【上缘】：文本框的上内边距和首行文本的基线之间的距离为文字中最高字型的高度。
● 【行高】：文本容器的上内边距和首行文本的基线之间的距离为行的行高。

5.1.7　嵌入字体

在将含有文字的文档发布为 SWF 文档时，并不能保证所有文字的字体在播放计算机上可用，如果不可用则会出现在播放时文字的外观发生改变的现象。要保证 SWF 文档播放时文字效果不变，需要在文档中嵌入全部的字体或某个字体的特定的字符集。

打开 FLA 文件，选择【字体】|【字体嵌入】命令（或在选择文本后在【属性】面板

中单击【嵌入】按钮），此时将打开【字体嵌入】对话框。在对话框的【名称】文本框中输入嵌入字体方案的名称，在【系列】下拉列表中选择字体，在【字符范围】列表中选择要嵌入的字符范围，在【还包含这些字符】文本框中输入需要嵌入的其他特定字符。完成设置后单击【添加新字体】按钮 **+** 将其添加到字体列表中，如图 5.26 所示。

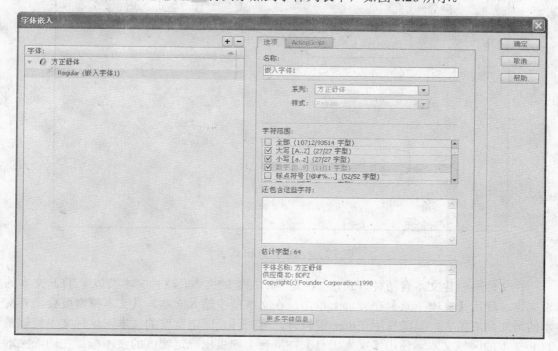

图 5.26　【字体嵌入】对话框

　　🐾专家点拨：这里要注意，在【字符范围】列表中选择嵌入的字体范围越多，发布时生成的 SWF 文件就越大。

　　如果嵌入字体需要能够使用 ActionScript 代码访问，则应该打开 ActionScript 选项卡，勾选【为 ActionScript 导出】复选框，并在选项卡中进行设置。此时，如果是 TLF 文本容器，则应该选择 TLF（DF4）作为分级显示格式，传统文本则选择【传统（DF3）】。如果要将文本作为共享资源使用，则需要在【共享】选项组勾选相应的复选框，如图 5.27 所示。

　　🐾专家点拨：在通常情况下，如果需要在任意计算机上都能够保持文本外观一致，则需要在创建文本时嵌入字体。在 FLA 文件中使用 ActionScript 动态生成文本时，必须在 ActionScript 中指定要使用的字体。当 SWF 文件包含文本对象，且该文件可能由尚未嵌入所需字体的其他 SWF 文件加载时，也需要嵌入字体。

5.1.8　关于传统文本

　　在 Flash CS5 中，用户可以创建 3 种传统文本，它们是静态文本、动态文本和输入文本。其中，静态文本显示不会动态改变字符的文本，动态文本显示可以动态更新的文本，输入文本可以使用户将文本输入到文本框中。

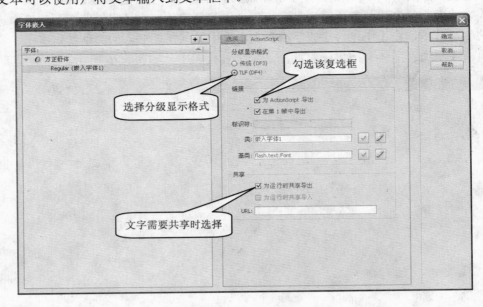

图 5.27　ActionScript 选项卡

　　在文档中创建文本有两种方式，一种是不断加宽的文本，这种文本类似于 TLF 文本的点文本。使用【文本工具】在舞台上单击，在文本框中输入文本，其文本框宽度会随着文本的增加向右扩大，只能使用 Enter 键换行。另一种是固定宽度的文本，这种文本类似于 TLF 文本的区域文本。使用【文本工具】在舞台上拖曳出一定宽度的文本框，在输入文本时文本会根据文本框的宽度自动换行，如图 5.28 所示。

　　在选择【文本工具】或完成文本创建后，可以使用【属性】面板对字符样式、段落属性和链接属性等进行设置，其设置方法与 TLF 文本基本相同，如图 5.29 所示。

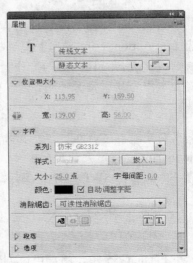

图 5.28　传统文本的两种方式

图 5.29　【属性】面板

专家点拨: Flash CS5 的两种文本引擎是可以互换的, 在转换时, Flash 将保留大部分的格式, 但由于文本引擎不同, 某些格式会略有不同, 如字母间距和行距。在进行文本引擎转换时, 应尽量做到一次成功, 不要反复转换。在转换时,"TLF 只读"类型转换为"传统静态"类型,"TLF 可选"类型转换为"传统静态"类型,"TLF 编辑"类型转换为"传统输入"类型。

5.1.9 实战范例——健康知识

1. 范例简介

本例介绍健康饮食知识宣传页的制作过程。在本例的制作过程中, 使用两个文本框来放置页面中的说明文字, 两个文本框间是链接关系, 即一个文本框中未显示完的内容将在另一个文本框中继续显示。通过本例的制作, 读者除了能够掌握文本的创建和属性设置的方法及技巧之外, 还将学习创建链接文本框的方法。同时, 读者还将进一步熟悉在文档中使用位图文件的方法和技巧。

2. 制作过程

(1)启动 Flash CS5, 创建一个新文档。选择【文件】|【导入】|【导入到舞台】命令打开【导入】对话框, 在对话框中选择作为背景的图片, 如图 5.30 所示。单击【打开】按钮将图片导入到舞台上, 如图 5.31 所示。

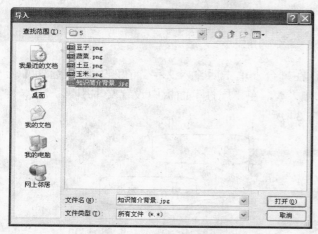

图 5.30 选择需要导入的图片

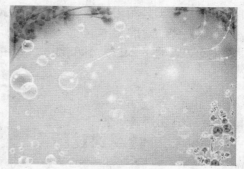

图 5.31 背景图片导入到舞台

(2)在工具箱中选择【基本矩形工具】, 在【属性】面板中将取消图形的笔触, 将填充色设置为纯白色(颜色值为"#FFFFFF"), 将填充色的 Alpha 值设置为 50%。同时, 将【矩形边角半径】设置为 23, 如图 5.32 所示。使用【基本矩形工具】在舞台上绘制两个大小相同的圆角矩形, 如图 5.33 所示。

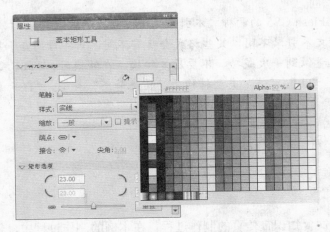

图 5.32 【属性】面板的设置

图 5.33 绘制圆角矩形

（3）在工具箱中选择【文本工具】，在舞台上单击后输入文字。在工具箱中选择【选择工具】在创建的文本框上单击选择所有文本，在【属性】面板中设置文本引擎、文本类型以及文本的字体、大小和颜色，如图 5.34 所示。

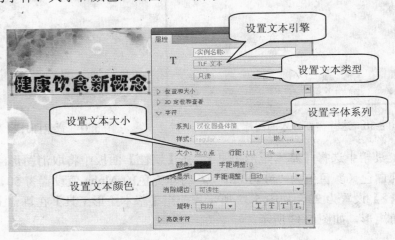

图 5.34 设置文本属性

（4）启动 Word，打开素材文件"健康饮食.doc"，按 Ctrl+A 键选择所有的文字，按 Ctrl+C 键复制选择的文字，如图 5.35 所示。切换到当前 Flash 文档，在工具箱中选择【文本工具】，在舞台右上角的圆角矩形中绘制一个文本框，按 Ctrl+V 键将文字粘贴到文本框中，如图 5.36 所示。

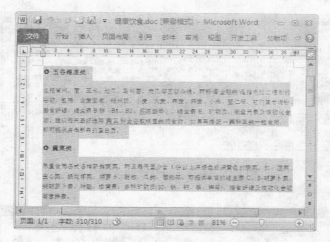

图 5.35　选择所有文字

图 5.36　粘贴文字到文本框中

（5）在文本框中选择第一段文本的标题，在【属性】面板中将字体设置为【黑体】，将文字的大小设置为"25 点"，如图 5.37 所示。

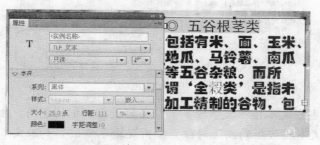

图 5.37　设置选择文字的字体和大小

（6）在文本框中拖动鼠标框选第一段文字，将字体设置为"楷体_GB2312"，将文字大小设置为"12 点"，如图 5.38 所示。在【段落】栏中，将【缩进】设置为"20 像素"，【段前间距】和【段后间距】分别设置为"1 像素"和"2 像素"，将段落的【起始边距】和【结束边距】均设置为"5 像素"，如图 5.39 所示。

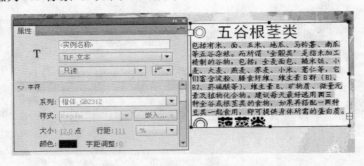

图 5.38　设置选择文字字体和大小

图 5.39　设置段落属性

（7）在工具箱中选择【文本工具】，单击文本框右下角的出端口，如图 5.40 所示。此时，鼠标指针变为，在左下角的圆角矩形上绘制一个文本框，则这两个文本框自动链接，文本从第一个文本框流入第二个文本框，如图 5.41 所示。

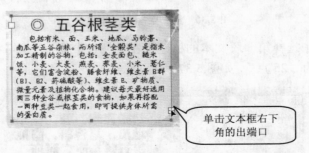

单击文本框右下角的出端口

图 5.40　单击出端口

专家点拨：当在文本框中文字较多时，会超过文本框的范围，此时在文本框右下角会出现出端口，在文本框边框的左上角位置会出现进端口。如果文本的流向是从左到右且水平方向，则进端口在左上角，出端口位于右下角。如果文本的流向是从右到左，则进端口在右上方，出端口在左下方。创建链接文本框后，文本留出文本框的出端口将和流入文本框的进端口以一条线连接。这里要注意，文本框可以在各个帧或元件内进行链接，所有的链接容器必须位于同一时间轴内。另外，文本框间的链接只适用于 TLF 文本。

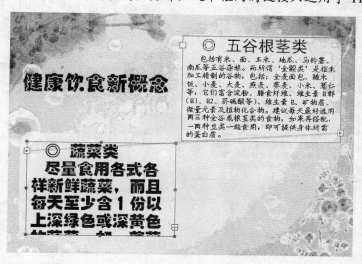

图 5.41　创建链接文本框

（8）拖动第二个文本框上的控制柄对文本框的大小进行调整，如图 5.42 所示。选择标题文字，使用与上一段标题相同的字体和字号进行设置。选择本段的文字，采用与上一个文本框中段落相同的文字大小、字体、段落缩进、起始边距和结束边距。将该段的【行距】设置为 130，【段前间距】设置为 "5 像素"，如图 5.43 所示。

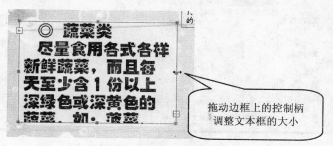

拖动边框上的控制柄调整文本框的大小

图 5.42　调整文本框的大小

专家点拨：如果要取消两个文本框间的链接，只需要将文本框置于编辑模式，然后双击要取消链接的进口端或出口端（或删除一个链接文本框），此时文本将流回到另一个文本框中。另外要注意，在创建链接后，第二个文本框将获得第一个文本框的流动方向和区域设置，取消链接后这些设置仍然保留，而不会回到链接前的设置。

（9）选择【文件】|【导入】|【导入到舞台】命令打开【导入】对话框，在对话框中选择需要导入的素材图片，如图 5.44 所示。单击【打开】按钮将这些图片导入到舞台中，分别将这些图片拖放到舞台的适当位置，并调整它们的大小，如图 5.45 所示。

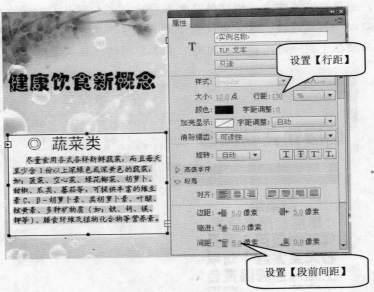

图 5.43　设置段落样式

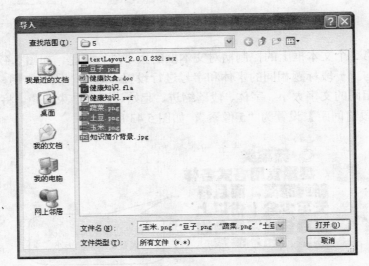

图 5.44　选择需要导入的素材图片

图 5.45　导入图片并调整它们的大小

（10）对舞台上的各个对象的位置进行适当调整，效果满意后保存文档。本例制作完成后的效果如图 5.46 所示。

图 5.46　本例完成后的效果

5.2　使用滤镜

在 Flash 中，滤镜是一种对对象的像素进行处理以生成特定效果的工具，使用滤镜可以创建各种充满想象力的文字效果。Flash CS5 中滤镜的使用十分方便，使用它可以方便地为文本添加阴影、模糊和发光等效果。

5.2.1　滤镜的操作

Flash CS5 的滤镜可以应用于文本、影片剪辑和按钮。为对象添加滤镜，可以通过【属性】面板的【滤镜】栏来进行添加和设置。在【滤镜】栏中，可以对滤镜进行添加、复制、粘贴以及启用和禁用等操作，还可以对滤镜的参数进行修改。

在舞台上选择对象，在【属性】面板中展开【滤镜】栏，单击【添加滤镜】按钮，在打开的菜单中单击需要使用的滤镜即可，如图 5.47 所示。针对一个对象，可以添加多个滤镜，效果叠加。添加的滤镜以列表方式显示在"滤镜"栏。

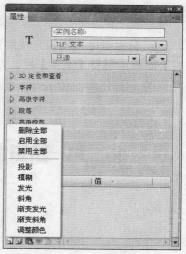

图 5.47　选择需要使用的滤镜

专家点拨：选择【删除全部】命令将删除【滤镜】栏列表中的所有滤镜。选择【禁用全部】命令，列表中滤镜将存在，但对象将禁用滤镜效果。选择【启用全部】命令将启用列表中的全部滤镜效果。

如果需要将应用于一个对象的滤镜应用到另一个对象，可以使用复制粘贴的方法。在【属性】栏列表中选择一个滤镜，单击列表下的【复制】按钮 🗐。如果需要复制所有的滤镜效果，则选择【复制全部】命令。如果只是需要复制选择的滤镜，选择【复制所选】命令，如图 5.48 所示。选择另一个对象后，单击【复制】按钮 🗐，选择菜单中的粘贴命令，滤镜效果即可应用到选择的对象。

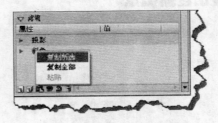

图 5.48　单击【复制】按钮选择命令

🐾专家点拨：在【滤镜】栏的列表中选择滤镜，单击【删除滤镜】按钮 🗑，选择的滤镜将删除。单击【启用或禁用滤镜】按钮 👁 将禁用或重新启用选择的滤镜，单击【重置滤镜】按钮 🔄 将能够使滤镜的参数恢复到初始值。

5.2.2　Flash 的滤镜效果

使用 Flash 滤镜可以使选择的文字获得阴影、模糊、发光、斜角、渐变发光、渐变斜角和调整颜色效果，下面分别对这些滤镜的应用和参数设置进行介绍。

1．投影滤镜

投影滤镜可以模拟光线照射到一个对象上产生的阴影效果。在舞台上选择文本，在【属性】面板中展开【滤镜】栏，为文本添加投影效果。在【滤镜】栏的滤镜列表中单击【投影】左侧的 ▶ 按钮将滤镜展开，此时即可对滤镜的参数进行修改，如图 5.49 所示。

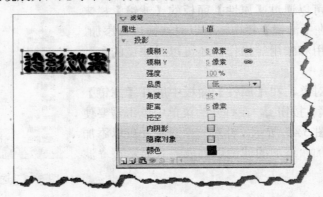

图 5.49　应用【投影】滤镜

投影滤镜的各个参数的含义介绍如下。

【模糊 X】和【模糊 Y】：用于设置投影的模糊程度，其值决定了投影的宽度和高度。取值在 0～100 之间，可以通过直接在数值上拖动鼠标或单击数值在文本框中输入数值来进行调整。

【强度】：用于设置投影的强烈程度，其取值在 0～100 之间，数值越大，投影就越强。

【品质】：用于设置投影的品质。在其下拉列表中有 3 个设置项，它们是【高】、【中】和【低】，品质设置得越高，投影就越清晰。

【角度】：用于设置投影的角度，其值在 0～360 之间。

【距离】：用于设置投影与对象之间的距离，其值在-32～32 之间。

【挖空】：选择该复选框将获得挖空效果。这种效果是以投影作为对象的背景，从视觉上隐藏源对象。

【内阴影】：选择该复选框将获得内阴影效果。这种效果是将投影效果应用到对象的内侧。

【隐藏对象】：勾选该复选框将隐藏对象只显示阴影。

【颜色】：单击【颜色】按钮将打开调色板选择投影的颜色。

2. 模糊滤镜

模糊滤镜可以柔化对象的边缘和细节，使用模糊滤镜可以获得对象在运动或对象位于其他对象后面的效果。为选定的对象添加【模糊】滤镜，在【属性】面板中将滤镜的设置选项展开可以对滤镜的效果进行设置，如图 5.50 所示。

图 5.50 应用【模糊】滤镜

模糊滤镜的各个参数的意义介绍如下。

【模糊 X】和【模糊 Y】：用于设置模糊的宽度和高度。

【品质】：用于设置模糊的品质。其有 3 个选项，它们是【低】、【中】和【高】，设置为【高】时类似于 Photoshop 的高斯模糊效果。

3. 发光滤镜

发光滤镜可以在对象的边缘应用颜色获得类似于发光的效果。为选择对象添加滤镜，在【属性】面板中将滤镜的设置项展开即可对滤镜效果进行设置，如图 5.51 所示。

发光滤镜的各个参数的含义介绍如下。

【模糊 X】和【模糊 Y】：用于设置发光的宽度和高度，其值在 0～100 之间。

【强度】：用于设置发光效果的强烈程度，其值在 0～1000 之间，数值越大，发光越清晰。

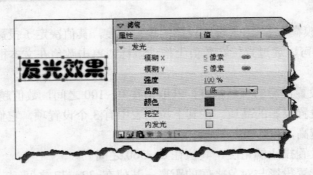

图 5.51 应用【发光】滤镜

【品质】：设置发光的品质，共有【高】、【中】和【低】3 个选项供选项，品质越高则发光就越清晰。

【颜色】：单击该按钮可以打开调色板拾取发光颜色。

【挖空】：选择该复选框，从视觉上隐藏源对象，以发光效果作为对象背景。

【内发光】：选择该复选框，将在对象边界内部应用发光。

4．斜角滤镜

斜角滤镜是向对象应用加亮效果，使其看上去是突出于背景的表面。斜角滤镜可以产生内斜角、外斜角和完全斜角这 3 种效果。为选择的对象添加滤镜，在【属性】面板中将滤镜设置项展开可以对滤镜参数进行设置，如图 5.52 所示。

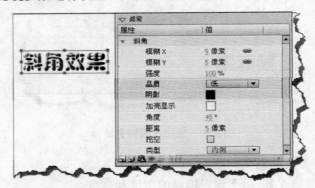

图 5.52 应用【斜角】滤镜

斜角滤镜的各个参数的含义介绍如下。

【模糊 X】和【模糊 Y】：用于设置斜角的宽度和高度，其值在 0～100 之间。

【强度】：用于设置斜角的不透明度，其值在 0～1000 之间，其值越大，斜角效果越明显，但值的大小不会影响其宽度。

【品质】：设置斜角的品质，共有【高】、【中】和【低】3 个选项供选择，品质越高则斜角越明显。

【颜色】：单击该按钮可以打开调色板拾取斜角颜色。

【加亮显示】：设置斜角高光加亮的颜色。

【角度】：设置斜角的角度，其值在 0～360 之间。

【距离】：设置斜角的宽度，其值在–32～32 之间。

【挖空】：选择该复选框，则从视觉上将隐藏源对象，只显示对象上的斜角。

【类型】：该下拉列表框用于设置应用到对象的斜角类型，其选项包括【内侧】、【外侧】和【整个】。如果选择【内侧】或【外侧】，则在对象的内侧或者是外侧应用斜角效果。如果选择【整个】，则在对象的内侧和外侧都应用斜角效果。

5．渐变发光滤镜

渐变发光滤镜与发光滤镜一样可以为对象添加发光效果，只是发光表面产生的是渐变颜色。为选择的对象添加滤镜，在【属性】面板中将滤镜的设置项展开可以对滤镜进行设置，如图 5.53 所示。

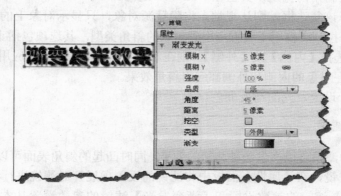

图 5.53　应用【渐变发光】滤镜

单击【渐变】按钮 打开渐变栏，在栏中选择一个色标可以打开调色板选择颜色，在渐变栏上单击可以创建新的色标，将色标拖离渐变栏可以删除色标。发光效果渐变的开始颜色的 Alpha 值固定为 0，用户可以改变其颜色但无法通过移动色标改变其位置，如图 5.54 所示。

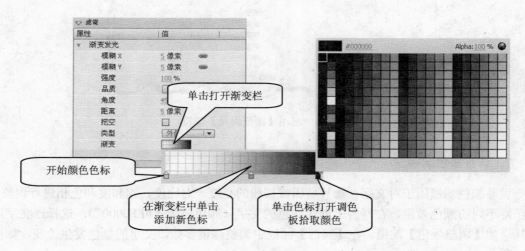

图 5.54　设置渐变

渐变发光滤镜的各个参数的含义介绍如下。

【模糊 X】和【模糊 Y】：用于设置斜角的宽度和高度，其值在 0～100 之间。

【强度】：用于设置斜角的不透明度，其值在 0～1000 之间，其值越大，斜角效果越明显，但值的大小不会影响宽度。

【品质】：设置斜角的品质，共有【高】、【中】和【低】3 个选项供选择，品质越高则斜角越明显。

【颜色】：单击该按钮可以打开调色板拾取斜角颜色。

【加亮显示】：设置斜角高光加亮的颜色。

【角度】：设置斜角的角度，其值在 0～360 之间。

【距离】：设置斜角的宽度，其值在 -32～32 之间。

【挖空】：选择该复选框，则从视觉上将隐藏源对象，只显示对象上的斜角。

【类型】：该下拉列表框用于设置应用到对象的斜角类型，其选项包括【内侧】、【外侧】和【整个】。如果选择【内侧】或【外侧】，则在对象的内侧或者是外侧应用斜角效果。如果选择【整个】，则在对象的内侧和外侧都应用斜角效果。

【渐变】：用于设置发光的渐变颜色。

6．渐变斜角滤镜

应用渐变斜角滤镜可以产生一种凸起的效果，同时凸起的斜角表面可以有渐变颜色。为选择的对象添加滤镜，在【属性】面板中将滤镜的设置项展开对滤镜进行设置，如图 5.55 所示。【渐变斜角】滤镜的参数设置和【渐变发光】滤镜的参数设置基本相同，这里不再详细叙述。

图 5.55   应用【渐变斜角】滤镜

7．调整颜色滤镜

调整颜色滤镜用于对文字、影片剪辑或按钮的亮度、对比度、饱和度和色相进行调整，以获得不同的颜色效果。在舞台上创建红色的文字（颜色值为"#FF0000"），选择该文字后对其添加【调整颜色】滤镜。在【属性】面板中调整滤镜参数，文字的颜色发生改变，如图 5.56 所示。

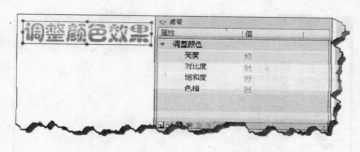

图 5.56 改变文字颜色

调整颜色滤镜的各个参数的含义介绍如下。

【对比度】：调整对象的对比度，其值范围为-100～100。

【亮度】：调整对象的亮度，其值范围为-100～100。

【饱和度】：调整对象颜色的饱和度，其值范围为-100～100。

【色相】：调整颜色的色相，其值范围为-100～100。

5.2.3 实用范例——新年月历

1. 范例简介

本例介绍新年元月份日历的制作过程。在制作过程中，使用【文本工具】创建文字"HAPPY NEW YEAR"后，选择【修改】|【打散】命令将文本打散以便于使用【墨水瓶工具】为文字添加点刻线笔触。将打散的文本转换为元件后，即可对元件利用滤镜来制作覆盖有雪的冰冻文字效果。通过本例的制作，读者将掌握各种滤镜的使用方法，熟悉利用滤镜创建文字特效的方法。同时掌握将文字打散后利用工具对文字外形进行再编辑的技巧。

2. 制作过程

（1）启动 Flash CS5 创建一个新文档。选择【文档】|【导入】|【导入到舞台】命令打开【导入】对话框，在对话框中选择需要导入的背景图片，如图 5.57 所示。单击【打开】按钮将选择图片导入到舞台，在工具箱中选择【任意变形工具】调整图片的大小使其占据整个舞台。

（2）在工具箱中选择【文本工具】，在舞台上单击创建文本框。在文本框中输入文字"HAPPY NEW YEAR"，使用【选择工具】选择整个文本框，在【属性】面板中对文字的字体和大小进行设置，并将文字的颜色设置为黑色（颜色值为"#000000"），如图 5.58 所示。在工具箱中选择【任意变形工具】，将鼠标放置到文本框边框上对其进行倾斜操作，如图 5.59所示。

（3）选择文字，将文字移到舞台之外，按 Ctrl+B 键两次将文字打散。在工具箱中选择【墨水瓶工具】，在【属性】面板中将【笔触颜色】设置为白色（颜色值为"#FFFFFF"），将【笔触宽度】设置为 7.2，在【样式】下拉列表中选择【点刻线】选项将笔触样式设置为点刻线，如图 5.60 所示。在打散的文字的边界单击，为文字添加笔触边框。这里要注意，要在文字内沿处单击鼠标才能为内沿添加笔触，如图 5.61 所示。

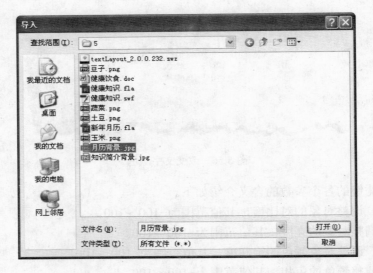

图 5.57 将文档背景颜色设置为黑色

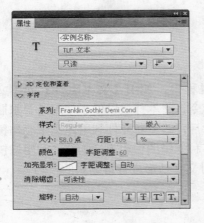

图 5.58 设置文字的属性

图 5.59 对文字进行倾斜操作

图 5.60 设置工具属性

图 5.61 使用【墨水瓶工具】为文字添加笔触

💿**专家点拨:** 使用【文本工具】输入文本时,文本框中的文字是一个整体,在选择【修改】|【打散】命令(或按 Ctrl+B 键)第一次打散文本时,文本框中的文字成为单独的文字。此时再进行一次打散操作,单个文本即可被打散为矢量图形,此时即可像图形那样对其进行渐变或位图填充、添加笔触和进行【封套】或【扭曲】变换等操作了。但要注意的是,一旦文本被分离成图形后,就不再具有文本的属性,而只拥有图形的属性,用户将无法对文字再进行编辑和字符或段落样式的设置。

(4)使用【选择工具】框选被添加了笔触的文字图形,选择【修改】|【转换为元件】命令打开【转换为元件】对话框,在对话框的【名称】文本框中输入元件名称,将【类型】设置为【影片剪辑】,如图 5.62 所示。单击【确定】按钮将图形转换为元件。

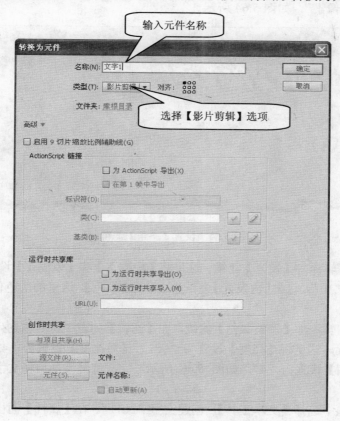

图 5.62 【转换为元件】对话框

（5）在【属性】面板的【滤镜】栏中为对象添加【投影】效果，这里将【模糊 X】和【模糊 Y】的值均设置为 "0 像素"，将【距离】设置为 "5 像素"，将【颜色】设置为白色（其颜色值为 "#FFFFFF"），如图 5.63 所示。

图 5.63　设置【投影】滤镜

（6）为影片剪辑添加【斜角】滤镜，这里将【模糊 X】和【模糊 Y】均设置为 "11 像素"，将【阴影】和【加亮显示】的颜色都设置为白色（其颜色值为 "#FFFFFF"），将【距离】设置为 "–11 像素"，如图 5.64 所示。

图 5.64　设置【斜角】滤镜

（7）为影片剪辑添加【发光】滤镜，这里将【模糊 X】和【模糊 Y】设置为 "44 像素"，将【品质】设置为 "中"，勾选【内发光】复选框。设置【颜色】，这里的颜色值为 "#D0E0F9"，如图 5.65 所示。

（8）为影片剪辑添加【调整颜色】滤镜，在【滤镜】列表中将其拖到列表的最底层。对滤镜参数进行设置，这里将【亮度】设置为 "–61"，【对比度】设置为 "42"，【饱和度】设置为 "82"，【色相】设置为 "4"，如图 5.66 所示。完成滤镜添加后将文字放置到舞台上，如图 5.67 所示。

（9）在工具箱中选择【文本工具】，创建文字 "2011"。在【属性】面板中将字体设置为 "Eras Bold ITC"，将【大小】设置为 "138 点"，【颜色】设置为黑色（颜色值为 "#000000"），如图 5.68 所示。

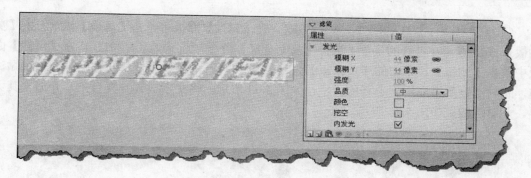

图 5.65 设置【发光】滤镜

图 5.66 设置【调整颜色】滤镜

图 5.67 将文字放置到舞台上

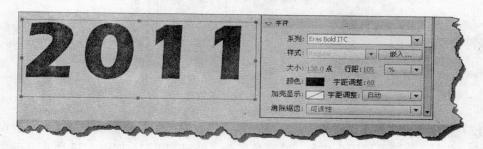

图 5.68 设置文字的属性

（10）选择文字"HAPPY NEW YEAR"，在【属性】面板中单击【滤镜】栏下方的【剪贴板】按钮🖳，在打开的菜单中选择【复制全部】命令。选择文字"2011"，在【属性】面板中单击【滤镜】栏下方的【剪贴板】按钮🖳，在打开的菜单中选择【粘贴】命令粘贴滤镜，此时滤镜效果应用到选择的文字，如图 5.69 所示。将文字放置到舞台上，并调整其大小，此时的效果如图 5.70 所示。

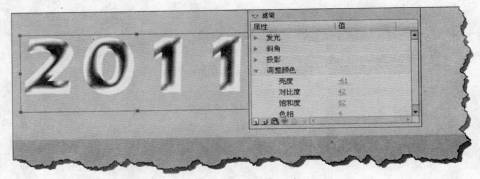

图 5.69　复制滤镜

图 5.70　放置并调整文字大小后的效果

（11）使用【文本工具】在舞台上输入文字"1 月"，选择文字，在【属性】面板的【字符】栏中将文字的字体设置为"迷你简方叠体"，将【大小】设置为"23 点"。设置文字的颜色，颜色值为"#990000"，如图 5.71 所示。接着使用【文本工具】输入文字"JANUARY"，在【属性】面板中将文字的字体设置为"迷你简雪君"，将其颜色设置为白色（其颜色值为"#FFFFFF"），将【大小】设置为"9 点"，如图 5.72 所示。

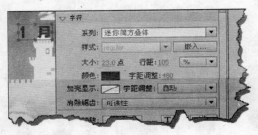

图 5.71　设置文字属性

（12）使用【文本工具】在舞台上输入星期文字，在【属性】面板中将【大小】设置为"16 点"，将文字的颜色设置为白色（其颜色值为"#FFFFFF"），如图 5.73 所示。在舞台上输入月历的日期，在【属性】面板中设置日期文字的属性。这里只需要将其颜色改为与文字

"1 月"相同即可，如图 5.74 所示。

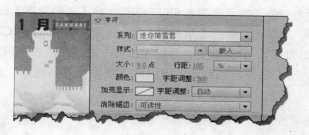

图 5.72　输入文字并设置其属性

图 5.73　输入星期并设置其属性

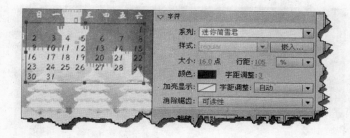

图 5.74　输入日期并设置其属性

（13）为日期文字添加【投影】滤镜，在【属性】面板的【投影】栏中将【模糊 X】和【模糊 Y】设置为"5 像素"，将【距离】设置为"5 像素"，将投影颜色设置为黑色（其颜色值为"#000000"）。完成设置后，将【投影】滤镜复制给其他的文字，为它们添加相同的滤镜效果，如图 5.75 所示。

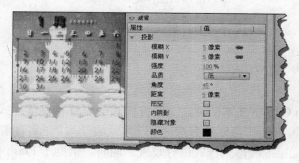

图 5.75　添加【投影】滤镜

（14）在工具箱中选择【基本矩形工具】，使用该工具绘制一个矩形。在【属性】面板中将【笔触颜色】设置为白色（颜色值为"#FFFFFF"），将【笔触宽度】设置为"7.2"，将【样式】设置为"点刻线"。设置图形的【填充颜色】，其颜色值为"#C3C3E2"，并将其 Alpha 值设置为"30%"，如图 5.76 所示。将图形放置到日历的位置，右击图形，在关联菜单中选择【排列】|【下移一层】命令。将此命令使用两次将矩形下移两层，此时获得的效果如图5.77 所示。

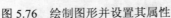
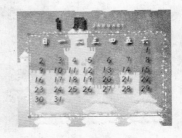

图 5.76　绘制图形并设置其属性　　　　　　　图 5.77　放置矩形

（15）对舞台上各个对象的位置进行适当调整，效果满意后保存文档。本例完成后的效果如图 5.78 所示。

图 5.78　本例制作完成后的效果

5.3　本章小结

本章学习了 Flash CS5 中文本的创建、字符样式的设置和段落样式的设置方法。同时，介绍了对文本应用滤镜来创作特效的方法。通过本章的学习，读者能够在舞台上创建文字，并且能够根据需要对文字或段落的样式进行设置。同时，借助于 Flash CS5 的滤镜，读者将能够创建各种文字特效。

5.4　本章练习

一、选择题

1. 在【属性】面板中的【字符】栏中，下面哪个按钮可以用来创建下标？（　　）

A. T　　　　　　　　　　B. T̄

C. T¹　　　　　　　　　　D. T₁

2. 在【属性】面板的【段落】栏中，下面哪个按钮可以用于使选择段落两端对齐末行右对齐？（　　）

A. ▤　　　　　　　　　　B. ▤

C. ▤　　　　　　　　　　D. ▤

3. 在【属性】面板的【段落】栏中，图 5.79 中的哪个选项用于设置段落的结束边距？（　　）

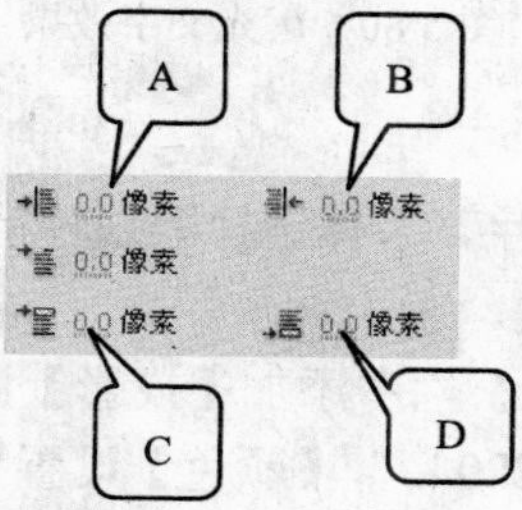

图　5.79

4. 在【斜角】的各个设置项中，哪个设置项决定斜角应用到对象的内侧还是外侧？（　　）

A.【强度】　　　　　　　B.【品质】

C.【角度】　　　　　　　D.【类型】

二、填空题

1. 在 Flash CS5 中，其默认的文本引擎是 TLF，使用工具箱中的【文本工具】Ｔ可以创建两种类型的文本，即_____和_____。

2. TLF 文本包括 3 种类型的文本块，它们是只读、可选和_____。在文档中，文本有两种排列方向，它们是水平方向和_____。

3. 在【属性】面板的【容器和流】下拉列表中，【密码】选项只有在【文本类型】下拉列表中选择了_____选项后才可见。在该下拉列表中选择_____后，文本框中的文本将按照段落分行，但段落中的文字将只在一行排列。

4. 在【属性】面板的【滤镜】栏中选择一个滤镜，单击按钮🔄将_____，单击按钮👁将_____或_____，单击按钮🔄将使_____。

5.5 上机练习和指导

5.5.1 辉光文字效果

创建辉光文字效果，如图 5.80 所示。

图 5.80 辉光文字效果

主要操作步骤指导：

（1）使用【文本工具】创建文字，字体选择笔划较粗的文字，文字颜色任意设置，文字的大小和字间距可以根据需要设置。

（2）在【属性】面板的【滤镜】栏中添加【投影】滤镜，【模糊 X】和【模糊 Y】均设置为"5 像素"，【角度】设置为"280°"，【颜色】设置为纯白色（颜色值为"#FFFFFF"）。

（3）在【属性】面板的【滤镜】栏中添加【渐变发光】滤镜，【模糊 X】和【模糊 Y】设置为"16 像素"，【角度】设置为"10°"，【距离】设置为"2 像素"。

（4）创建渐变色，如图 5.81 所示。从左向右各色标的颜色值分别为"#BFBFBF"、"#FFFFFF"、"#FF9900"、"#003366"、"#FFFFFF"和"#FF33FF"。至此，将获得需要的文字效果。

图 5.81 创建渐变

5.5.2 制作文字特效

分别制作 3 个文字特效，制作完成的效果如图 5.82 所示。

主要步骤指导：

（1）特效 1 的制作：使用【文本工具】创建文字后，将文字打散为图形。使用【墨水瓶工具】为 5 个图形添加笔触，使用【颜料桶工具】分别对图形进行位图填充（位图为："练习 2 素材.jpg"）。最后使用【渐变变形工具】对填充的位图进行调整。

图 5.82　制作 3 个文字特效

（2）特效 2 的制作：使用【文本工具】创建文字，使用【任意变形工具】对文本进行倾斜变形。将文本打散为图形，使用【墨水瓶工具】为图形添加渐变笔触（这里的渐变使用系统自带的彩虹渐变），使用【渐变变形工具】对渐变进行调整。依次选择每个图形的填充部分，将其删除。选择所有的图形后将它们转换为影片剪辑。对影片剪辑添加【投影】滤镜，其中【模糊 X】和【模糊 Y】均设置为"14 像素"，【颜色】设置为纯白色（颜色值为"#FFFFFF"）。再添加【发光】滤镜，其中【模糊 X】和【模糊 Y】均设置为"7 像素"，【颜色】设置为白色。

（3）特效 3 的制作：使用【文本工具】创建文本，将文本打散，在工具箱中选择【任意变形工具】，在选项栏中按下【封套】按钮，通过设置封套形状来改变文字形状。

第6章

元件、实例和库

　　元件是Flash动画制作的一个重要概念，在Flash影片中，元件是整个影片的灵魂，是Flash中一类特殊而重要的对象。当元件被应用时，就可以得到该元件的一个实例，而库则是元件存放的场所。本章将重点介绍Flash中元件、实例和库的概念及应用，对于在元件中制作和使用实例以及创建动画效果的问题，将在后面章节中介绍。

　　本章主要内容：

- 元件；
- 实例；
- 库。

6.1　元件

　　在 Flash 中，元件只需要创建一次就可以在整个文档或其他文档中被反复使用。使用元件不仅能够大大缩小文档的尺寸，而且也对修改和更新带来了方便。本节将对元件的类型、创建和编辑进行介绍。

6.1.1　元件的类型

　　Flash 的元件有 3 种类型，它们是影片剪辑（MovieClip，MC）、按钮（Button）和图形（Graphic）。下面对这 3 种元件分别进行介绍。

1．影片剪辑

　　影片剪辑实际上是可重复使用的动画片段，其拥有相对于主时间轴独立的时间轴，也拥有相对于舞台的主坐标系独立的坐标系。它是一个容器，可以包含一切素材，如用于交互的按钮、声音、图片和图形等，甚至可以是其他的影片剪辑。同时，在影片剪辑中也可以添加动作脚本来实现交互和复杂的动画操作。通过对影片剪辑添加滤镜或设置混合模式，可以创建各种复杂的效果。在影片剪辑中，动画是可以自动循环播放的，当然也可以用脚本来进行控制。库中的影片剪辑及其被打开后的时间轴如图 6.1 所示。

2．按钮

　　按钮用于在动画中实现交互，有时也可以使用它来实现某些特殊的动画效果。一个按钮元件有 4 种状态，它们是弹起、指针经过、按下和单击，每种状态可以通过图形或影片剪辑来定义，同时可以为其添加声音。在动画中一旦创建了按钮，就可以通过 ActionScript 脚本来为其添加交互动作。库中的按钮及其打开后的时间轴如图 6.2 所示。

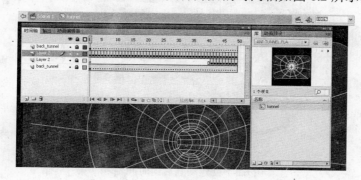

图 6.1 打开的影片剪辑及其时间轴

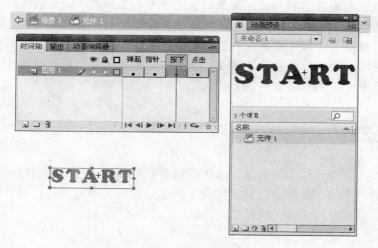

图 6.2 打开的按钮及其时间轴

专家点拨：按钮时间轴各个帧的作用介绍如下。

- 【弹起】：按钮的初始状态，即当鼠标指针不在按钮上时按钮的状态。
- 【指针…】：即指针经过，鼠标指针经过按钮或停留在按钮上时按钮的状态。
- 【按下】：鼠标指针单击该按钮时的状态。
- 【点击】：该帧对象决定了按钮响应鼠标动作的热区，帧中的对象在影片播放时不可见。如果该帧未被定义，则【弹起】帧中的对象即为鼠标响应的热区。

3. 图形

图形是元件的一种最原始的形式，与影片剪辑相类似，可以放置其他元件和各种素材。图形元件也有自己的独立的时间轴，可以创建动画，但不具有交互性，无法像影片剪辑那样添加滤镜效果和声音。创建一个图形元件，在其中创建补间动画，此时的时间轴如图 6.3 所示。

图 6.3   创建动画后的时间轴

专家点拨：与影片剪辑相比，使用图形元件可以直接在 Flash 编辑状态或主场景舞台上查看元件的内容。而影片剪辑只能在主场景舞台上看到第 1 帧的内容，只有当影片剪辑输出为 SWF 动画文件后才能查看其全部动画。另外，使用图形元件可以根据需要任意指定图形实例的播放方式，如是循环播放、播放一次还是从某一帧开始播放。但图形元件无法添加滤镜和声音，也无法应用混合模式。

6.1.2   创建元件

在 Flash 中，创建元件实际上是利用元件自身的时间轴进行动画创作的过程。要创建元件，一般有两种方法，一种方法是将舞台上的选定对象转换为元件。另一种方法是创建一个空白元件，然后绘制或导入需要的对象。

1. 转换为元件

在舞台上绘制或导入对象后，可以将其转换为元件。在舞台上选中对象，选择【修改】|【转换为元件】命令（或按 F8 键）。此时将打开【转换为元件】对话框，在【名称】文本框中输入元件名称。在【类型】下拉列表中选择元件类型，选择【图形】将其转换为图形元件，如图 6.4 所示。

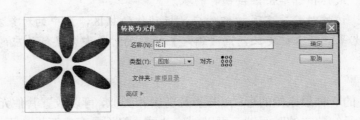

图 6.4   【转换为元件】对话框

专家点拨：在【转换为元件】对话框中，【对齐】用于指定元件对齐的注册点。在默认情况下，注册点位于左上角，单击 9 个点中的任意一个可以指定其为注册点。如单击位于框中心的注册点，则元件的注册点会与图形的中心重合。

在【转换为元件】对话框中，【文件夹】用于指定元件在库中存放的位置，其默认值为【库根目录】，表示将元件放置在库的根目录下。单击该按钮可以打开【移至文件夹】对话框，在对话框中选择【新建文件夹】单选按钮后，在其后的文本框中可以输入文件夹名，则 Flash 会在库中创建该文件夹并将创建的元件放置到该文件夹中。如果选择【现有文件夹】，则在其下的列表中选择库中已有的文件夹，元件将会放置在选择的文件夹中，如图 6.5 所示。

完成设置后单击【选择】按钮关闭对话框，此时如果选择【窗口】|【库】命令（或按 Ctrl+L 键）打开【库】面板，可以看到元件被添加到面板的列表中，如图 6.6 所示。

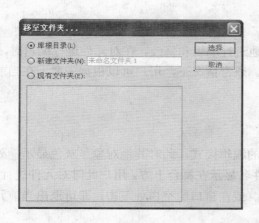

图 6.5 【移至文件夹】对话框

图 6.6 元件添加到【库】面板中

2. 新建元件

选择【插入】|【新建元件】命令（或按 Ctrl+F8 键将打开【创建新元件】对话框，如图 6.7 所示。该对话框的设置项与【转换为元件】对话框基本相同，如图 6.7 所示。

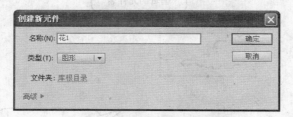

图 6.7 【创建新元件】对话框

在对话框中设置元件名称和元件类型后，单击【确定】按钮，Flash 会将元件添加到库中，同时打开该元件的编辑窗口，在该窗口中即可直接创建需要的元件内容，如图 6.8 所示。

图 6.8 元件编辑窗口

6.1.3 编辑元件

对于创建完成的元件，用户可以方便地进行编辑和修改。在对元件进行编辑时，Flash 会实时修改文档中应用该元件的所有实例。通常情况下，用户可以根据需要，在当前位置编辑元件或在新窗口中编辑元件。

1. 在当前位置编辑元件

在舞台上双击元件实例即可进入元件的编辑模式，此时其他对象呈灰色显示，处于不可编辑状态。同时，正在编辑的元件的元件名显示在舞台上方。用户此时对元件进行编辑，完成编辑后，单击窗口上的【返回】按钮 或在窗口的空白处双击，即可退出当前元件编辑状态，如图 6.9 所示。

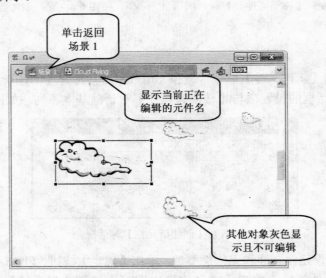

图 6.9 在当前位置编辑元件

2．在新窗口中编辑元件

在新窗口中编辑元件是指在一个单独的窗口中对元件进行编辑，此时在窗口中将只能看到被编辑元件的内容和时间轴，舞台上其他对象都看不到。在舞台上右击需要编辑的元件，在关联菜单中选择【在新窗口中编辑】命令（或在【库】面板中双击需要编辑的元件）即可进入元件编辑状态。完成编辑后，关闭该窗口即可，如图 6.10 所示。

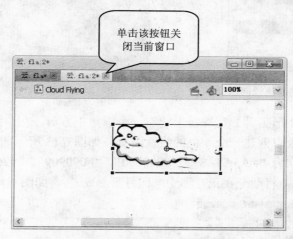

图 6.10　在新窗口中编辑元件

6.1.4　实战范例——制作按钮元件

1．范例简介

本例介绍按钮元件的制作方法。在程序运行时，按钮有 4 种状态，这 4 种状态是由时间轴上的 4 个帧来体现的，本例将只制作按钮元件的 3 种状态，它们分别是按钮的弹起、指针移过和按下状态，这 3 种状态通过显示不同的颜色来区分。为了简化制作，这里按钮按下状态和单击状态使用相同的效果图。通过本例的制作，读者将掌握按钮的制作思路以及元件的创建和编辑的知识，同时将进一步熟悉图形的绘制和对图形应用渐变效果来创建特效的技巧。

2．制作步骤

（1）启动 Flash CS5，创一个空白文档。在工具箱中选择【矩形工具】绘制一个占据整个舞台的矩形，在【属性】面板中取消矩形的笔触边框。在矩形被选择的情况下打开【颜色】面板，在面板中创建一个双色的径向渐变用来填充图形。这里，将起始颜色的颜色值设置为"#3A9FCB"，将终止颜色的颜色值设置为"#001556"，如图 6.11 所示。使用【渐变变形工具】将渐变中心放置到矩形的中心，同时调整渐变的大小。此时获得的效果如图 6.12 所示。

图 6.11 创建双色径向渐变

图 6.12 对渐变进行修改后的效果

（2）使用【基本矩形工具】在舞台上绘制一个圆角正方形，在该圆角正方形被选择的情况下在【颜色】面板中创建一个 4 色的线性渐变，如图 6.13 所示。这里，4 个颜色色标的颜色值从左向右依次为"#A3A3A3"、"#000000"、"#090909"、"#262626"。在工具箱中选择【渐变变形工具】，将渐变在正方形中顺时针旋转 90°，如图 6.14 所示。

图 6.13 创建 4 色线性渐变

图 6.14 将渐变顺时针旋转 90°

（3）将该圆角正方形复制一个，使其与原来的圆角正方形中心对齐并将其适当缩小，如图 6.15 所示。在【颜色】面板中创建一个 2 色的线性渐变，如图 6.15 所示。其起始颜色色标的颜色值为"#BDBDBD"，终止颜色色标的颜色值为"#4D4D4D"，如图 6.16 所示。应用渐变后的图形效果如图 6.17 所示。

图 6.15 对齐图形并缩小

（4）将第（3）步绘制的正方形复制一个，将其拖放到舞台的外部。在【属性】面板中的【位置和大小】栏中取消对宽度和高度的约束后，将【高】设置为原来高度的一半。在【矩形选项】栏中取消对边角半径的锁定，将图形左上方和右上方的边角半径设置为 0，如图 6.18 所示。

图 6.16 创建 2 色线性渐变

图 6.17 应用渐变后的图形效果

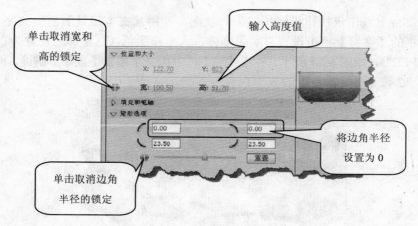

图 6.18 设置图形属性

（5）在【颜色】面板中对渐变效果进行编辑，这里将起始颜色设置为"#090909"，将终止颜色设置为"#383838"，如图 6.19 所示。按 Ctrl+B 键将图形打散并使用【选择工具】向上拖拉图形的上边界获得曲线边界，如图 6.20 所示。将绘制的图形放置到前面绘制的圆角正方形中，使用【任意变形工具】调整该图形的大小和位置，至此完成按钮的绘制，如图 6.21 所示。

图 6.19 设置渐变颜色

图 6.20 向上拖拉得到曲线边界

（6）使用【选择工具】按住 Shift 键依次单击构成按钮的各个图形将它们全选，选择【修改】|【转换为元件】命令打开【转换为元件】对话框。在对话框的【名称】文本框中输入元件名称，在【类型】下拉列表中选择【按钮】，如图 6.22 所示。单击【确定】按钮将选择图形转换为按钮元件。

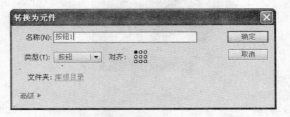

图 6.21　绘制完成的图形　　　　　　　图 6.22　【转换为元件】对话框

（7）在舞台上双击该按钮进入按钮编辑状态，使用【文本工具】创建文字"开始"，在【属性】栏的【字符】栏中设置文字的字体、大小和颜色（这里颜色设置为白色，颜色值为"#FFFFFF"），如图 6.23 所示。在【滤镜】栏中为文字添加【投影】滤镜，同时将【距离】设置为"2 像素"，【颜色】设置为白色，如图 6.24 所示。

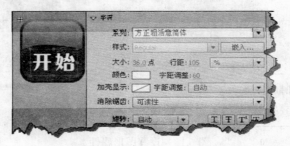

图 6.23　创建文字并设置样式

图 6.24　添加【投影】滤镜

（8）选择【窗口】|【时间轴】命令打开【时间轴】面板，右击【弹起】帧，选择关联菜单中的【复制帧】命令，在【指针移过】帧上右击选择关联菜单中的【粘贴帧】命令粘贴帧。选择【指针经过】帧，按钮被粘贴到此帧中，如图 6.25 所示。

图 6.25　粘贴帧

（9）将组成按钮的 3 个图形拖放到舞台的外面，并将它们移开放置。选择按钮最底层的圆角正方形，在【颜色】面板中对渐变的各个颜色色标的颜色进行调整，如图 6.26 所示。颜色色标的颜色值从左向右依次更改为"#699691"、"#0C6E1C"、"#101824"和"#38636A"。

（10）选择位于按钮中间层的圆角正方形，在【颜色】面板中对渐变的各个颜色色标的颜色进行调整，如图 6.27 所示。颜色色标的颜色值从左向右依次为"#41AD99"和"#26666B"。选择位于按钮最上层的图形，在【颜色】面板中对渐变的各个颜色色标的颜色进行调整，如图 6.28 所示。颜色色标的颜色值从左向右依次为"#0E1827F"和"#1D797B"。

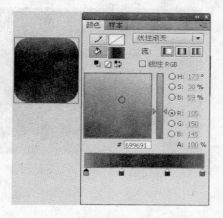

图 6.26　设置底层圆角正方形的渐变色

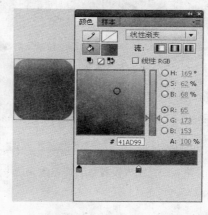

图 6.27　设置按钮中间层圆角正方形的渐变色

（11）将它们重新拼装在一起，按 Ctrl+G 键将它们组合为一个对象后重新放回到舞台的合适位置。至此，按钮的【指针…】帧制作完成，如图 6.29 所示。

（12）将【指针…】帧复制到【按下】帧中，将按钮取消组合后，使用上面相同的方法重新设置组成按钮的各个图形的颜色。这里，只对按钮上层和中间层的图形渐变色进行修改，位于最上层图形的渐变颜色值分别为"#0E182F"和"#CD797B"，位于中间层的图形的渐变颜色值分别为"#FAAD99"和"#Af666B"。完成设置后的按钮效果如图 6.30 所示。将【按下】帧复制到【单击】帧。

专家点拨：【按下】帧对象定义了按钮响应的热区，由于此帧为空时将以【弹起】帧对象的区域作为热区，因此该帧也可以不放置任何对象。另外，在某些时候（如以文字作为按钮时）为了保证响应，也可以在这个帧中绘制一个比【弹起】帧中对象稍大的矩形。

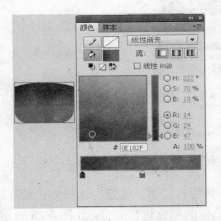

图 6.28　设置按钮最上面图形的渐变色

图 6.29　组合并放置按钮

（13）在【库】面板中将创建的按钮拖放到舞台上，保存文档完成本例的制作。按
Ctrl+Enter 键测试影片，鼠标经过按钮时的效果如图 6.31 所示。

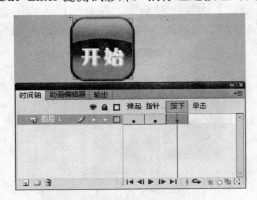

图 6.30　完成设置后的按钮效果

图 6.31　影片测试效果

6.2　实例

在创建元件后，将可以在 Flash 文档的任何地方使用它，这就是该元件的实例。对于
文档中的实例，使用【属性】面板可以对实例的类型和颜色进行修改，同时还能应用滤镜
并设置混合模式。

6.2.1　图形实例

在创建元件后，在文档的任何位置使用该元件就可以得到元件的实例，如将元件拖放
到舞台上，舞台上就增加了该元件的一个实例。可以对实例进行任意的缩放和设置色彩效

果等操作，这些操作都不会对元件本身产生任何影响。当对元件进行修改后，Flash 会更新该元件的所有实例。

1.【属性】面板简介

图形元件一般包括静态的图形对象或是与影片的主时间轴同步的动画。将图形元件放置到舞台上，选择该实例后，可以在【属性】面板中对实例进行设置（见图 6.32）。如在【位置和大小】栏中对实例在舞台上的位置和大小进行设置。

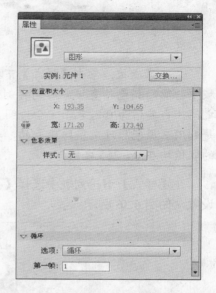

专家点拨:【X】和【Y】用于显示或设置实例的中心点与舞台的 X 坐标和 Y 坐标。

2. 改变实例色彩

每个元件都有自己的色彩效果，要想在实际应用中改变这个效果，可以在【属性】面板的【色彩效果】栏用于改变实例的色彩效果。在该栏中，【样式】下拉列表包含【无】、【亮度】、【色调】、【高级】和 Alpha 这 5 个选项，在下拉列表中选择相应的设置项，即可对实例进行设置。

选择舞台上的图形实例，如图 6.33 所示。在【样式】下拉列表中选择【亮度】，通过拖动【亮度】滑块或在文本框中输入数值可以对实例的亮度进行设置。如图 6.34 所示。

图 6.32　图形元件实例的【属性】面板

专家点拨:【亮度】值的取值范围为-100%～100%。当其值为 0 时，实例亮度为其本身的颜色。当其值为 100%时，实例亮度最高，显示为白色。当其值为-100%时，亮度最低，其显示为黑色。

在【样式】下拉列表中选择【色调】选项对实例的色调进行设置，此时在面板中将显示【色调】、【红】、【绿】和【蓝】滑块和文本框，通过对这些参数进行调整可以改变实例显示的颜色，如图 6.35 所示。

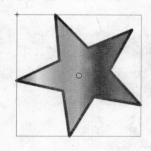

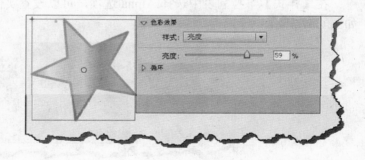

图 6.33　图形实例

图 6.34　调整实例的亮度

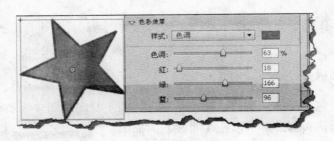

图 6.35　调整色调

专家点拨：单击【样式】下拉列表框右侧的【着色】按钮可以打开调色板，在调色板中拾取的颜色将直接应用到实例。【色调】用于设置颜色的饱和度，其取值在 0～100% 之间。当其值为 0 时表示完全透明，其值为 100%时表示完全包含。【红】、【绿】和【蓝】是利用三原色原理来获取颜色的，与在【颜色】面板中通过 RGB 值获取颜色一样，它们的取值均在 0～255 之间。

在【样式】下拉列表中选择【高级】选项，此时可以同时对实例的颜色和透明度进行设置，如图 6.36 所示。

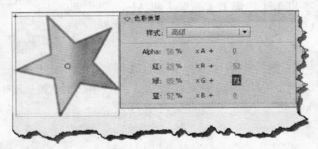

图 6.36　设置颜色和 Alpha 值

专家点拨：【高级】的设置项分为两个区域，左边的百分数区为 Alpha 值和 RGB 值的百分比区，其值在 0～100%之间。右边的是整数区，其值在−255～255 之间。实例的颜色和透明度是原来的 RGB 值和 Alpha 值乘以这里的百分数后再加上右边整数区的值。

在【样式】下拉列表中选择 Alpha 选项，可以设置实例的 Alpha 值以改变其透明度，如图 6.37 所示。

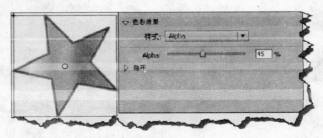

图 6.37　设置 Alpha 值

专家点拨：实例的透明度由 Alpha 值所决定，值在 0～100%之间，其值为 0 时，实例完全透明，将不可见。其值为 100%时，实例将完全不透明，在舞台上可见。另外，在【样式】下拉列表中如果选择【无】选项将取消对实例的颜色设置。

3. 循环

【循环】栏是图形实例的一个独有设置栏，用于设置实例跟随动画同时播放的方式。在【选项】下拉列表中选择相应的选项即可进行设置，如图 6.38 所示。

专家点拨：【循环】栏的【选项】下拉列表一共有 3 个选项，下面对它们的含义进行介绍。

- 【循环】：选择该选项，实例跟随动画同时进行循环播放自身动画，在【第一帧】文本框中输入动画开始的帧。

图 6.38 【循环】栏

- 【播放一次】：选择该选项，从指定帧开始播放动画序列，播放完后动画停止。在【第一帧】文本框中输入指定帧的帧数。
- 【单帧】：显示动画序列中的某一帧，在【第一帧】文本框中输入需要显示的帧的帧数。

6.2.2 影片剪辑实例

将创建的影片剪辑拖放到舞台上或其他的元件内即可获得该影片剪辑的一个实例。影片剪辑拥有自己的独立的时间轴，其播放与主时间轴的播放没有关系。影片剪辑也是一种对象，在【属性】面板中可以对其属性进行设置，如图 6.39 所示。与图形实例相比，影片剪辑实例在【属性】面板中同样可以设置位置和大小及色彩效果，但不同的是可以添加滤镜效果和应用混合模式。

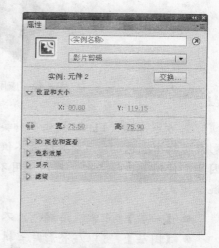

1. 实例名称

在 Flash 中，影片剪辑是一种对象，可以通过 ActionScript 调用。为了实现这种调用，需要给予影片剪辑一个可以识别的名称，这个名称并不是该元件在【库】面板列表中的名称。在【属性】面板的【实例名称】文本框中输入名称，即可为影片剪辑命名，如图 6.40 所示。

图 6.39 影片剪辑实例的【属性】面板

2. 设置实例的混合模式

在 Flash CS5 中，可以对影片剪辑实例应用滤镜以创建特殊的效果，滤镜的设置与文本【属性】面板中的设置项完全相同，这里不再赘述。对于影片剪辑来说可以像 Photoshop

那样处理对象之间的混合模式，通过混合模式的设置来创建复合图像效果。所谓的复合，是改变两个或多个重叠图像的透明度或颜色关系的过程，通过复合可以混合重叠影片剪辑中的颜色，从而创造独特的视觉效果。

在【属性】面板中单击【显示】栏打开【混合】下拉列表，在列表中选择相应的选项即可更改实例的混合模式，如图 6.41 所示。对实例应用【滤色】混合模式前后的效果对比如图 6.42 所示。

图 6.40　输入实例名称

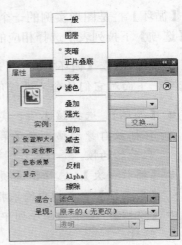

图 6.41　选择混合模式

图 6.42　应用【滤色】混合模式前后效果对比

专家点拨：Flash 提供多种类别的混合模式供选择使用。混合模式决定了混合重叠影片剪辑中颜色的方式，其结果不仅取决于要应用混合的对象的颜色，还取决于基础颜色。因此，使用混合模式时，可以试用不同的混合模式以获得需要的效果。下面介绍 Flash 的混合模式。

- 【一般】：正常应用颜色，不与基准颜色产生混合，是默认的混合模式。
- 【图层】：可以层叠影片剪辑，但不影响其颜色。
- 【变暗】：只替换比混合颜色亮的区域，比混合颜色暗的区域将保持不变。
- 【正片叠底】：将基准颜色和混合颜色复合，产生较暗的颜色。
- 【变亮】：只替换比混合颜色暗的区域，比混合颜色亮的区域将保留。
- 【滤色】：将混合颜色的反色与基准颜色复合，产生漂泊效果。

- 【叠加】：复合或过滤颜色，操作结果取决于基准颜色。
- 【强光】：复合或过滤颜色，操作结果取决于混合模式颜色。该效果类似于用点光源来照射对象。
- 【差异】：从基色中减去混合色或从混合色中减去基色，操作结果取决于哪一种颜色的亮度值大。该效果类似于彩色底片。
- 【加色】：用于在两个图像之间创建动画的变亮分解效果。
- 【减色】：用于在两个图像之间创建动画的变暗分解效果。
- 【反色】：反转基准颜色。
- Alpha：使用 Alpha 遮罩层。

6.2.3　按钮实例

按钮实际上是一个有 4 帧的影片剪辑，这 4 个帧对应按钮的 4 种不同的状态。按钮实例的时间轴不能播放，但可以感知用户鼠标的动作，并根据鼠标动作来触发对应的事件。要设置按钮实例的属性，可以在其【属性】面板中进行，如图 6.43 所示。

按钮实例与影片剪辑实例类似，在【属性】面板的【实例名称】文本框中输入名称对其命名，以便于对实例的调用。同时，也可以为按钮添加滤镜并对混合模式进行设置。【音轨】栏是按钮的特殊属性设置栏，其中的【选项】下拉列表用于设置鼠标事件的分配。

专家点拨：【音轨】栏的【选项】下拉列表有两个选项，下面介绍它们的含义。

- 【音轨作为按钮】：选择该选项，按钮实例的行为和普通按钮类似。
- 【音轨作为菜单项】：选择该选项，无论鼠标是在按钮上或是在其他部分按下，按钮实例都可接收。这种按钮常用来制作菜单或应用于电子商务中。

图 6.43　按钮实例的【属性】面板

6.2.4　改变实例

对于创建的实例，用户可以在【属性】面板中对其进行设置，这里除了可以更改实例的色彩、大小和添加滤镜等操作之外，还可以改变实例的类型和交换实例。同时，实例也可以被分离以便于对其进行编辑修改。

1．改变实例的类型

在应用实例时，有时需要改变其在动画中的行为，此时可以通过改变实例的类型重新定义实例，如将图形实例定义为影片剪辑。在舞台上选择需要改变类型的实例，在【属性】面板的【类型】下拉列表中选择新的实例类型即可，如图 6.44 所示。

2．交换实例

在创建实例后，可以根据需要为实例指定另外的元件。这样，当前选择实例的元件将更改，但原来对该实例的设置的属性将全部保留。在【属性】面板中单击【交换】按钮打开【交换元件】对话框，在对话框中的列表中选择相应的选项，对话框左侧将能够看到选择项的缩览图，如图 6.45 所示。在选择元件后单击【确定】按钮即可用选择的元件替换当前实例中的元件。

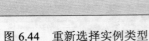

图 6.44　重新选择实例类型

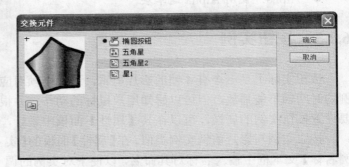

图 6.45　【交换元件】对话框

　　专家点拨：在【交换元件】对话框中单击缩览图下方的【直接复制元件】按钮 可以对该元件直接复制。

3．分离实例

分离实例就是将实例打散为形状，打散后的实例与元件的联系将被切断，但元件本身和使用该元件的其他实例不会受到影响。在选择实例后，选择【修改】|【分离】命令（或按 Ctrl+B 键）即可将实例打散，如图 6.46 所示。

图 6.46　实例打散前后对比

6.2.5　实战范例——诗配画

1．范例简介

本例介绍为国画添加古诗的过程。在本例的制作过程中，舞台上放置纸张材质图片和一幅国画图片。使用带有黑白渐变效果的矩形影片剪辑作为遮盖物，接合影片剪辑的混合模式的设置，创建国画融入纸张材质中的效果。在舞台上添加文字，通过为文字添加滤镜、设置混合模式和调整文字的色彩效果，获得贴于国画上的古诗效果，古诗的纸张材质显示得与国画纸张材质相同。通过本例的制作，读者将能了解影片剪辑的混合效果和色彩调整的方法以及不同混合方式带来的不同显示效果，掌握将对象融于背景的制作技巧。

2. 制作步骤

（1）启动 Flash CS5，创建一个空白文档。选择【文件】|【导入】|【导入到舞台】命令打开【导入】对话框，在对话框中选择需要导入的背景图片，如图 6.47 所示。单击【确定】按钮将其导入到舞台中。使用【选择工具】将舞台上的这两个图片分开，由于导入时"诗配画背景.png"位于上层，此时应该右击该图片选择关联菜单中的【排列】|【移至底层】命令将它移至底层，将背景图片放置在舞台中央。

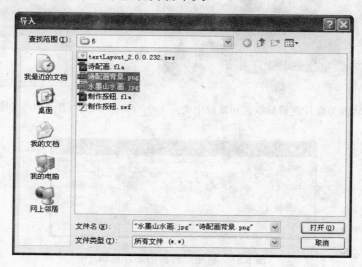

图 6.47　选择需要使用的图片

（2）右击水墨山水图片，选择关联菜单中的【转换为元件】命令打开【转换为元件】对话框，在【名称】文本框中输入元件名称"山水画"，在【类型】下拉列表中选择【影片剪辑】，如图 6.48 所示。将该影片剪辑放置到舞台的中央，如图 6.49 所示。

图 6.48　【转换为元件】对话框

（3）在舞台上双击该影片剪辑进入到元件的编辑状态，使用【矩形工具】绘制一个覆盖整个山水画的矩形。在【颜色】面板中，创建一个双色的线性渐变。其中，渐变起始颜色为白色，其颜色值为"#FFFFFF"。渐变终止颜色为黑色，其颜色值为"#000000"。将起始颜色色标适当右移，如图 6.50 所示。

（4）右击该矩形，选择关联菜单中的【转换为元件】命令打开【转换为元件】对话框，在对话框中将【名称】设置为"遮盖物"，将【类型】设置为【影片剪辑】，如图 6.51 所示。单击【确定】按钮将其转换为影片剪辑。选择该影片剪辑，在【属性】面板中的【显示】

栏中将【混合】设置为【滤色】，此时图像效果如图 6.52 所示。

图 6.49　转换为影片剪辑后放置到舞台中央

图 6.50　创建双色渐变

图 6.51　将矩形转换为影片剪辑

图 6.52　应用【滤色】效果

（5）回到【场景 1】，选择"山水画"影片剪辑，在【属性】面板的【显示】栏中将【混合】设置为【正片叠底】，此时图像效果如图 6.53 所示。在【色彩效果】栏中的【样式】下拉列表中选择【高级】，分别对 Alpha、【红】、【绿】和【蓝】选项进行设置，使国画的色调接近于背景的色调，如图 6.54 所示。

图 6.53　将混合模式设置为【正片叠底】

图 6.54　调整山水画的色调

（6）在工具箱中选择【文本工具】，在舞台上创建文本框并输入诗词。在【属性】面板中将文本方向设置为垂直方向，设置文本的字体、大小和行距，并将文字颜色设置为黑色，如图 6.55 所示。

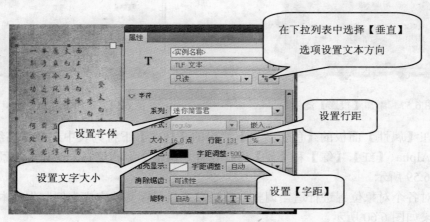

图 6.55　设置文本属性

（7）.在【属性】面板的【容器和流】栏中将【容器背景颜色】设置为白色（其颜色值为"#FFFFFF"），将背景颜色的 Alpha 值设置为 40%，如图 6.56 所示。在【属性】面板的【滤镜】栏中添加【投影】滤镜，将【模糊 X】和【模糊 Y】均设置为"6 像素"，其他参数使用默认值，如图 6.57 所示。为文本添加【发光】滤镜，将【模糊 X】和【模糊 Y】设置为"21 像素"，同时将【颜色】设置为白色（其颜色值为"#FFFFFF"），如图 6.58 所示。

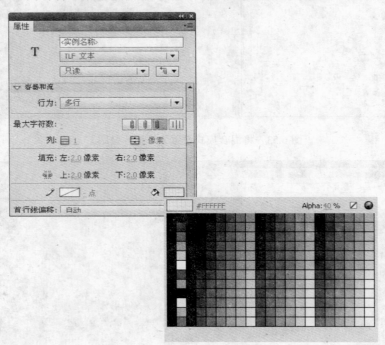

图 6.56　设置填充颜色

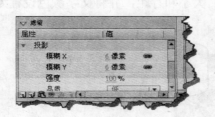

图 6.57　添加【投影】滤镜

图 6.58　添加【发光】滤镜

（8）在【属性】面板的【色彩效果】栏中的【样式】下拉列表中选择【高级】，对文本对象的 Alpha、【红】、【绿】和【蓝】进行设置。调整文字的色彩，使其与背景很好地融合，如图 6.59 所示。

（9）对各个对象位置进行适当调整，效果满意后保存文档完成本例制作。本例制作完成后的效果如图 6.60 所示。

图 6.59　设置文本色彩

图 6.60　本例制作完成后的效果

6.3　库

在 Flash 中，库用于存放动画元素，用来存储和管理用户创建的各种类型的元件，同时也可以放置导入的声音、视频、位图和其他各种可用的文件。在 Flash 中，库就像一个仓库，在合成动画时，只需要从这个仓库中将需要使用的"部件"拿出来，应用到动画中即可。使用库，能够给创作带来极大的方便，省略很多的重复操作，且可以使不同的文档之间共享各自库中的资源。

6.3.1　库的基本操作

在制作 Flash 动画时，【库】面板是使用较多的一个面板，选择【窗口】|【库】命令（或按 Ctrl+L 键）可以打开的【库】面板。打开的【库】面板的结构如图 6.61 所示。

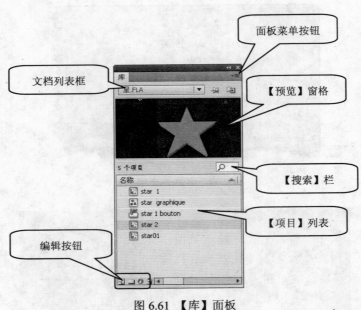

图 6.61 【库】面板

专家点拨：下面对【库】面板中的各个部件进行简单介绍。

- 文档列表框：当用户打开多个 Flash 文档时，在该列表框的列表中将显示这些文档名，选择后即可切换到该文档的库。单击该列表右侧的【固定当前库】按钮 将锁定当前的库。单击【新建库面板】按钮 将能够新建一个库面板。

- 面板菜单：单击【库】面板左上角的面板菜单按钮将可打开面板菜单，使用菜单中的命令可以对面板中的各个项目进行删除、复制和播放等操作。

- 【项目】列表栏：该栏列出库中包含的所有项目，项目名称旁的图标表示该项目的类型。使用列表栏，用户可以方便地查看和组织动画中的各种元素。

- 【预览】窗格：在【项目】列表中选择一个项目后，可以在【预览】窗格中查看项目的内容。如果选择的项目中包含多帧动画，则在窗格右上角会出现【播放】 和【停止】按钮 。单击【播放】按钮将能够在【预览】窗格中播放动画，动画播放时单击【停止】按钮将停止动画的播放。

- 【搜索】栏：当【库】面板中有很多的元件时，为了快速找到需要的项目，可以在【搜索】栏中输入要搜索的项目名称后按 Enter 键，【项目】列表中将只显示找到的内容。

1. 新建和删除元件

在【库】面板中单击【新建元件】按钮 将打开【创建新元件】对话框，如图 6.62 所示。在对话框中输入元件名称，同时在【类型】下拉列表中选择元件类型。单击【确定】按钮，即可在列表中创建一个新的元件，此时 Flash CS5 将直接进入元件的编辑状态。

如果需要删除某个元件，可以在【项目】列表中选择该元件后单击【删除】按钮（或按 Delete 键）即可，如图 6.63 所示。

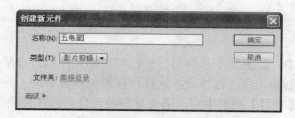

图 6.62 打开【创建新元件】对话框

2. 使用文件夹

【库】面板能够像 Windows 资源管理器那样使用文件夹来组织和管理库项目。当库中的项目较多时，按照不同的类别创建不同的文件夹，将同类项目放置到文件夹中，这样更利于项目的查找、调用和编辑。在创建一个新的元件时，默认情况下元件放置到根文件夹中，用户可以在【创建新元件】对话框中选择元件放置的文件夹。

在【库】面板中单击【创建文件夹】按钮，输入新文件夹名称后按 Enter 键即可在【项目】栏中创建一个新文件夹，如图 6.64 所示。

图 6.63 删除元件

图 6.64 创建新文件夹

专家点拨：在【项目】列表中双击文件夹或某个项目，将能够对该项目重命名。在某个文件夹或项目上右击，在打开的关联菜单中选择【重命名】命令，也可以实现重命名操作。

单击文件夹图标左侧的三角按钮将能够将文件夹展开，显示文件夹中的项目，如图 6.65 所示。再次单击该按钮将文件夹收缩，文件夹中内容不可见。

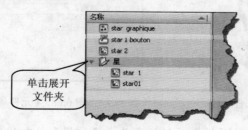

图 6.65 展开文件夹

3．复制元件

在动画制作过程中，如果某个元件与一个已存在的元件间只有某些地方不同，则可以将元件复制后再对复制的元件进行修改，这样可以避免重复劳动，提高工作效率。

在【库】面板的【项目】列表中右击需要复制的元件，选择关联菜单中的【直接复制】命令。此时将打开【直接复制元件】对话框，在【名称】文本框中输入复制元件的名称。单击【文件夹】按钮打开【移至文件夹】对话框，在对话框中选择元件复制到的文件夹，这里选择【现有文件夹】单选按钮，在其下的列表中选择库中的文件夹，如图 6.66 所示。单击【选择】按钮确认文件夹的选择，单击【直接复制元件】对话框中的【确定】按钮，此时选择的元件被复制到指定的文件夹中，如图 6.67 所示。

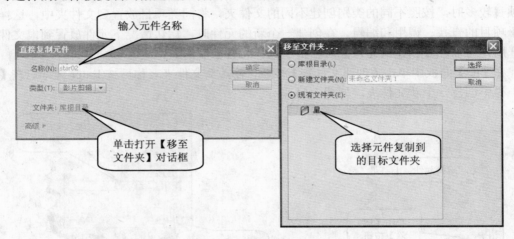

图 6.66　指定复制的文件夹

4．查看属性

在【库】面板的【项目】栏中选择元件，单击【属性】按钮█打开【元件属性】对话框，使用该对话框可以查看和更改元件的名称和类型，如图 6.68 所示。完成设置后，单击【确定】按钮关闭该对话框。

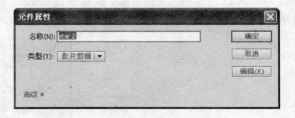

图 6.67　将元件复制到指定文件夹中　　　　图 6.68　【元件属性】对话框

专家点拨：在【元件属性】对话框中单击【编辑】按钮将进入该元件的编辑状态，可以对元件形状、颜色和位置进一步修改。

对于导入到库中的位图或声音，单击【属性】按钮后，在打开的对话框中将显示位图或声音的名称、类型和保存路径等一系列的信息。在查看位图的属性时，打开的属性对话框如图 6.69 所示。

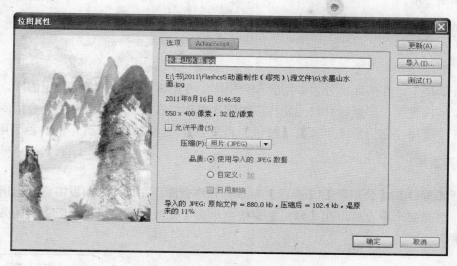

图 6.69 【位图属性】对话框

6.3.2 外部库

在制作动画时，用户可以使用已经制作完成的动画中的元件，这样可以减少动画制作的工作量、节省制作时间并提高制作效率。要使用外部库，可以采用下面的方法操作。

选择【文件】|【导入】|【打开外部库】命令打开【作为库打开】对话框，在对话框中选择需要打开的源文件，如图 6.70 所示。单击【打开】按钮，即可打开该文档的【库】面板，如图 6.71 所示。此时，只需在【库】面板中将需要使用的元件拖放到舞台，该元件即成为当前文件的实例，同时该元件将出现在当前文档的【库】面板中。

图 6.70 【作为库打开】对话框

专家点拨：在使用外部库时，也可以将元件直接拖放到需要使用的文档的【库】面板中。这里要注意，外部库的【库】面板下方【新建元件】、【新建文件夹】、【属性】和【删除】按钮不可用。

6.3.3 公用库

在 Flash 中，库实际上分为专用库和公用库。专用库就是当前文档使用的库。公用库是 Flash 的内置库，不能进行修改和相应的管理操作。在【窗口】菜单的【公用库】子菜单中有 3 个选项，它们是【声音】、【按钮】和【类】，分别对应 Flash 中的 3 种公用库。

1．声音库

选择【窗口】|【公用库】|【声音】命令打开声音库，在【库】面板中将列出所有可用的声音。选择某个声音后，在【预览】窗格中单击【播放】按钮可以试听声音的效果，如图 6.72 所示。

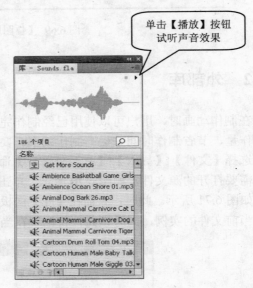

单击【播放】按钮
试听声音效果

图 6.71　打开文档的【库】面板　　　　　　　　　　图 6.72　声音库

2．按钮库

选择【窗口】|【公用库】|【按钮】命令打开按钮库，库中列出了大量的文件夹，展开文件夹后可以看到其中包含的按钮，如图 6.73 所示。

3．类库

选择【窗口】|【公用库】|【类】命令打开类库，如图 6.74 所示。库中包含 3 个选项，

它们分别是 DataBingdingClasses （即数据绑定类）、UtilsClasses （即组件类） 和 WebServiceClasses（即网络服务）类。

图 6.73 按钮库

图 6.74 类库

6.3.4 实战范例——中秋月

1．范例简介

本例介绍中秋月夜场景制作过程。在制作过程中，使用图形工具绘制山峦、月亮和星星，转换为影片剪辑后，重复使用它们，并利用【属性】面板设置影片剪辑的属性以获得需要的特效。场景中的枝叶，使用外部 "*.fla" 文件的库中的元件，简化制作过程。使用【文本工具】添加古诗，并添加滤镜。通过本例的制作，读者将掌握【库】面板的常用方法和外部库的使用方法。同时进一步熟悉通过使用滤镜来创建特效的方法。

2．制作步骤

（1）启动 Flash CS5，创建一个空白文档。在工具箱中选择【矩形工具】，使【对象绘制】按钮处于按下状态，在舞台上绘制一个占据整个舞台的矩形。在矩形被选择状态下选择【窗口】|【颜色】命令打开【颜色】面板，在面板中创建一个双色的线性渐变来填充矩形。这里，渐变的起始颜色值为 "#FFFFFF"，渐变的终止颜色值为 "#0000FA"，如图 6.75 所示。在工具箱中选择【渐变变形工具】，使用工具旋转渐变效果，如图 6.76 所示。

图 6.75 【颜色】面板

（2）选择【插入】|【新建元件】命令打开【创建新元件】对话框，在对话框的【名称】文本框中输入元件名称"山"，在【类型】下拉列表中将元件类型设置为【影片剪辑】，如图 6.77 所示。在影片剪辑元件的编辑场景中绘制形状，如图 6.78 所示。

图 6.76　旋转渐变

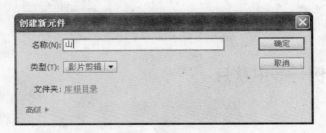

图 6.77　【创建新元件】对话框

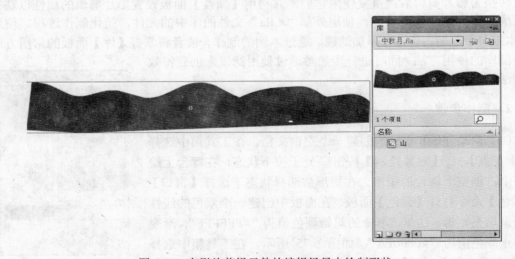

图 6.78　在影片剪辑元件的编辑场景中绘制形状

（3）把"山"影片剪辑拖放到舞台上，在【属性】面板的【显示】栏中将【混合】设置为【滤色】，如图 6.79 所示。

（4）再一次将"山"影片剪辑拖放到舞台上，在【属性】面板的【滤镜】栏中为图像添加【模糊】滤镜效果。这里滤镜的参数均使用默认值即可，如图 6.80 所示。在【色彩范围】栏的【样式】下拉列表中选择【高级】选项，设置对象的 Alpha 值，如图 6.81 所示。

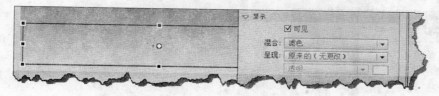

图 6.79　将【混合】设置为【滤色】

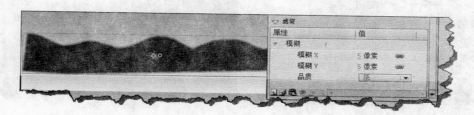

图 6.80　添加【模糊】滤镜

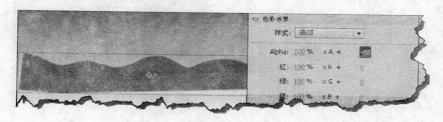

图 6.81　设置 Alpha 值

（5）再将一个"山"影片剪辑放置到舞台上。在工具箱中选择【任意变形工具】，调整舞台上的 3 个影片剪辑的大小和位置，获得重叠的山的形状，如图 6.82 所示。

图 6.82　获得重叠的山峰效果

（6）在工具箱中选择【椭圆形工具】，在舞台上绘制一个圆形，在【属性】面板中取消圆形的笔触填充，同时将填充色设置为白色（颜色值为"#FFFFFF"）。右击该圆形，选择关联菜单中的【转换为元件】命令将其转换为名为"月"的影片剪辑，如图 6.83 所示。

（7）在【属性】面板的【滤镜】栏中为影片剪辑添加【模糊】滤镜，将其【模糊 X】和【模糊 Y】值设置为"30 像素"，如图 6.84 所示。

（8）在工具箱中选择【多角星形工具】，在【属性】面板中将填充色设置为白色（其颜色值为"#FFFFFF"）。单击【选项】按钮打开【工具设置】对话框，在对话框中对工具进行设置，如图 6.85 所示。在舞台上拖动鼠标绘制一个星形，将其转换为名为"星"的影片剪辑，如图 6.86 所示。

图 6.83　创建名为"月"的影片剪辑

图 6.84　添加【模糊】滤镜

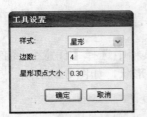

图 6.85　【工具设置】对话框

图 6.86　创建名为"星"的影片剪辑

（9）在工具箱中选择【任意变形工具】，调整当前"星"影片剪辑的大小。从【库】面板中将影片剪辑拖放到舞台上添加其他的星星，同时调整它们的大小和位置，如图 6.87 所示。

图 6.87　添加星星

（10）选择【文件】|【导入】|【打开外部库】命令打开【作为库打开】对话框，在对话框中选择需要使用的 fla 文件，如图 6.88 所示。单击【确定】按钮打开该文件的库，如图 6.89 所示。

图 6.88　【作为库打开】对话框

（11）从【库】面板中将影片剪辑拖放 3 个到舞台的右上角，使用【任意变形工具】分别调整它们的大小和位置，并适当旋转，如图 6.90 所示。

图 6.89　打开库

图 6.90　调整大小和位置并旋转

（12）在工具箱中选择【文本工具】，在舞台上创建竖排文本。在【属性】面板中设置字体和行距，并分别设置标题和诗歌正文的文字大小，如图 6.91 所示。为文本添加【投影】效果，将【模糊 X】和【模糊 Y】设置为"2 像素"，将【距离】设置为"5 像素"，将【颜色】设置为黑色（颜色值为"#000000"），如图 6.92 所示。为文本添加【发光】滤镜，将【模糊 X】和【模糊 Y】设置为"23 像素"，将【颜色】设置为白色（其颜色值为"#FFFFFF"），如图 6.93 所示。

图 6.91　设置文本样式

图 6.92　添加【投影】滤镜

图 6.93　添加【发光】滤镜

（13）对舞台上各个对象的位置进行适当调整，效果满意后保存文档完成本例的制作。本例制作完成后的效果如图 6.94 所示。

图 6.94　本例制作完成后的效果

6.4 本章小结

本章学习 Flash 中元件的类型及其创建和编辑的方法，同时介绍了在作品中使用实例的方法和技巧，最后学习了 Flash 的库的特点和使用方法。通过本章的学习，读者能够掌握元件和实例的概念，了解它们之间的关系以及在作品中它们的不同作用。同时，了解 Flash 的库和【库】面板，能够使用【库】面板来实现对元件的管理。

6.5 本章练习

一、选择题

1. 在制作按钮时，哪个帧中绘制的对象是看不见的？（　　　）

　　A. 弹起　　　　　　　　　B. 指针经过

　　C. 按下　　　　　　　　　D. 单击

2. 在实例的【属性】面板的【样式】下拉列表中，下面哪个选项既能改变实例显示的颜色，又能设置实例的透明度？　　　　（　　　　）

　　A.【亮度】　　　　　　　　B.【高级】

　　C.【亮度】　　　　　　　　D.【色调】

3. 在实例的【属性】面板中，下面的哪种混合模式能将基准颜色和混合颜色复合，产生较暗的颜色？（　　）

　　A.【滤色】　　　　　　　　B.【变暗】

　　C.【差异】　　　　　　　　D.【正片叠底】

4. 在【库】面板中，下面哪个按钮用于删除【项目】列表中的选项？　　　（　　　　）

　　A. 　　　　　　　　　B.

　　C. 　　　　　　　　　D.

二、填空题

1. 图形元件与影片剪辑元件相似，但不具有_____，无法像影片剪辑那样添加_____。

2. 按钮用于在动画中实现交互，一个按钮元件有 4 种状态，它们是弹起、指针经过、按下和_____，在动画中一旦创建了按钮，就可以通过_____来为其添加交互动作。

3. 在 Flash 中，创建元件实际上是利用元件自身的时间轴进行动画创作的过程。要创建元件，一般有两种方法，一种方法是_____，另一种方法是首先创建一个_____，然后_____。

4. Flash CS5 提供了 3 种公用库，它们分别是_____、_____和_____。

6.6　上机练习和指导

6.6.1　古画配诗——梅

使用提供的素材图片创建古诗画效果，效果如图 6.95 所示。

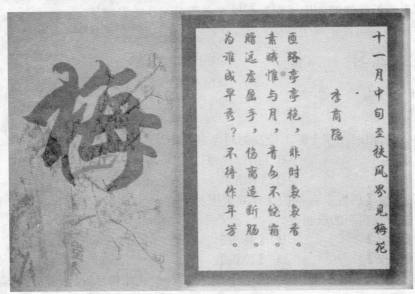

图 6.95　古诗画效果

主要操作步骤指导：

（1）导入背景图片和梅花图片到舞台。将梅花图片转换为影片剪辑，在【属性】面板的【显示】栏中，将混合模式设置为【正片叠底】。在【色彩效果】栏中的【样式】下拉列表中选择【高级】选项，对图片的颜色进行调整。

（2）输入文字"梅"，将文字颜色设置为黑色（其颜色值为"#000000"），在【属性】面板的【显示】栏中将混合模式设置为【叠加】。

（3）输入古诗，在【属性】面板中将文字颜色设置为黑色（其颜色值为"#000000"），设置文本的字间距和行间距。在【容器和流】栏中将笔触颜色设置为黑色，笔触宽度设置为"25 像素"，以颜色值为"#E0C49C"的颜色进行纯色填充。在【显示】栏中将混合模式设置为"叠加"。为文本添加【投影】、【发光】和【斜角】滤镜，根据需要调整滤镜的参数。

6.6.2　蜡笔画效果

使用提供的素材图片，制作蜡笔画效果，如图 6.96 所示。

图 6.96　蜡笔画效果

主要操作步骤指导：

（1）将素材图片导入到舞台，调整图片的大小后将图片转换为影片剪辑。为影片剪辑添加【模糊】滤镜，根据需要修改【模糊 X】和【模糊 Y】的值。

（2）从【库】将影片剪辑再次拖放到舞台上，与上一步的图画对齐。在【属性】面板的【显示】栏中将混合模式设置为【变暗】即可。

第 7 章

Flash 基础动画制作

Flash是一个功能强大的矢量动画制作软件,使用Flash能够方便地制作各种复杂的动画效果。在Flash中,补间动画是一项重大的技术突破,它充分地发挥了计算机的优势,使设计师在创作动画作品时,不再需要进行大量的重复绘制工作,从而大大地简化了动画的制作过程,降低了动画制作的难度。本章将介绍Flash基础动画制作的知识。

本章主要内容:

● 逐帧动画;

● 补间动画;

● 形状补间动画。

7.1 逐帧动画

在 Flash 中,合成动画的场所称为时间轴,时间轴上的每一个影格称为帧,帧是最小的时间单位。逐帧动画是一种与传统动画创作技法相类似的动画形式,是 Flash 中一种重要的动画制作模式。逐帧动画是在时间轴上逐帧地绘制内容,这些内容是一张张不动的画面,但画面之间又逐渐发生变化。当动画在播放时,这一帧一帧的画面连续播放就会获得动画效果。逐帧动画在绘制时具有很大的灵活性,几乎可以表现任何需要表现的内容。在 Flash 中,一段逐帧动画表现为时间轴上连续放置关键帧。逐帧动画的制作实际上就是帧的操作,本节将对【时间轴】面板中帧和图层的操作进行介绍,同时将通过一个范例让读者熟悉逐帧动画的制作要点。

7.1.1 时间轴和帧

在 Flash 中,时间轴用于组织和控制在一定时间内在图层和帧中的内容。动画效果的好坏取决于时间轴上帧的效果。本节将对【时间轴】面板和帧的操作进行介绍。

1. 【时间轴】面板

选择【窗口】|【时间轴】命令将打开【时间轴】面板,如图 7.1 所示。在【时间轴】面板的左侧列出了文档中的图层,图层就像堆叠在一起的多张幻灯片胶片,每个图层都有自己的时间轴,位于图层名的右侧,包含了该图层动画的所有帧。在面板的时间轴顶部显示帧的编号,播放头指示出当前舞台中显示的帧。在舞台上测试动画时,播放头从左向右扫过时间轴,动画也将随之播放。

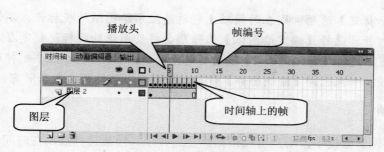

图 7.1　【时间轴】面板

2．洋葱皮功能

在制作动画时，当前帧中图像的绘制往往需要参考前后帧中的图像，这样才能获得逼真且流畅的动画效果。使用洋葱皮功能，在编辑当前帧的图像时，可以同时显示其他帧中的内容。在【时间轴】面板中单击下方的【绘图纸外观】按钮，在时间轴上将可以设置一个连续的显示帧区域，区域内的帧所包含的内容将同时显示在舞台上。此时，当前帧的内容将正常显示，并能够进行编辑处理。其他帧的内容在显示时就像蒙着一层透明纸那样，且不可进行编辑处理，如图 7.2 所示。

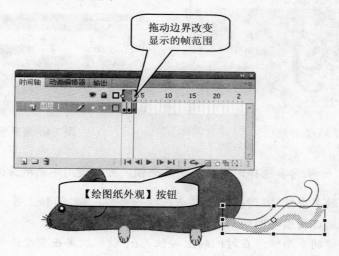

图 7.2　打开的按钮及其时间轴

专家点拨：下面介绍在【时间轴】面板下方除了【绘图纸外观】按钮之外的其他 3 个按钮的功能。

● 【绘图纸外观轮廓】按钮：用于设置一个连续的显示帧区域。除了当前帧外，其他显示帧中的内容仅显示对象的外观轮廓。

● 【编辑多个帧】按钮：用于设置一个连续的编辑帧区域，区域内的帧中的内容将同时显示并进行编辑。

● 【修改绘图纸标记】按钮：单击该按钮将会出现一个菜单。在菜单中如果选择【总是显示标记】选项，则在时间轴上将总是显示绘图纸外观标记，不管绘图纸外观是否打开。选择【锚定绘图纸】选项则会将绘图纸外观标记锁定在时间轴上的当前位置。选择【标记范围 2】或【标记范围 5】命令时，会在当前帧两边显示 2 帧或 5 帧。如果选择【绘制全部】命令，则会在当前帧两边显示所有的帧。

3．选择帧

在【时间轴】面板中，用户可以根据需要选择帧。帧被选择后，在时间轴上该帧将会显示为灰色，同时该帧中所有的对象将被选择。在时间轴上单击需要选择的帧，则该帧将被选中，如图 7.3 所示。

在时间轴上右击，选择关联菜单中的【选择所有帧】命令（或选择【编辑】|【时间轴】|【选择所有帧】命令），将能够选择时间轴上所有的帧，如图 7.4 所示。

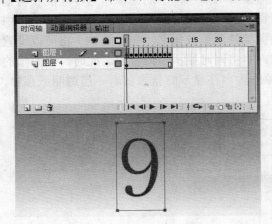

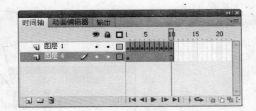

图 7.3　选择帧　　　　　　　　　　　　图 7.4　选择所有帧

专家点拨：如果需要选择时间轴上的多个帧，可以使用下面的方法操作。

- 选择连续的多个帧：在时间轴上单击选择一个帧，在时间轴上另一个帧上按住 Shift 键单击，则这两帧之间的所有帧被选择。
- 选择非连续的多个帧：在时间轴上按住 Ctrl 键依次单击需要选择的帧，则这些帧将被同时选择。

4．插入帧

制作动画时，某一时刻需要定义对象的某个状态，这个时刻所对应的帧就是关键帧。实际上，关键帧就是用于定义动画变化或包含脚本动作的帧。Flash 可以通过在两个关键帧之间补间或填充帧来产生动画，关键帧包括关键帧、空白关键帧和属性关键帧这 3 种类型。

如果要插入关键帧，可以在时间轴上选择需要创建关键帧的帧，然后右击，选择关联菜单中的【插入关键帧】命令，即可在当前位置插入一个关键帧。在选择帧后按 F6 键也可以插入关键帧，如图 7.5 所示。

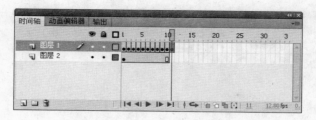

图 7.5　插入关键帧

如果要插入空白关键帧，可以在时间轴上需要插入帧的位置右击，选择关联菜单中的【插入空白关键帧】命令，即可在当前位置插入空白关键帧。在时间轴上选择帧后按 F7 键也可以直接插入空白关键帧，如图 7.6 所示。

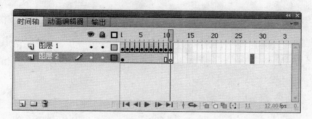

图 7.6　插入空白关键帧

如果要延长帧，可以在时间轴上选择帧，然后右击选择关联菜单中的【插入帧】命令，则可以将帧延长到选择的位置。在选择帧后按 F5 键也可以实现延长帧的操作，如图 7.7 所示。

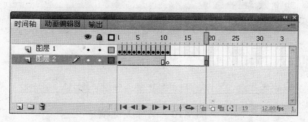

图 7.7　延长帧

专家点拨：在进行延长帧的操作时，时间轴上插入的是普通帧。所谓的普通帧也就是静态帧，不作为补间动画的一部分，只能将关键帧的状态进行延续。在关键帧后插入普通帧，所有的普通帧将继承关键帧的内容，不能再进行编辑操作。在制作动画时，添加普通帧可以将元素保持在舞台上。如果要将普通帧转换为关键帧，可以在时间轴上右击帧，选择关联菜单中的【转换为关键帧】或【转换为空白关键帧】。

5．删除和清除帧

右击时间轴上的一个关键帧，选择关联菜单中的【清除帧】命令，此时该关键帧中的内容将被清除，关键帧变为空白关键帧，如图 7.8 所示。

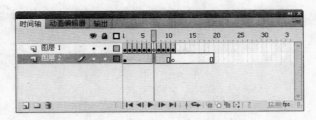

图 7.8　清除帧

右击时间轴上的一个关键帧，选择关联菜单中的【删除帧】命令，则该关键帧将被删除。如对上一步清除内容后的空白关键帧应用【删除帧】命令，该帧被删除，如图 7.9所示。

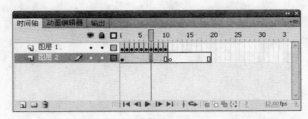

图 7.9　删除帧

在时间轴上右击一个关键帧，选择关联菜单中的【清除关键帧】命令，则关键帧将被清除，如图 7.10 所示。

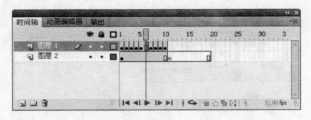

图 7.10　清除关键帧

专家点拨：时间轴上的帧也可以进行复制、剪切和粘贴操作。在时间轴上选择需要复制的关键帧后右击，选择关联菜单中的【复制帧】命令复制该关键帧。在时间轴上右击目标帧，选择关联菜单中的【粘贴帧】命令，则复制的关键帧即可被粘贴到该位置。如果选择【剪切帧】命令，则该帧被剪切，即帧的内容被清除，帧变为空白关键帧。

6．设置帧频

帧频是动画播放的速度，以每秒播放的帧数（即 fps）为单位。在动画播放时，帧频将影响动画播放的效果，如果帧频太小动画播放将会不连贯，而帧频太大则会使动画画面的细节模糊。在默认情况下，Flash 动画播放的帧频是 24fps，这个帧频能为 Web 播放提供最佳效果。在制作动画时，可以对整个温度的帧频进行设置，这个设置应该在动画制作前根据需要完成。

要设置动画的帧频，可以选择【修改】|【文档】命令打开【文档设置】对话框，在对话框中对帧频进行设置，如图 7.11 所示。

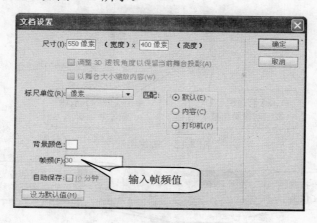

图 7.11　设置帧频值

7.1.2　了解图层

图层就像一层透明的白纸，当一层一层叠加上去之后，透过上一层的空白部分可以看见下一层的内容，而上一层中的内容将能够遮盖下一层上的内容。通过更改图层的叠放顺序，可以改变在舞台上最终看见的内容。同时，对图层上对象的修改，不会影响到其他图层中的对象。因此，在制作动画时，图层用于组织文档中的不同元素。本节将对图层的基本操作进行介绍，对于引导层和遮罩层的创建，将在后面第 8 章的动画制作中进行专门介绍。

1．图层操作

在制作动画时，往往需要多个图层，Flash 无论创建多少个图层都不会增加发布成 SWF 的文件的大小，但文件中较多的图层将占用较多的内存空间。在【时间轴】面板中，用户可以方便地对图层进行增加、删除和移动等操作。

在【时间轴】面板中选择一个图层，单击【新建图层】按钮将能够在当前图层上方创建一个新图层。在选择图层后，单击【删除】按钮或将该图层拖放到该按钮上能够将该图层删除，如图 7.12 所示。

在【时间轴】面板中单击【新建文件夹】按钮将能够创建一个图层文件夹，单击文件夹左侧的箭头按钮将能够打开文件夹查看文件夹中的图层。在选择某个图层或文件夹后，拖动图层或文件夹到需要的位置释放鼠标将能够移动该图层或文件夹，如图 7.13 所示。

专家点拨：要选择文件夹或图层，可以单击图层或文件夹。在【时间轴】面板中单击该图层时间轴上的一个帧或在舞台上选择该图层中的对象都可以实现对图层的选择。按住 Shift 键或 Ctrl 键单击图层，可以实现多个图层的选择，此时选择的效果与时间轴上多帧的选择是一样的。

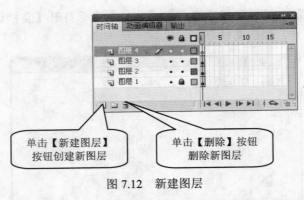

图 7.12 新建图层

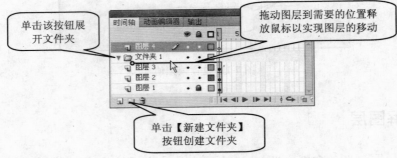

图 7.13 新建文件夹并移动图层

在默认情况下，图层或文件夹将按照创建的先后顺序来进行命名，用户可以根据需要对图层和文件夹重新命名，以方便了解图层或文件夹的内容。在图层或文件夹的名称上双击，名称处于可编辑状态，此时可以直接对图层或文件夹进行重新命名，如图 7.14 所示。

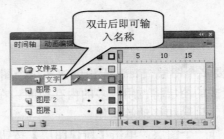

图 7.14 重命名图层

专家点拨：在 Flash 中，复制图层将能够复制图层中所有的帧。图层不仅能够在当前文档中进行复制，还可以复制到其他的文档中。与帧复制一样，右击图层，选择关联菜单中的【拷贝图层】或【剪切图层】命令，在【时间轴】面板中右击目标图层，选择关联菜单中的【粘贴图层】命令，图层即被粘贴到该图层的上方。如果直接选择【复制图层】命令，Flash 将会在当前图层上方复制该图层。

2. 修改图层状态

在【时间轴】面板中图层名右侧【显示或隐藏所有图层】按钮 所在列单击，使其显

示为 ✕，则该图层将被隐藏，如图 7.15 所示。图层隐藏后，图层中的内容在舞台上将不可见。图层隐藏后再次在该位置单击，取消显示的 ✕，图层将可见。

在【时间轴】面板中图层名右侧【锁定或解除锁定所有图层】按钮🔒所在列单击，使其显示为🔒，则该图层被锁定，如图 7.16 所示。图层被锁定后，该图层将无法再进行任何操作。再次在该位置单击，取消显示的🔒，图层将解除锁定。

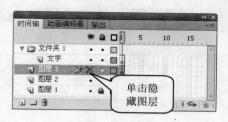

图 7.15　隐藏图层

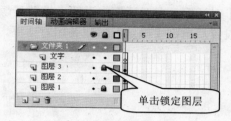

图 7.16　锁定图层

在【时间轴】面板中图层名右侧【将所有图层显示为轮廓】按钮□所在列单击，该图层中的所有对象将显示为轮廓，如图 7.17 所示。再次在该位置单击，对象将恢复正常显示。

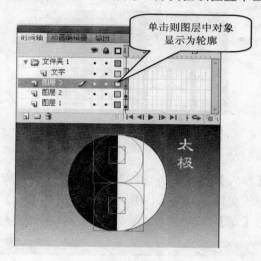

图 7.17　对象显示为轮廓

专家点拨：在【时间轴】面板中单击【显示或隐藏所有图层】按钮👁，所有的图层将隐藏。同理，单击【锁定或解除锁定所有图层】按钮🔒或【将所有图层显示为轮廓】按钮□，操作将应用到所有的图层。

7.1.3　实战范例——朵朵梅花开

1．范例简介

本例介绍梅花开放的逐帧动画的制作过程。本例需要制作 3 朵梅花由花苞到半开到开放的过程，使用 Flash 的绘图工具绘制梅花的这 3 个不同的状态，将这 3 种状态放置到 3

个不同的帧中，然后将每种状态关键帧延伸 10 帧使每种状态在动画播放时获得一定的延迟。通过本例的制作，读者将能够掌握逐帧动画制作的要点，熟悉图层和帧的操作方法。

2．制作步骤

（1）启动 Flash CS5 并创建一个空白文档，选择【修改】|【文档】命令打开【文档设置】对话框，在对话框中设置文档背景颜色（颜色值为"#00CCFF"），如图 7.18 所示。完成设置后单击【确定】按钮关闭对话框。

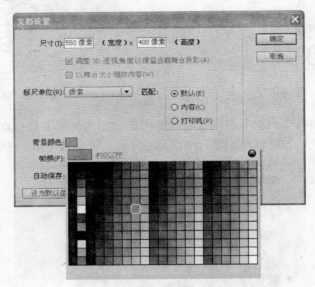

图 7.18　设置文档背景色

（2）选择【文件】|【导入】|【打开外部库】命令打开【作为库打开】对话框，在对话框中选择需要作为库打开的文件，如图 7.19 所示。将该文件【库】面板中的"梅花树"影片剪辑拖放到当前文档的【库】面板中，如图 7.20 所示。关闭素材文件的【库】面板。

图 7.19　选择文件

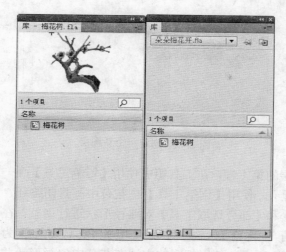

图 7.20　将素材文件的影片剪辑拖放到当前文档的【库】面板中

（3）选择【插入】|【新建元件】命令打开【创建新元件】对话框，在对话框的【名称】文本框中输入元件名称，在【类型】下拉列表中选择【影片剪辑】选项，如图 7.21 所示。单击【确定】按钮关闭对话框，创建一个新的影片剪辑。

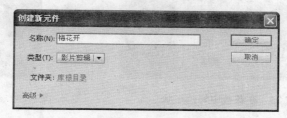

图 7.21　在时间轴上粘贴帧

（4）此时"梅花开"影片剪辑将进入编辑状态，从【库】面板中将"梅花树"影片剪辑拖放到当前的舞台上，如图 7.22 所示。在【时间轴】面板中单击【新建图层】按钮 创建一个新图层，如图 7.23 所示。

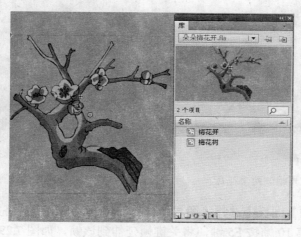

图 7.22　放置影片剪辑

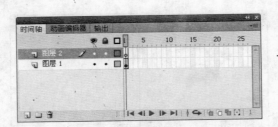

图 7.23　创建一个新图层

（5）选择新建图层的第 1 帧，在工具箱中使用【铅笔工具】画一
个花苞，如图 7.24 所示。使用【钢笔工具】在花苞中画封闭路径，
使用【转换锚定工具】和【部分选取工具】对路径形状进行调整。在
【属性】面板中取消笔触轮廓，同时设置填充色（颜色值为
"#9933CC"），如图 7.25 所示。使用相同的方法在花苞中勾画形状并
填充颜色（颜色值为"#CFA7E9"），此时得到一个完整的花苞，如
图 7.26 所示。

图 7.24　勾画一个
花苞

图 7.25　在花苞中勾画形状

图 7.26　得到一个花苞

（6）在当前帧中再绘制两个形态不同的花苞，如图 7.27 所示。使用【选择工具】分别
选择绘制的 3 个花苞，将它们放置到梅花树的树枝上，如图 7.28 所示。

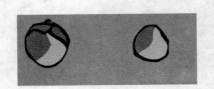

图 7.27　再绘制两个花苞

图 7.28　将花苞放置到树上

（7）在【时间轴】面板中选择"图层 1"的第 30 帧，按 F5 键将关键帧延伸到该处。
选择"图层 2"，在第 10 帧按 F5 键，将关键帧延伸到该帧，如图 7.29 所示。

图 7.29　延伸关键帧

（8）在"图层 2"的第 11 帧处按 F7 键创建一个关键帧，在【时间轴】面板底部单击
【绘图纸外观】按钮 进入绘制图外观状态，如图 7.30 所示。使用绘图工具绘制 3 朵形态
不同的半开梅花，如图 7.31 所示。根据绘图纸模式下看到的前面帧中 3 个花苞的位置，将
这 3 朵花放置到对应的位置，如图 7.32 所示。

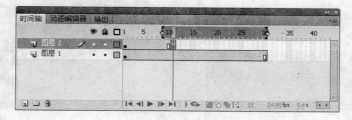

图 7.30　创建新的关键帧

图 7.31　绘制半开梅花

图 7.32　放置花朵

（9）在"图层 2"中选择第 20 帧按 F5 键将关键帧延伸到该处，在第 21 帧按 F7 键创
建空白关键帧，如图 7.33 所示。使用绘图工具在该帧中绘制 3 朵绽开梅花，如图 7.34 所
示。根据绘图纸模式下看到的前面帧中 3 个花朵的位置，将这 3 朵花放置到对应的位置，
如图 7.35 所示。

（10）选择"图层 2"的第 30 帧，按 F5 键将关键帧延伸到该处，如图 7.36 所示。回
到"场景 1"，从【库】面板中将"梅花开"影片剪辑拖放到舞台上，如图 7.37 所示。

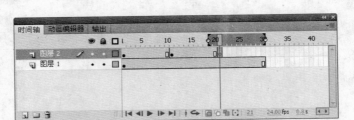

图 7.33　在第 21 帧创建关键帧

图 7.34　绘制绽开的梅花　　　　　　　　图 7.35　分别放置花朵

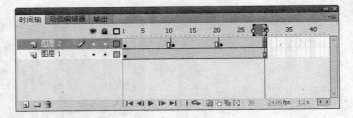

图 7.36　延伸关键帧

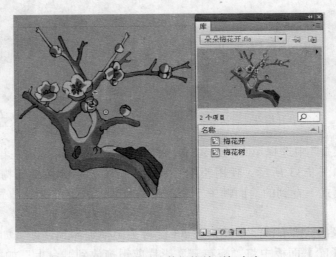

图 7.37　将影片剪辑拖放到舞台上

（11）保存文档，完成本例的制作。按 Ctrl+Enter 键测试动画效果，此时可以看到 3 朵梅花开放的动画效果，如图 7.38 所示。

图 7.38　本例的最终效果

专家点拨：如果需要获得梅花依次开放的效果，可以将梅花放置在不同的图层中，并添加空白帧以控制动画开始的时间。如果需要获得更为精细的开花效果，读者也可以添加更多关键帧，这些关键帧放置花开不同时期的状态图画。限于篇幅，制作过程这里就不再赘述，读者可以自行尝试。

7.2　补间动画

逐帧动画和传统动画一样，需要一帧一帧地绘制场景，其制作过程复杂而且难度较大。Flash 为动画的创作提供了一个便捷的操作方法，那就是补间。补间就是在动画制作时，只需要制作动画开始和结束这两帧的内容，计算机根据这两个关键帧自动计算出中间的过渡部分并添加到中间帧中。本节将对 Flash 中补间动画的有关知识及其运动补间动画的制作进行介绍。

7.2.1　补间动画和传统补间动画

Flash CS5 支持两种类型的补间来创建动画，一种是补间动画，一种是传统补间。这两种类型的补间各具特点，下面分别对它们进行介绍。

1．补间动画

这里所谓的"补间动画"，是 Flash CS5 中的一种动画类型，是从 Flash CS4 开始引入的。相对于以前版本中的补间动画，这种补间动画类型具有功能强大且操作简单的特点，用户可以对动画中的补间进行最大程度的控制。

Flash CS5 中的"补间动画"动画模型是基于对象的，将动画中的补间直接应用到对象，而不是像传统补间动画那样应用到关键帧，Flash 能够自动记录运动路径并生成有关的属性关键帧。创建补间动画可以采用下面的步骤来完成。

（1）在动画的开始帧创建关键帧，在时间轴上选择动画结束帧所在的帧，按 F5 键将帧延伸到该处。在这些帧的任意位置右击，选择关联菜单中的【创建补间动画】命令创建补间动画。此时所有的帧的颜色将改变，如图 7.39 所示。

图 7.39　创建补间动画

（2）在时间轴上选择动画的最后一个帧，在此帧中改变对象的属性（这个帧在 Flash 中称为属性关键帧，时间轴上该帧显示一个菱形的实心点），如这里改变其位置属性。此时对象在舞台从一个点移动到另一个点的补间动画即创作完成，如图 7.40 所示。

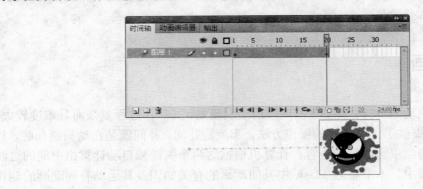

图 7.40　移动对象的位置

专家点拨：此时在舞台上将显示出位置对象的运动路径，使用【选择工具】和【部分选择工具】能够对路径的形状进行修改。

补间动画只能应用于影片剪辑元件，如果所选择的对象不是影片剪辑元件，则 Flash 会给出提示对话框，提示将其转换为元件，如图 7.41 所示。只有转换为元件后，该对象才能创建补间动画。

2．传统的补间动画

Flash CS4 之前的各个版本创建的补间动画都称为传统补间动画，在 Flash CS5 中，同样可以创建传统的补间动画。要创建传统的补间动画，可以使用下面步骤来进行。

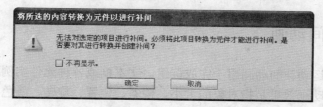

图 7.41　Flash 提示对话框

（1）在动画的开始帧创建关键帧，在时间轴上选择动画结束帧，按 F6 键在该处创建关键帧，此时 Flash 将帧延伸到该处，如图 7.42 所示。

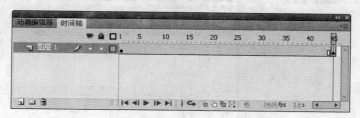

图 7.42　创建关键帧

（2）在时间轴上选择动画的结束帧，改变对象的属性，如改变对象的位置和大小等。右击时间轴上的任意一帧，选择关联菜单中的【创建传统补间】命令即可创建两个关键帧间的补间动画，如图 7.43 所示。

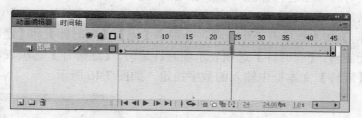

图 7.43　创建传统补间动画

 专家点拨：补间动画和传统补间之间存在着下面这些差异。

● 传统补间使用关键帧，关键帧是其中显示对象的新实例的帧。补间动画只能具有一个与之关联的对象实例，并使用属性关键帧而不是关键帧。

● 补间动画在整个补间范围内由一个目标对象组成。

● 补间动画和传统补间都只允许对特定类型的对象进行补间。若应用补间动画，则在创建补间时会将所有不允许的对象类型转换为影片剪辑。而应用传统补间会将这些对象类型转换为图形元件。

● 补间动画会将文本视为可补间的类型，而不会将文本对象转换为影片剪辑。传统补间会将文本对象转换为图形元件。

● 在补间动画范围内不允许帧脚本，传统补间允许帧脚本。补间目标上的任何对象脚本都无法在补间动画范围的过程中更改。

7.2.2 运动补间动画

在 Flash 中，运动补间动画用于完成群组、文本框或各种元件实例的渐变动画效果的创建。这里的渐变动画效果是指对象的大小、倾斜、位置、旋转、颜色以及透明度、颜色和滤镜效果等属性的变化动画效果。

如在创建补间动画时，在结束帧将影片剪辑的 Alpha 值设置为 10%，如图 7.44 所示。此时即可获得逐渐变为透明的动画效果，如图 7.45 所示。

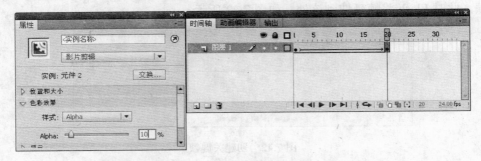

图 7.44　设置动画结束帧中影片剪辑的 Alpha 值

补间动画除了能够表现简单的属性变化外，还可以进行一些特殊效果的设置。在创建补间动画后，在时间轴上选择任意一帧，在【属性】对话框的【旋转】栏中对实例的旋转进行设置。这里，在【旋转】文本框中输入旋转的次数，在【其他旋转】文本框中输入旋转角度值。【方向】文本框中有三个选项，分别是【无】、【顺时针】和【逆时针】。【无】选项表示补间帧无旋转，【顺时针】选项表示顺时针旋转，【逆时针】选项表示逆时针旋转，旋转的圈数由【旋转】文本框中输入的数字决定，如图 7.46 所示。

图 7.45　对象逐渐透明的动画效果　　　　图 7.46　设置旋转

这里，勾选【调整到路径】复选框可以在补间帧中保持实例与路径的相对角度不变。否则在补间过程中，实例将不会发生旋转。不勾选【调整到路径】复选框和勾选该复选框时对象在路径上摆放的角度不同，如图 7.47 所示。

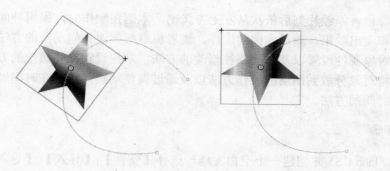

图 7.47　不勾选【调整到路径】复选框和勾选该复选框的对比

　　补间动画的【属性】面板的【缓动】用于设置不规则运动参数。在创建补间动画时，Flash 采用线性插值方法来创建动画，补间动画中对象的变化是均匀的。如果要制作对象加速或减速运动的动画效果，则需要在这里设置【缓动】值，如图 7.48 所示。这里，如果输入负值，则对象将进行加速运动。如果输入正值，则对象进行减速运动。

　　在创建对象位置改变的补间动画后，在【属性】面板的【路径】栏中，可以通过设置【X】和【Y】的值调整路径的位置。设置【宽】和【高】的值来调整路径的宽度和高度，如在图 7.49 所示【选项】栏中勾选【同步图形元件】复选框，动画补间和引导线路径将两端对齐。

图 7.48　设置【缓动】值

图 7.49　设置路径

　　专家点拨：路径的调整只能用于补间动画，无法用于传统的补间动画。对于传统补间，缓动可应用于补间内关键帧之间的帧组。对于补间动画，缓动可应用于整个补间动画范围。

7.2.3　实战范例——文字特效

1．范例简介

　　本例介绍影片中文字飞入和飞出动画效果的制作过程。本例影片在播放时，文字依次从左下方飞入舞台，停顿片刻后依次从左上方飞出。本例在制作时，采用补间动画来创建文字旋转飞入和飞出效果。通过本例的制作，读者将掌握创建补间动画的方法，熟悉在创建补间动画时对象属性设置以及运动路径修改的方法，掌握设置补间属性的方法。同时，读者还将掌握将对象分散到图层的操作方法以及通过调整动画开始帧在时间轴上的位置来控制动画开始时间的方法。

2. 制作步骤

（1）启动 Flash CS5 并创建一个空白文档，选择【文件】|【导入】|【导入到舞台】命令打开【导入】对话框。在对话框中选择作为背景的图片素材，如图 7.50 所示。单击【确定】按钮关闭对话框将其导入到舞台上，使用【任意变形工具】调整图片的大小使其占满整个舞台。

图 7.50 【导入】对话框

（2）在工具箱中选择【文本工具】，在舞台上输入文字，在【属性】面板中对文字的字体和大小进行设置，如图 7.51 所示。右击舞台上的文字，选择关联菜单中的【转换为元件】命令打开【转换为元件】对话框，将【类型】设置为【影片剪辑】，在对话框的【名称】文本框中输入影片剪辑名称，如图 7.52 所示。单击【确定】按钮关闭对话框，在舞台上双击影片剪辑进入该影片剪辑的编辑状态。

（3）选择文本，按 Ctrl+B 键将文本打散成单个的文字。选择打散后的所有文本后右击，选择关联菜单中的【分散到图层】命令，文字被分别放置到不同的图层中，如图 7.53 所示。依次选择这些打散的文字，按 F8 键打开【转换为元件】对话框，将它们转换为影片剪辑。

（4）在【时间轴】面板中选择"图层 2"，在第 11 帧处按 F6 键创建关键帧，在第 31 帧处按 F6 键创建关键帧，在第 40 帧处按 F5 键将帧延伸到该处。依次在其他图层的时间轴上使用相同的方法添加帧，同时将"图层 1"这个空白图层删除。完成帧的添加后的时间轴如图 7.54 所示。

图 7.51　设置文字属性

图 7.52　【转换为元件】对话框

图 7.53　将文字分散到图层

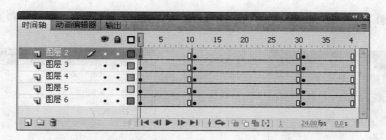

图 7.54　为各个图层添加帧

（5）按住 Shift 键选择所有文字所在图层的第 1 帧，使用【选择工具】将所有的文字移到舞台的左下角，如图 7.55 所示。使这些文字处于被选择状态，选择【修改】|【变形】|【垂直翻转】命令对文字进行变形，如图 7.56 所示。在【属性】面板中调整文字的【宽】值将文字缩小，在【色彩效果】栏中将文字的 Alpha 值设置为"0"，如图 7.57 所示。

（6）依次在各个图层时间轴的第 1 帧至第 10 帧间的任意一个帧上右击，选择关联菜单中的【创建补间动画】命令创建第 1 帧到第 10 帧的补间动画。选择"图层 2"的第 10帧，使用【选择工具】将文字拖回到舞台上。在舞台上选择文字，在【变形】面板中【缩放宽度】设置为"100%"，如图 7.58 所示。在【属性】面板中将 Alpha 值设置为"90%"，如图 7.59 所示。选择【修改】|【变形】|【垂直翻转】命令将文字垂直翻转，如图 7.60所示。

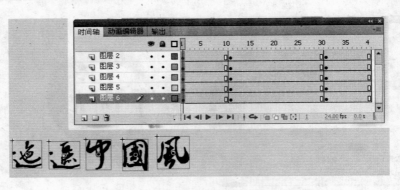

图 7.55　将文字移到舞台的左下角

图 7.56　垂直翻转文字

图 7.57　设置文字的大小和 Alpha 值

图 7.58　设置【缩放宽度】

图 7.59　设置文字的 Alpha 值

专家点拨：文字需要与第 11 帧的文字重合，为了能够准确定位，可以在【时间轴】面板中单击【绘图纸外观】按钮，在绘图纸模式下放置调整了属性的文字。

（7）在工具箱中选择【任意变形工具】，在工具箱的选项栏中按下【旋转和倾斜】按钮，对第·10 帧的文字进行旋转和倾斜操作，如图 7.61 所示。在工具箱中选择【选择工具】，将鼠标指针放置到运动路径的边缘，拖动路径获得一条弧形路径，如图 7.62 所示。

在"图层 2"的任意一个补间帧上单击,在【属性】面板中将补间动画的【缓动】设置为"100",将【旋转】设置为 6 次,如图 7.63 所示。

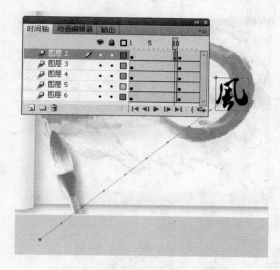

图 7.60   对第 10 帧的文字进行设置

图 7.61   进行旋转和倾斜操作

图 7.62   获得弧形路径

图 7.63   设置补间动画属性

（8）使用相同的方法对其他图层第 10 帧的对象的属性进行设置，调整运动路径并对补间属性进行设置，完成后的效果如图 7.64 所示。

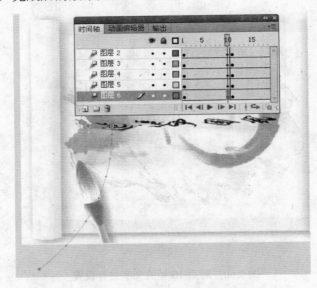

图 7.64　对其他图层对象补间动画进行设置

（9）创建各个图层的第 31 帧至第 40 帧的补间动画，选择"图层 2"的第 40 帧。将该帧文字拖动到舞台外，使用【选择工具】对其进行倾斜变形并适当缩小，如图 7.65 所示。选择补间动画中的任意一个帧，在【属性】面板中将【缓动】设置为"–100"，将【旋转】设置为 2 次，如图 7.66 所示。使用相同的方法在其他图层的第 40 帧改变文字的属性，如图 7.67 所示。同时，使用相同的参数设置各个图层的补间属性。

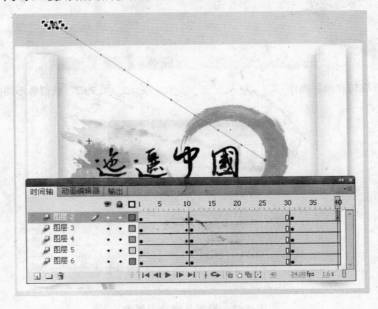

图 7.65　创建补间动画

图 7.66　设置补间动画属性

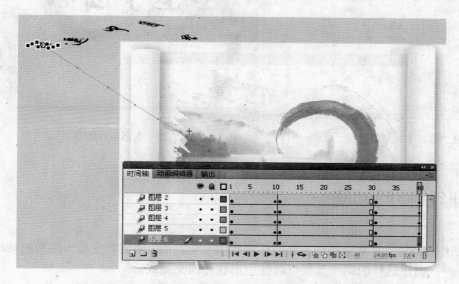

图 7.67　使用相同的方法更改其他图层第 40 帧的文字属性

（10）在【时间轴】面板中选择"图层 5"，此时该图层所有帧被选择，使用鼠标将这些帧向右拖动 5 帧，此时 Flash 会自动在前面添加空白帧。依次将"图层 4"、"图层 3"和"图层 2"向右拖放，使每个图层动画开始帧都间隔 5 个帧，如图 7.68 所示。这样动画播放时，每一层上的文字将间隔 5 帧出现。

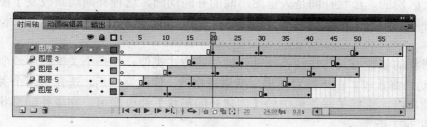

图 7.68　放置帧

（11）回到"场景 1"，选择舞台上创建了动画效果的"文字"影片剪辑。在【属性】

面板中为影片剪辑添加【发光】滤镜，这里将【模糊 X】和【模糊 Y】均设置为 "20 像素"，如图 7.69 所示。

（12）按 Ctrl+Enter 键测试影片，此时获得的动画效果如图 7.70 所示。

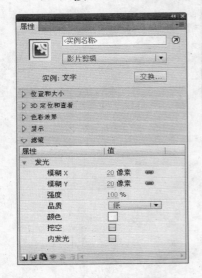

图 7.69　添加【发光】滤镜

图 7.70　本例运行的效果

7.3　形状补间动画

在制作动画时，常常会遇到需要制作形状的变化动画，如文字变形为图形的动画效果。在 Flash 中，制作这样的动画效果可以使用形状补间来完成。

7.3.1　创建形状补间

补间形状动画是形状之间的切换动画，是从一个形状逐渐过渡到另一个形状。Flash 在补间形状的时候，补间的内容是依靠关键帧上的形状进行计算所得的。形状补间与补间动画是有所区别的，形状补间是矢量图形间的补间动画，这种补间动画改变了图形本身的属性。而补间动画并不改变图形本身的属性，其改变的是图形的外部属性，如位置、颜色和大小等。

补间形状的创建方式与传统补间动画的创建方式类似，在一个关键帧中绘制图形。按 F6 键创建动画终止帧，在该帧对图形形状进行修改。修改完成后，选择这两个关键帧间的任意一个帧右击，选择关联菜单中的【创建补间形状】命令即可。完成补间形状创建后的时间轴如图 7.71 所示。

专家点拨：这里要注意，补间形状的对象必须是非成组和非元件的矢量图形。如果希望对元件或成组对象创建形状补间，必须使用【分离】命令将它们分离打散。

完成补间形状的创建后，选择时间轴上的任意一个补间帧，在【属性】面板中可以对动画进行设置，如图 7.72 所示。

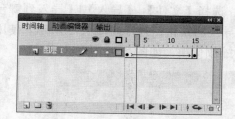

图 7.71　创建补间形状

图 7.72　补间属性的设置

🔹专家点拨：【混合】下拉列表用于设置过渡帧所产生的形状分布的情况，共有两个选项，它的意义如下所示。

● 分布式：选择该选项，过渡帧所计算产生的形状分布是平滑和不规则的。
● 角形：选择该选项，过渡帧所计算产生的形状分布是比较不平滑和锐利的。

在创建补间形状时，为了能够对变形进行控制，可以为对象添加控制点。在创建补间形状后，选择关键帧后选择【修改】|【形状】|【添加形状提示】命令。此时关键帧中的图形上会出现一个带字母的红色圆圈，结束帧上也会出现这样的一个提示点，如图 7.73 所示。分别在两个帧中拖动图形上的提示点，将它们放置到适当的位置。此时开始帧图形上的提示点变成黄色，结束帧图形上的提示点变为绿色，如图 7.74 所示。

图 7.73　开始帧和结束帧图形上的红色提示点

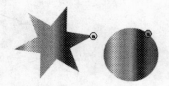

图 7.74　更改提示点位置后提示点改变颜色

🔹专家点拨：如果提示点放置不成功或对应提示点不在同一条曲线上，提示点的颜色将不会改变。如果需要添加新的提示点，可以再次选择【修改】|【形状】|【添加形状提示】命令或按 Ctrl+Shift+H 键。选择【修改】|【形状】|【删除所有提示】命令将会删除图形上的所有提示点。

7.3.2　实战范例——滴落的墨迹

1. 范例简介

本例介绍墨滴滴落到纸上并且渗入纸中的动画效果的制作过程。在本例的制作过程中，使用补间动画制作墨滴滴落的动画过程，使用补间形状来制作滴在纸上的墨滴逐渐扩展开的变化过程。同时通过补间动画来模拟扩展开后的墨迹渗入纸张的过程。通过本例的制作，读者将能够掌握补间形状的创建过程，同时能够进一步熟悉补间动画的制作方法。

2. 制作步骤

（1）启动 Flash CS5，创建一个新文档。选择【文件】|【导入】|【导入到舞台】命令打开【导入】对话框，在对话框中选择需要导入的素材图片，如图 7.75 所示。使用【任意变形工具】对导入的图片进行倾斜、旋转和缩放变换，如图 7.76 所示。

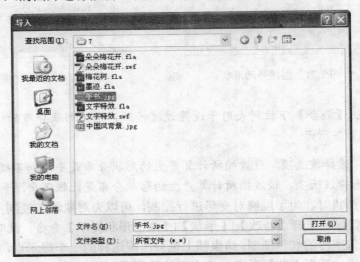

图 7.75 【导入】对话框

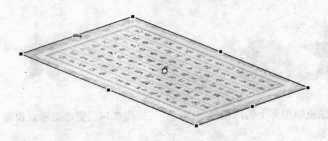

图 7.76 对图片进行变换操作

（2）在【时间轴】面板中创建一个新图层，将其命名为"墨滴"，使用【椭圆形工具】在该图层中绘制一个黑色的无笔触的椭圆。使用【选择工具】对椭圆形状进行调整，获得一个墨滴形状，如图 7.77 所示。右击创建的墨滴，选择关联菜单中的【转换为元件】命令打开【转换为元件】对话框，将图形转换为名为"墨滴"的影片剪辑，如图 7.78 所示。

（3）按 F5 键将"图层 1"的帧延伸到第 85 帧，将"墨滴"图层的帧延伸到第 30 帧。右击"墨滴"图层中的任意一帧，选择关联菜单中的【创建补间动画】命令创建补间动画。选择时间轴上的第 30 帧，在舞台中将墨滴拖放到素材图片上，并将墨滴适当缩小，如图 7.79 所示。

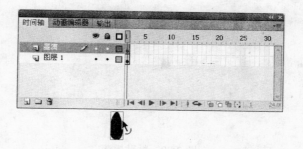

图 7.77　绘制墨滴

图 7.78　【转换为元件】对话框

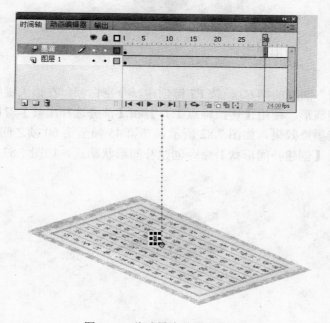

图 7.79　移动墨滴并适当缩小

（4）在"墨滴"图层中选择第 31 帧，按 F7 键创建一个空白关键帧。选择第 30 帧的墨滴，按 Ctrl+C 键复制该对象。选择第 31 帧，在舞台上右击，选择关联菜单中的【粘贴到当前位置】命令将墨滴粘贴到当前帧中，此时其在舞台上的位置和第 30 帧相同。按 Ctrl+B 键将对象打散，如图 7.80 所示。在第 45 帧按 F7 键创建一个空白关键帧，选择该帧后在舞台上绘制一个黑色无笔触的椭圆形。右击第 30 帧至第 45 帧间的任意一帧，选择关联菜单中的【创建补间形状】命令创建补间形状动画，如图 7.81 所示。

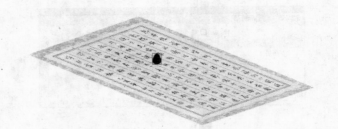

图 7.80 粘贴墨滴

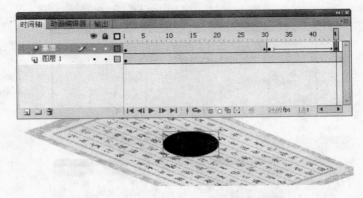

图 7.81 创建补间形状

（5）在"墨滴"图层的第 60 帧按 F7 键创建一个空白帧，在该关键帧中首先绘制一个黑色的无笔触的椭圆形。使用【转换锚点工具】和【部分选择工具】对图形的形状进行修改获得一个摊开的墨迹效果，如图 7.82 所示。在第 45 帧至第 60 帧之间的任意帧上右击，选择关联菜单中的【创建补间形状】命令创建补间形状动画，如图 7.83 所示。

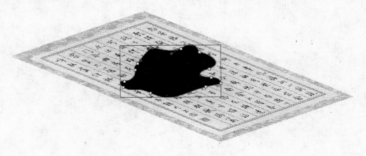

图 7.82 获得散开的墨迹效果

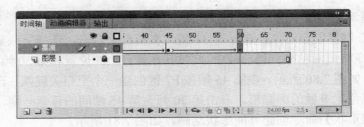

图 7.83 创建补间形状动画

（6）右击第 60 帧，选择关联菜单中的【复制帧】命令。右击第 61 帧，选择关联菜单中的【粘贴帧】命令粘贴关键帧。在舞台上右击第 61 帧中图形，选择关联菜单中的【转换为元件】命令打开【转换为元件】对话框，将图形转换成名为"墨迹"的影片剪辑，如图 7.84 所示。

图 7.84　【转换为元件】对话框

（7）按 F5 键将帧延伸到第 75 帧，右击其中的任意一帧，选择关联菜单中的【创建补间动画】命令，此时 Flash 将在新的图层中创建第 60 帧至第 75 帧间的补间动画，如图 7.85 所示。

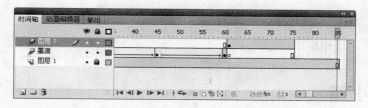

图 7.85　创建补间动画

（8）在时间轴上选择第 75 帧，选择舞台上的图形，在【属性】面板中的【色彩效果】栏中选择 Alpha 选项，将 Alpha 值设置为"40%"，如图 7.86 所示。在【滤镜】栏中为影片剪辑添加【模糊】滤镜，将滤镜的【模糊 X】和【模糊 Y】均设置为"10 像素"，如图 7.87 所示。按 F5 键将动画延伸到第 85 帧，如图 7.88 所示。

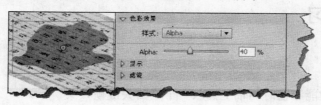

图 7.86　设置 Alpha 值

图 7.87　添加【模糊】滤镜

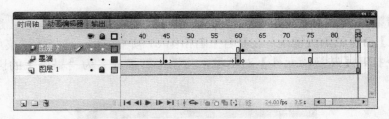

图 7.88　将动画延伸到第 85 帧

（9）至此，本例制作完成。按 Ctrl+Enter 键测试动画播放效果如图 7.89 所示。

图 7.89　动画播放效果

7.4　本章小结

本章学习 Flash 中常见的动画类型，包括逐帧动画、补间动画和形状补间动画。通过本章的学习，读者掌握逐帧动画、补间动画和形状动画的制作方法，了解它们的特点，能够根据需要灵活选择动画类型来完成作品的制作。

7.5　本章练习

一、选择题

1. 按哪一个键能够在时间轴上插入一个空白关键帧？（　　　）
   A．F5　　　　　　　　　B．F6
   C．F7　　　　　　　　　D．F8

2. 下面哪个按钮是【时间轴】面板上的【绘图纸外观】按钮？（　　　）
   A．⬚　　　　　　　　　B．⬚
   C．⬚　　　　　　　　　D．⬚

3. 在【时间轴】面板中，单击下面哪个按钮能够使图层中的对象显示为轮廓？（　　　）
   A．⬚　　　　　　　　　B．👁
   C．🔒　　　　　　　　　D．⬚

4．在【时间轴】面板中右击一个关键帧，在关联菜单中哪个命令与【清除帧】命令一样，能够将当前帧变为空白关键帧？　（　　　）

A．【删除帧】命令　　　　　　　　B．【剪切帧】命令

C．【转换为空白帧】命令　　　　　D．【转换为关键帧】命令

二、填空题

1．在时间轴上选择帧时，按住＿＿＿＿＿键单击帧能够将两次单击帧之间的所有帧选择；按住＿＿＿＿＿键单击帧，能够同时选择多个不连续的帧。

2．右击【时间轴】面板中的某个图层，在关联菜单中选择＿＿＿＿＿＿＿＿＿命令将复制该图层，选择＿＿＿＿＿＿＿＿命令将在该图层上方创建一个副本图层，选择＿＿＿＿＿＿＿＿＿命令能够在复制图层的同时删除该图层。

3．在 Flash 中，＿＿＿＿＿＿＿动画只能具有一个与之关联的对象实例，并使用＿＿＿＿关键帧而不是关键帧。

4．形状补间与补间动画是有所区别的，形状补间是＿＿＿＿＿＿间的补间动画，这种补间动画改变了图形本身的属性。而补间动画并不改变图形本身的属性，其改变的是＿＿＿＿＿＿。

7.6　上机练习和指导

7.6.1　制作动画——行走的狗

使用提供的素材制作狗从左向右走的效果，效果如图 7.90 所示。

图 7.90　从左向右行走的狗

主要操作步骤指导：

（1）导入背景图片和所有的素材图片。创建一个名为"狗"的影片剪辑，在图层中添加 5 个空白关键帧，将狗不同姿势行走的素材图片分别放置到这 5 个图层中。选择这 5 个

关键帧后，复制这些帧。此时测试动画可以看到狗行走的效果。

（2）在"狗"所在图层下再添加一个图层，在该图层中绘制一个椭圆，将其放到狗脚下。将该图形转换为影片剪辑，为其添加【模糊】滤镜并适当减小其 Alpha 值。使该椭圆延伸到所有的帧。椭圆在这里作为狗身下的阴影。

（3）回到"场景 1"，首先将背景图片添加到舞台上，然后在一个新图层中放置"狗"影片剪辑，将该影片剪辑放置到左侧舞台的外部。创建补间动画，在动画最后一帧将"狗"影片剪辑放置到舞台右侧的外部。测试动画即可看到狗从左向右走过整个舞台的动画效果。

7.6.2 制作动画——新年 Banner

使用提供的素材制作新年祝福 Banner，效果如图 7.91 所示。

图 7.91   新年 Banner

主要操作步骤指导：

（1）创建新文档，调整文档的大小。导入素材图片，将其放置到舞台上。创建一个新图层，在图层中绘制一个矩形，在第 30 帧创建关键帧。在第 1 帧将矩形缩为一个宽度为 1 个像素的矩形，在第 30 帧将其宽度设置为初始大小。创建第 1 帧至第 30 帧的形状补间动画。将第 30 帧延伸到第 120 帧。

（2）创建一个新图层，在第 30 帧创建关键帧，在该帧中输入文字"新的一年 新的希望 新的未来"，将文字放置到绿色矩形的中间。在第 65 帧创建关键帧，在第 30 帧至第 65 帧间创建传统补间动画。在第 30 帧将文字的 Alpha 值设置为 0，获得文字逐渐显现的效果。将该图层的帧延伸到第 120 帧。

（3）创建一个新图层，在第 65 帧创建关键帧，在帧中输入文字"新年快乐"，将该图层的帧延伸到第 120 帧。

（4）再创建一个新图层，在第 65 帧创建关键帧，将文字"新年快乐"复制到该帧中，使其正好盖住上一步创建的文字，将文字的 Alpha 值设置为"50％"。在该图层创建补间动画，选择第 80 帧，使用【任意变形工具】将文字放大，同时将其 Alpha 值设置为 0。这样将获得文字重影飞出的效果。

Flash 高级动画制作

Flash是一款功能强大的矢量动画制作软件，除了具有制作各种常见的补间动画功能之外，还可以实现各种特殊的补间效果。如通过遮罩动画来创建各种特效，使用引导层来获得复杂的运动路径。同时，Flash还提供了【动画编辑器】，使用户能够方便地对动画效果进行编辑。为了方便用户快速创建常见的动画效果，Flash提供了预设动画供用户直接应用到对象。本章将重点介绍Flash CS5遮罩动画和引导层动画的制作，以及【动画编辑器】和Flash预设动画的使用方法。

本章主要内容：

● 遮罩动画；

● 引导层动画；

● 使用【动画编辑器】；

● 使用动画预设。

8.1 遮罩动画

遮罩动画是 Flash 中一种重要的动画模式，许多优秀的动画效果都要通过遮罩动画的方式来实现。本节将介绍遮罩动画的制作方式。

8.1.1 创建遮罩动画

制作遮罩动画至少需要两个图层，即遮罩层和被遮罩层。在时间轴上，位于上层的图层是遮罩层，这个遮罩层中的对象就像一个窗口一样，透过它的填充区域可以看到位于其下方的被遮罩层中的区域。而任何的非填充区域都是不透明的，被遮罩层在此区域中的图像将不可见。

1．创建遮罩图层

在一个图层中放置被遮罩的对象，如这里放置一张素材图片。在该图层上创建一个新图层，在其中放置用于遮罩的对象，如这里放置一个八角星形，见图 8.1 所示。在【时间轴】面板中右击放置遮罩对象的图层，在关联菜单中选择【遮罩层】命令将该图层变为遮罩图层，此时即可获得需要的遮罩效果，如图 8.2 所示。

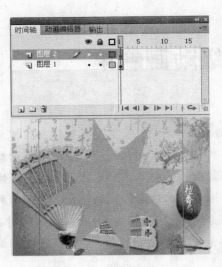

图 8.1 创建两个图层

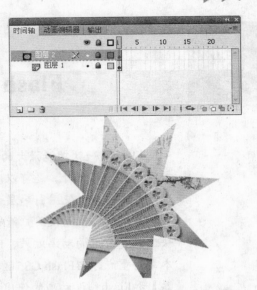

图 8.2 遮罩层及其效果

专家点拨：这里要注意，遮罩层总是遮盖其下方紧贴着的图层，因此遮罩层和被遮罩层是放在一起的上下关系。在遮罩层中可以放置填充形状、文字以及元件实例。Flash将忽略遮罩层中的位图、渐变、透明度、颜色和线条样式。

2. 取消遮罩

在【时间轴】面板中选择遮罩图层，选择【修改】|【时间轴】|【图层属性】命令（或双击图层名左侧的图标 ）打开【图层属性】对话框。在对话框中选择【类型】栏中【一般】单选按钮，如图 8.3 所示。单击【确定】按钮关闭【图层属性】对话框，则遮罩层转换为一般图层，遮罩效果被取消。

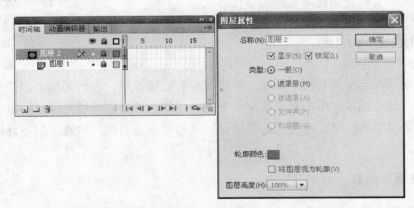

图 8.3 设置图层属性

专家点拨：在【时间轴】面板中右击遮罩图层，取消对关联菜单中的【遮罩层】命令的勾选将能使遮罩层和被遮罩层恢复为普通图层。在【时间轴】面板中单击图层名右侧的锁定按钮取消遮罩层或被遮罩层的锁定，将能够在不改变图层属性的情况下显示创建遮罩层前的效果。

8.1.2　实战范例——图片切换效果

1．范例简介

本例介绍使用遮罩动画来创建图片切换效果。本例的图片切换效果一共有 3 个，这 3 个图片切换效果均使用遮罩动画来创建。通过本例的制作，读者将掌握在一段动画中同时使用多个遮罩效果的制作方法，熟悉遮罩动画制作的一般步骤。同时能够了解 Flash 中常用的图片切换效果的制作思路，为制作更为复杂的图片切换效果打下基础。

2．制作步骤

（1）启动 Flash CS5，创建一个新文档。选择【文件】|【导入】|【导入到库】命令打开【导入到库】对话框，在对话框中选择本例需要使用的素材图片，如图 8.4 所示。单击【打开】按钮将这些图片导入到库中。

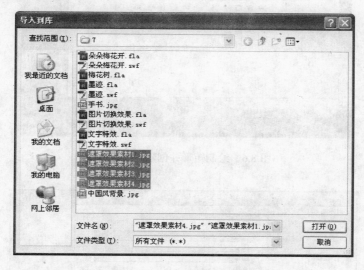

图 8.4　【导入到库】对话框

（2）在【时间轴】面板中添加一个新图层，从【库】中分别将两个素材图片拖放到"图层 1"和"图层 2"的空白帧中，用【任意变形工具】调整这两个图片的大小，使其占据整个舞台，如图 8.5 所示。

（3）在"图层 2"上新建一个图层"图层 3"，使用【矩形工具】在舞台中心绘制一个矩形。右击"图层3"的任意一帧，选择关联菜单中的【创建传统补间】命令，如图 8.6 所示。在第 30 帧按 F6 键创建关键帧，使用【任意变形工具】将矩形放大至占据整个舞台，如图 8.7 所示。右击"图层 3"，在关联菜单中选择【遮罩层】命令将该层转换为遮罩层即可获得遮罩效果，如图 8.8 所示。

图 8.5 在两个图层中放置两个素材图片

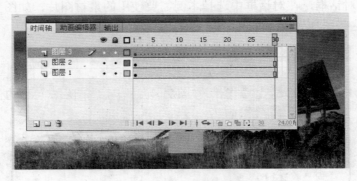

图 8.6 绘制矩形并创建传统补间

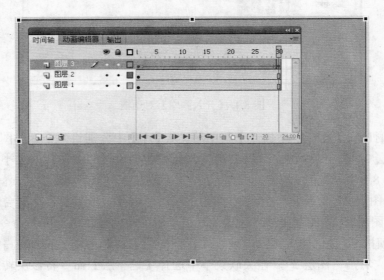

图 8.7 放大矩形

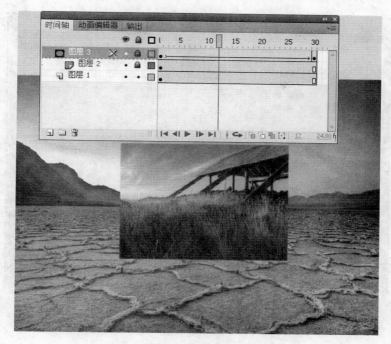

图 8.8　获得遮罩效果

（4）在"图层 3"上创建一个新图层"图层 4"，右击"图层 2"上的任意一帧，选择关联菜单中的【复制帧】命令。在"图层 4"的第 31 帧上右击，选择关联菜单中的【粘贴帧】命令粘贴复制的关键帧。在第 75 帧按 F5 键延伸帧到该处，如图 8.9 所示。再创建一个新图层"图层 5"，在第 45 帧按 F7 键添加空白关键帧，从【库】面板中将第 3 张素材图片拖放到该帧中，如图 8.10 所示。

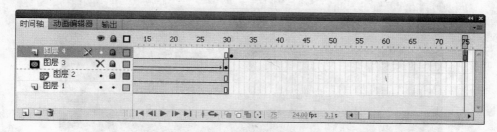

图 8.9　复制图层并延伸帧

（5）再添加一个新图层"图层 6"，在该图层的第 45 帧按 F7 键添加空白关键帧，使用【矩形工具】在舞台上绘制一个紧贴左侧边界的矩形。在第 45 帧至第 75 帧的任意一个帧上右击，选择关联菜单中的【创建补间形状】命令创建补间形状动画。在第 75 帧按 F6 键插入一个关键帧，使用【任意变形工具】拉长矩形使其占据整个舞台。选择第 45 帧，3 次应用【修改】|【形状】|【添加形状提示】命令添加 3 个提示标记，将这 3 个提示标记分别放置到矩形的右上角、右下角和中心，如图 8.11 所示。选择第 75 帧，将该帧中的 3 个提示标记分别放置到矩形的左上角、左下角和中心，如图 8.12 所示。

图 8.10　放置素材图片

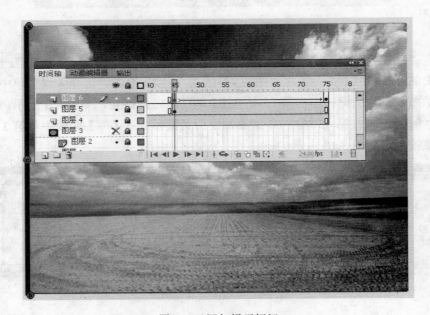

图 8.11　添加提示标记

（6）在【时间轴】面板中右击"图层 6"，在关联菜单中选择【遮罩层】命令将该图层变为遮罩层。此时该图层转换为遮罩后的效果。按 Enter 键测试动画，在舞台上即可看到遮罩效果，如图 8.13 所示。

（7）创建一个新图层"图层 7"，将"图层 5"的帧复制到该图层的第 76 帧，按 F5 键将帧延伸到第 120 帧。创建一个新图层"图层 8"，在第 90 帧按 F7 键创建一个空白关键帧，从【库】面板中将第 4 张素材图片放置到该帧中，如图 8.14 所示。

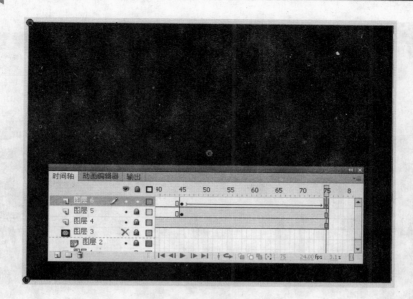

图 8.12　放置提示标记

图 8.13　转换为遮罩层后的效果

（8）在"图层 8"上方再创建一个新图层"图层 9"，在第 90 帧创建一个空白关键帧，在该帧中使用【矩形工具】绘制一个矩形，按住 Alt 键使用【选择工具】拖动矩形将该矩形复制 3 个，如图 8.15 所示。在第 120 帧按 F6 键创建一个关键帧，使用【任意变形工具】将矩形放大，如图 8.16 所示。

图 8.14 放置素材图片

图 8.15 绘制矩形

（9）右击第 90 帧至第 120 帧之间的任意一个关键帧，选择关联菜单中的【创建补间形状】命令创建补间形状动画。在"图层 9"上右击，选择关联菜单中的【遮罩层】命令将该层转换为遮罩层。此时即可看到遮罩效果，如图 8.17 所示。

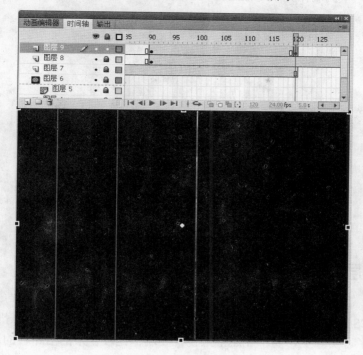

图 8.16　将关键帧中的矩形放大

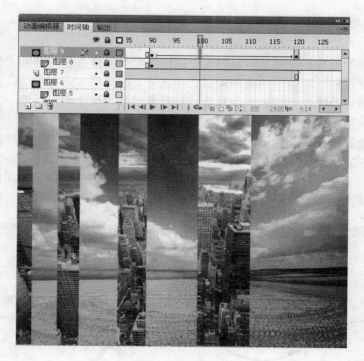

图 8.17　创建遮罩动画

（10）至此，本例制作完成。按 Ctrl+Enter 键测试动画，动画播放效果如图 8.18 所示。

图 8.18 动画播放效果

8.2 引导层动画

从 Flash CS4 开始，由于补间动画也能够对运动路径进行编辑，引导层动画似乎显得不是那么重要了。实际上，对于 Flash 来说，要制作比较复杂的沿路径的运动动画效果，使用引导层同样是一种便捷而有效的方法。

8.2.1 创建引导层动画

引导层动画的原理很简单，就是将某个图层中绘制的线条作为补间元件的运动路径，引导层的作用就是辅助其他图层的对象运动和定位。引导层中的对象必须是打散的图形，也就是说作为路径的线条不能是组合对象，被引导层必须位于引导层的下方。要创建引导层动画，可以使用下面的方法来操作。

在图层中绘制线条，如这里使用【钢笔工具】绘制一条曲线，右击该图层，选择关联菜单中的【引导层】命令将该图层转换为引导层。此时该图层的图层名左侧将显示 ✎ 图标，如图 8.19 所示。再创建一个新图层，在该图层中绘制被引导对象。将该图层拖放到引导层的下方，引导层图标变为 ⟡ ，引导层即生效，这两个图层产生关联，如图 8.20 所示。

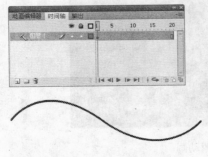

图 8.19 创建引导层

图 8.20 建立引导层与被引导层的关联

专家点拨：这里要注意，引导层是用来指引被引导层中对象的运动路径的，因此引导层中的对象可以是用【钢笔工具】、【铅笔工具】、【椭圆工具】和【矩形工具】等工具绘制的非封闭线段。而被引导层中对象是以引导层中的引导线为路径运动，被引导对象可以是影片剪辑、图形元件、按钮和文字，但不能应用形状。

　　在被引导层创建传统补间动画，在第一帧中将被引导对象放置到引导线的起点，如图 8.21 所示。在动画的最后一帧将被引导对象放置到引导线的终点，如图 8.22 所示。按 Ctrl+Enter 键测试动画，被引导对象将沿着引导线运动，且引导线不可见。

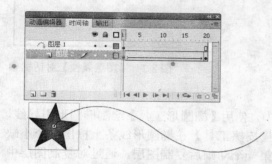 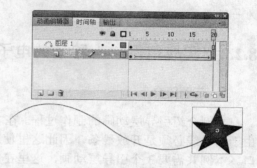

图 8.21　将对象放置到引导线起点　　　　图 8.22　将对象放置到引导线的终点

专家点拨：在创建引导层动画时要注意以下几点。

● 创建引导动画最关键的是将对象吸附在引导线上，在操作时要注意对象必须放置到引导线两端，被引导对象的中心点必须对准引导线的两个端点才能生效。

● 如果元件是不规则图形，可以使用【任意变形工具】来调整中心点，以便于对准路径的端点。

● 在移动实例时如果实例的中间多了一个圆点，而且这个圆点像有吸附力一样自动吸附在引导线上。这是 Flash 提供的贴紧至对象功能，该功能默认是启用的。在创建引导层动画时该功能能够方便实现对象与引导线的对齐，要启用该功能，可以在选择绘图工具时使工具箱的选项栏的【贴紧至对象】按钮处于按下状态。

　　被引导层中的对象在被引导运动时，可以进行更为细致的设置。选择被引导对象所在图层的任意一帧，在【属性】面板中可以对动画进行设置，如图 8.23 所示。如勾选【调整到路径】复选框，对象的基线就会调整到运动路径。如果勾选【贴紧】复选框，元件的注册点就会与运动路径对齐。

图 8.23　【属性】面板

专家点拨：这里要注意，对于比较陡峭的引导线可能会使引导动画失败，平滑圆润的引导线有利于引导动画的成功。同时，引导线是可以重叠的，如螺旋状引导线，但要注意在重叠处的线段必须保持圆润，以便于 Flash 能够辨认出线段的走向，否则会造成引导的失败。

如果想解除引导层，可以右击引导层，选择关联菜单中的【属性】命令打开【图层属性】对话框。在对话框中选择【一般】单选按钮将图层类型由引导层更改为一般图层即可，如图 8.24 所示。另外，将被引导层从引导层下方拖到其他位置也可以解除引导层的引导。

专家点拨：在【时间轴】面板中右击引导层，取消关联菜单中对【引导层】选项的勾选，也可以将引导层变为一般图层。

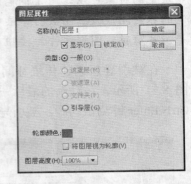

图 8.24 【图层属性】对话框

8.2.2 实战范例——移动的电子

1．范例简介

本例介绍引导层动画的制作过程。在本例中，使用【椭圆形工具】绘制椭圆形引导线，由于引导线必须是开放线条，因此这里使用【橡皮擦工具】在椭圆形线条上擦出一个小缺口。本例共需要 3 个引导层动画，这里在完成第一个动画后复制图层，通过对复制图层中的引导线和被引导对象进行编辑来快速创建动画。通过本例的制作，读者将能够掌握引导层动画的创建方法，进一步熟悉图层的各种操作以及使用滤镜来创建各种特效的方法。

2．制作步骤

（1）启动 Flash CS5，创建一个空白文档。选择【文件】|【导入】|【导入到舞台】命令打开【导入】对话框，在对话框中选择需要的背景图片，如图 8.25 所示。单击【打开】按钮导入选择的图片，调整其大小和位置使其占满整个舞台。

（2）在【时间轴】面板中创建一个新图层，在工具箱中选择【椭圆工具】在图层中绘制 3 个椭圆，在【属性】面板中取消对图形的填充，将笔触的颜色设置为白色（其颜色值为"#FFFFFF"），同时设置笔触的宽度，如图 8.26 所示。选择绘制的这些图形后，再选择【修改】|【转换为元件】命令打开【转换为元件】对话框，将图形转换为影片剪辑。将该对象放置到舞台的中央，如图 8.27 所示。

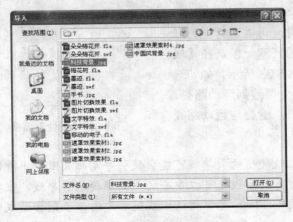

图 8.25 打开【导入】对话框

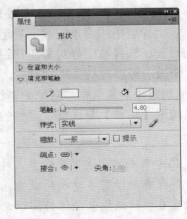

图 8.26 图形属性的设置

图 8.27　将实例放置到舞台的中央

（3）选择该影片剪辑，为其添加【模糊】滤镜，并对滤镜参数进行设置，如图 8.28 所示。为影片剪辑添加【斜角】滤镜，并对滤镜参数进行设置，如图 8.29 所示。为影片剪辑添加【投影】滤镜，并对滤镜参数进行设置，如图 8.30 所示。为影片剪辑添加【发光】滤镜，并对滤镜的参数进行设置，如图 8.31 所示。在【时间轴】面板中将背景图片所在的"图层 1"和椭圆影片剪辑所在的"图层 2"的帧延伸到第 30 帧，如图 8.32 所示。

图 8.28　添加【模糊】滤镜

图 8.29　添加【斜角】滤镜

图 8.30　添加【投影】滤镜

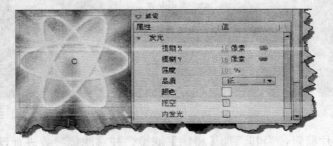

图 8.31　添加【发光】滤镜

图 8.32　延伸图层中的帧

（4）在【时间轴】面板中锁定"图层 1"和"图层 2"，在"图层 2"上方创建一个新图层。在工具箱中选择【文本工具】，在舞台中央输入文字"e"，在【属性】 面板中设置文字的字体、大小和颜色（这里将颜色设置为白色），如图 8.33 所示。为文字添加【投影】滤镜，设置滤镜的参数，如图 8.34 所示。为文字添加【模糊】滤镜，设置滤镜的参数，如

图 8.35 所示。为文字添加【斜角】滤镜，设置滤镜的参数，如图 8.36 所示。此时舞台上的效果如图 8.37 所示。

图 8.33　设置字体和大小

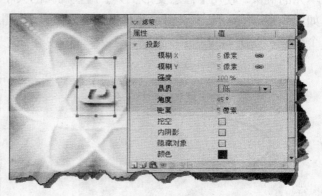

图 8.34　添加【投影】滤镜

图 8.35　添加【模糊】滤镜

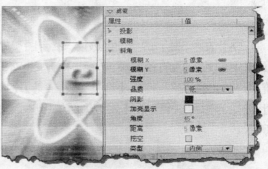

图 8.36　添加【斜角】滤镜

图 8.37　添加文字后的效果

（5）将"图层 3"锁定，在该图层上新增一个图层"图层 4"，在该图层中绘制一个无填充的椭圆。使用【任意变形工具】调整椭圆的大小，使其与舞台上已有的一个椭圆重合，如图 8.38 所示。在工具箱中选择【橡皮擦工具】使用较小的笔刷头在椭圆形上单击擦出一个缺口，如图 8.39 所示。

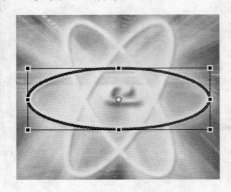

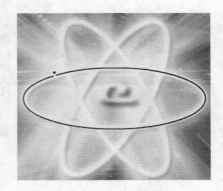

图 8.38　绘制椭圆　　　　　　　　　　　图 8.39　擦出缺口

（6）在"图层 4"上再创建一个新图层"图层 5"，在舞台上绘制一个圆形。在【颜色】面板中创建双色的径向渐变，其中渐变起始颜色的颜色值为"#FFFFFF"，终止颜色的颜色值为"#0004FC"。使用【渐变变形工具】对渐变效果进行适当调整，如图 8.40 所示。将图形转换为影片剪辑，在【属性】面板中为该对象添加【模糊】滤镜，滤镜参数设置如图 8.41 所示。

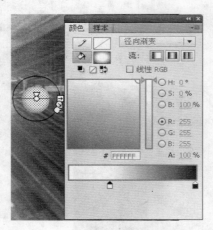

图 8.40　以径向渐变填充图形　　　　　　图 8.41　添加【模糊】滤镜

（7）在【时间轴】面板中右击"图层 4"，选择关联菜单中的【引导层】命令将该图层转换为引导层。将位于上方的"图层 5"放置到引导层的下方，右击图层中任意一个关键帧，在关联菜单中选择【创建传统补间】命令创建补间动画。选择第 1 帧，将"图层 5"中的对象移到引导线的起点，如图 8.42 所示。在第 30 帧按 F6 键创建关键帧，将"图层 5"中的对象移到引导线的终点，如图 8.43 所示。此时，按 Enter 键即可在舞台上看到对象沿着引导线运动的动画效果。

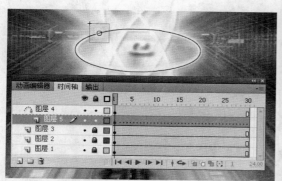

图 8.42　将对象放置到引导线的起点

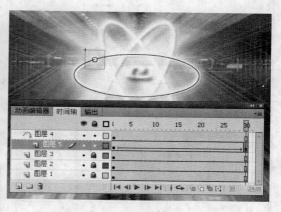

图 8.43　将对象放置到引导线的终点

（8）按住 Shift 键同时选择"图层 4"和"图层 5"，右击选择的图层，选择关联菜单中的【复制图层】命令，此时将选择图层复制到它们的上方。使用【任意旋转工具】旋转复制的引导线，使其与下方的椭圆重合，如图 8.44 所示。选择第一帧，将引导层下层中的对象放置到引导线的起点，如图 8.45 所示。选择第 30 帧，将对象放置到引导线的终点，如图 8.46 所示。

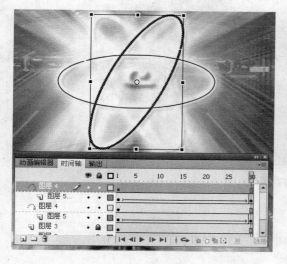

图 8.44　旋转引导线

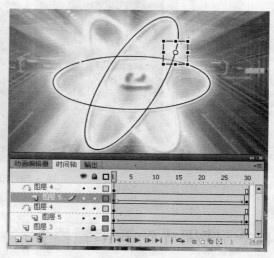

图 8.45　将对象放置到引导线的起点

（9）使用与步骤（8）相同的方法复制引导层和被引导层，使用【任意变形工具】调整引导线的位置。同时将被引导层中的对象分别在动画的起始帧和结束帧中放置到引导线的起点和终点，如图 8.47 所示。

（10）至此，本例制作完成。按 Ctrl+Enter 键测试动画效果。动画播放的效果如图 8.48 所示。

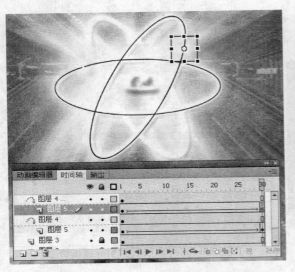 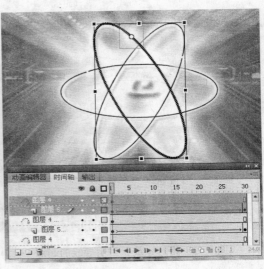

图 8.46 将对象放置到引导线的终点　　　　图 8.47 调整引导线和被引导对象的位置

图 8.48 动画播放效果

8.3 使用【动画编辑器】

【动画编辑器】是一个面板，该面板提供了针对补间动画所有属性的信息和设置项。通过【动画编辑器】面板，用户可以查看所有补间属性和属性关键帧，还可以通过设置相应的设置项来实现对动画的精确控制。

8.3.1 认识【动画编辑器】

在时间轴上创建了补间后，使用【动画编辑器】面板能够以多种方式来对补间进行控

制。选择【窗口】|【动画编辑器】命令可以打开【动画编辑器】面板，如图 8.49 所示。在面板的左侧是对象属性的可扩展列表以及动画的【缓动】属性，面板右侧的时间轴上显示出直线或曲线，直观表现出不同时刻的属性值。

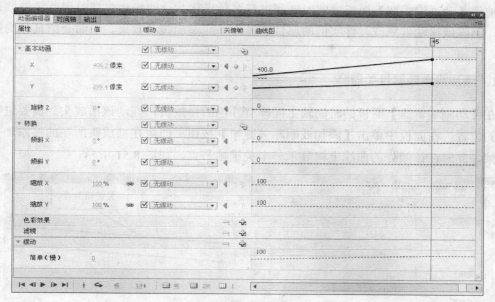

图 8.49　【动画编辑器】面板

在【动画编辑器】面板底部的【图形大小】▭文本框中输入数值，或者左右拖动文本，可以改变时间轴的垂直高度；在【扩展图形的大小】▭文本框中输入数值，或者左右拖动文本，可以更改所选属性的垂直高度；在【可查看的帧】文本框▥中输入数值，或者左右拖动文本，可以更改出现在时间轴中的帧的数量。【动画编辑器】面板中其他按钮的作用如图 8.50 所示。

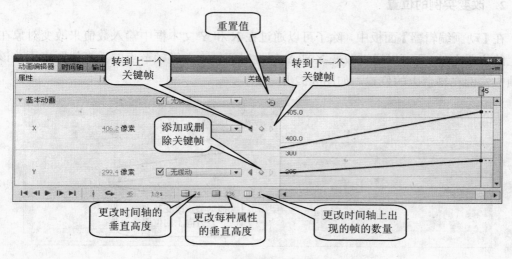

图 8.50　【动画编辑器】面板中的按钮

8.3.2 应用【动画编辑器】面板编辑动画

使用【动画编辑器】面板能够对动画进行各种操作，这些操作包括对属性关键帧进行添加、删除或移动，更改元件实例的属性以及为补间添加缓动效果。下面介绍具体的操作方法。

1．添加或删除属性关键帧

在【动画编辑器】面板的时间轴上同样有红色的播放头，拖动该播放头到需要进行帧操作的位置，在面板中单击【添加或删除关键帧】按钮◇即可在播放头所在的帧添加一个关键帧，此时在该帧处的曲线上将显示一个关键帧节点，如图 8.51 所示。

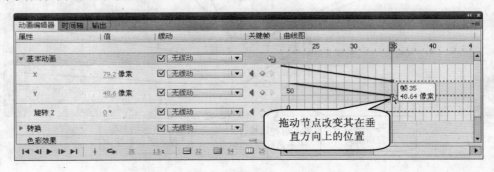

图 8.51 添加关键帧

在时间轴上选择某个关键帧节点后，单击【添加或删除关键帧】按钮◇可以将该关键帧删除。在时间轴上拖曳关键帧节点可以改变关键帧的位置。

2．改变实例的位置

在【动画编辑器】面板中，除了可以通过在 X 和 Y 文本框中输入数值来改变对象在舞台上的位置之外，还可以通过改变 X 或 Y 属性时间轴上关键帧节点的垂直位置来更改该关键帧中实例在舞台上的位置，如图 8.52 所示。

图 8.52 改变关键帧中实例在舞台上的位置

3．对实例进行变形

使用【动画编辑器】面板可以对实例进行倾斜或缩放变换。在【动画编辑器】面板中展开【转换】选项栏，设置其中的【倾斜 X】和【倾斜 Y】值，可以对当前关键帧中的实例进行倾斜变换。设置【缩放 X】和【缩放 Y】值，可以对实例进行缩放变换，如图 8.53 所示。

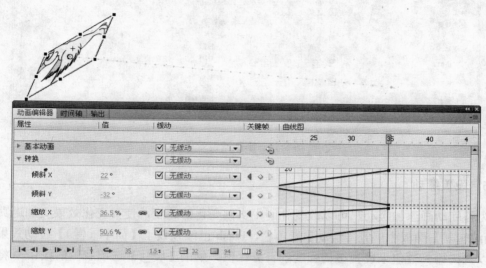

图 8.53 对实例进行倾斜或缩放变换

4．添加或删除色彩效果

在【动画编辑器】面板中展开【色彩效果】选项栏，单击【色彩效果】选项右侧的按钮 将打开一个菜单，在菜单中选择相应的选项（如这里的 Alpha），此时即可对该选项的参数进行设置，如图 8.54 所示。如果要删除添加的色彩效果，单击【删除颜色、滤镜或缓动】按钮 ，在打开的菜单中选择需要删除的项目即可。

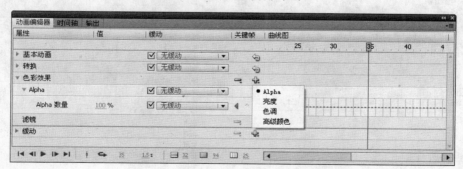

图 8.54 添加色彩效果

5．添加或删除滤镜

在【动画编辑器】面板中展开【滤镜】选项栏，单击【滤镜】选项右侧的按钮 将打开一个菜单，在菜单中选择相应的选项（如这里的【模糊】），此时即可对【模糊】滤镜进行设置，如图 8.55 所示。如果要删除添加的滤镜效果，单击【删除颜色、滤镜或缓动】按钮 ⚊ ，在打开的菜单中选择需要删除的项目即可。

图 8.55　添加滤镜效果

6. 设置缓动

为补间动画添加缓动，可以改变补间中实例变化的速度，使其变化效果更加逼真。在【动画编辑器】面板中展开【缓动】选项栏，Flash 已经预设了【简单（慢）】缓动效果，用户可以直接输入数值来设置缓动强度的百分比值。单击【缓动】选项右侧的按钮 ➕ 将打开一个菜单，在菜单中选择相应的选项（如这里的【方波】），此时将添加该缓动效果，并可对缓动强度值进行设置，如图 8.56 所示。如果要删除添加的缓动效果，单击【删除颜色、滤镜或缓动】按钮 ⚊ ，在打开的菜单中选择需要删除的项目即可。

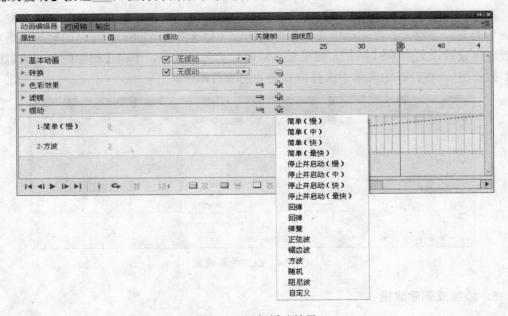

图 8.56　添加缓动效果

　　然后，如果某个属性要应用缓动，确保该属性中的"缓动"复选框处于勾选状态，在下拉列表框中选择一个缓动即可。缓动曲线将叠加在属性曲线上，呈彩色虚线。应用缓动可以创建特定类型的复杂动画效果，而无须创建复杂的运动路径。缓动曲线是显示在一段时间内如何内插补间属性值的曲线，因此，通过对属性曲线应用缓动曲线，可以轻松地创建复杂的动画效果。

8.3.3　实战范例——电话来了

1．范例简介

　　本例介绍使用【动画编辑器】来创建补间动画效果的方法。本例动画播放时，手机从舞台上方落入舞台，然后震动。本例在制作时，首先创建实例的补间动画，然后在【动画编辑器】面板中通过修改特定帧的对象的属性参数来创建对象移动、轻微旋转和模糊动画效果。通过本例的制作，读者将能够掌握使用【动画编辑器】来创建补间动画的操作方法。

2．制作步骤

　　（1）启动 Flash CS5，打开素材文件"电话来了（素材）.fla"。在【时间轴】面板中创建一个新图层，从【库】面板中将"手机"影片剪辑拖放到舞台的外部。在【时间轴】面板中将两个图层的帧延伸到第 30 帧。为手机创建补间动画，如图 8.57 所示。

图 8.57　向场景中添加对象

（2）选择补间动画中的任意一帧，打开【动画编辑器】面板，将播放头移动到第 10 帧，在【基本动画】栏中将【Y】设置为"310 像素"，如图 8.58 所示。此时测试动画可以获得手机从舞台上方落下的动画效果。

图 8.58　设置【Y】值

（3）将播放头移动到第 15 帧，在【基本动画】栏中将【旋转 Z】值设置为"2°"。将播放头移动到第 17 帧，将【旋转 Z】值设置为"0°"。将播放头移动到第 19 帧，将【旋转 Z】值设置为"–2°"。同样地，将第 21 帧的【旋转 Z】值设置为"0°"，将第 23 帧的【旋转 Z】值设置为"2°"，如图 8.59 所示。以两帧为间隔，依次设置后面帧的【旋转 Z】值，如图 8.60 所示。

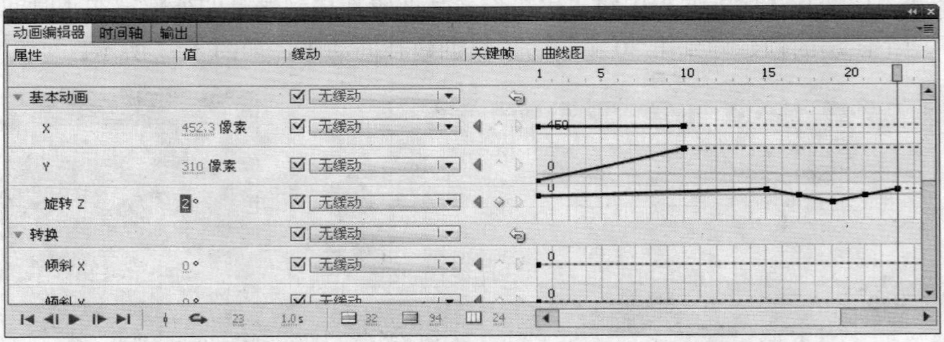

图 8.59　设置【旋转 Z】值

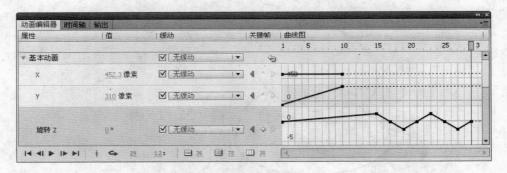

图 8.60　以相同的间隔设置帧的【旋转 Z】值

（4）单击【滤镜】选项栏右侧的【添加颜色、滤镜或缓动】按钮，在获得的菜单中选择【模糊】命令添加【模糊】滤镜。将播放头移动到第 1 帧，将【模糊 X】和【模糊 Y】值均设置为"0 像素"如图 8.61 所示。将播放头移动到第 17 帧，将【模糊 X】和【模糊 Y】的值均设置为"20 像素"。将播放头移动到第 19 帧，将【模糊 X】和【模糊 Y】值重新设置为"0 像素"，如图 8.62 所示。按照相同的规律，向后每隔两帧将滤镜的【模糊 X】和【模糊 Y】值分别设置为"20 像素"和"0 像素"，如图 8.63 所示。最后，将第 10 帧的【模糊】滤镜的【模糊 X】和【模糊 Y】值设置为"0 像素"，如图 8.64 所示，这样获得手机震动的动画效果。

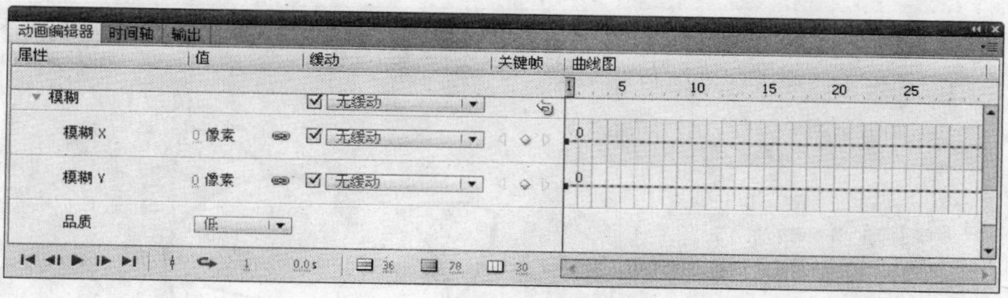

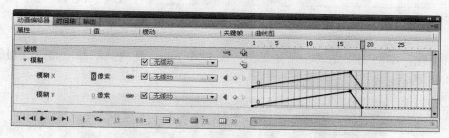

图 8.61 设置第 1 帧的【模糊】滤镜参数

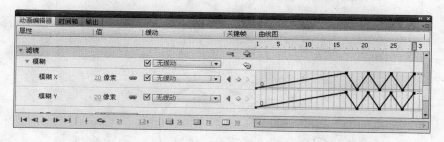

图 8.62 设置第 18 帧和第 19 帧的【模糊】滤镜参数

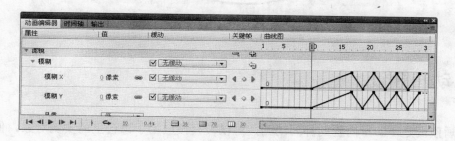

图 8.63 依次设置后面帧的【模糊】滤镜参数

图 8.64 设置第 10 帧的【模糊】滤镜参数

（5）打开【时间轴】面板，添加一个新图层。在该图层中使用【文本工具】添加文字"电话来了……"，在【属性】面板中设置字体、文字的大小和颜色，如图 8.65 所示。

图 8.65　输入文字

（6）至此，本例制作完成。保存文档，按 Ctrl+Enter 键测试动画，此时获得的动画效果如图 8.66 所示。

图 8.66　动画播放的效果

8.4　动画预设

动画预设是 Flash 内置的补间动画，可以被直接应用于舞台上的实例对象。使用动画预设，可以节约动画设计和制作的时间，极大地提高工作效率。

8.4.1　使用动画预设

Flash 内置的动画预设可以在【动画预设】面板中选择并预览其效果。选择【窗口】|【动画预设】命令打开【动画预设】面板，在面板的【默认预设】文件夹中选择一个动画预设选项，在面板中即可查看其动画效果，如图 8.67 所示。下面介绍使用动画预设的方法。

1. 应用动画预设

在舞台上选择可创建补间动画的对象，在【动画预设】面板中选择需要使用的预设动画，单击【应用】按钮，选择对象即被添加预设动画效果，如图 8.68 所示。

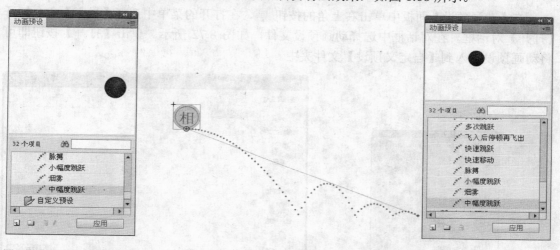

图 8.67　【动画预设】面板　　　　　　　　　　　图 8.68　应用预设动画

专家点拨：在应用预设动画时，每个对象只能使用一个预设动画，如果对对象应用第二个预设动画，第二个预设动画将替代第一个。另外，每个动画预设包含特定数量的帧，如果对象已经应用了不同长度的补间，补间范围将进行调整以符合动画预设的长度。

2. 保存动画预设

用户在创建补间动画后，为了能够在其他的作品中使用这个补间动画效果，可以将其保存为动画预设。

在【时间轴】面板中选择补间范围，在【动画预设】面板中单击【将选区另存为预设】按钮，如图 8.69 所示。此时将打开【将预设另存为】对话框，在对话框的【预设名称】文本框中输入动画预设名称，如图 8.70 所示。单击【确定】按钮，新预设将保存在【自定义预设】文件夹中，如图 8.71 所示。

3. 导入动画预设

Flash 中的动画预设可以以 XML 文件的形式保存在计算机中，同时这种 XML 文件形式的动画预设也可以直接导入到【动画预设】面板中。

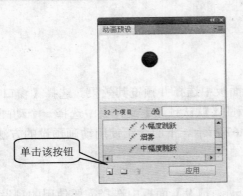

图 8.69　单击【将选区另存为预设】按钮

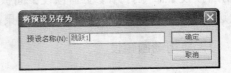

图 8.70　【将预设另存为】对话框

在【动画预设】面板中单击右上角的按钮，在打开的菜单中选择【导入】命令打开【打开】对话框。在对话框中选择动画预设文件，如图 8.72 所示。单击【打开】按钮即可将动画预设导入到【自定义预设】文件夹中。

图 8.71　新预设保存在【自定义预设】文件夹

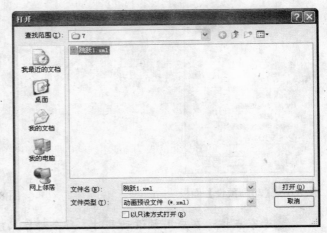

图 8.72　选择动画预设文件

8.4.2　实战范例——文字的进入和退出

1．范例简介

本例介绍使用 Flash 的预设动画来制作文字的进入和退出效果。本例在制作时，使用【从右边模糊飞入】预设动画来创建说明文字的进入效果，使用【从左边模糊飞入】预设动画来创建文字的飞出效果，使用【从顶部模糊飞入】和【脉搏】预设动画来创建标题文字的进入效果。完成动画创建后，对动画效果进行修改以达到需要的效果。通过本例的制作，读者将掌握对同一对象使用多种预设动画的方法，了解对预设动画进行编辑修改的方法。

2．制作步骤

（1）启动 Flash CS5 并创建一个新文档。选择【文件】|【导入】|【导入到舞台】命令

打开【导入】对话框，在对话框中选择作为背景的图片，如图 8.73 所示。单击【打开】按钮将选择文件导入到舞台。在【时间轴】面板的第 200 帧按 F5 键将关键帧延伸到该处，如图 8.74 所示。

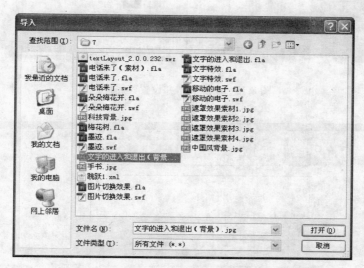

图 8.73　【导入】对话框

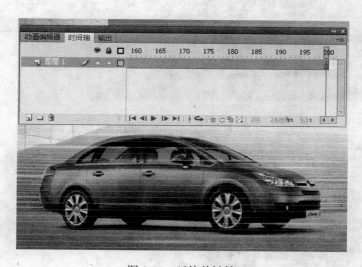

图 8.74　延伸关键帧

（2）在【时间轴】面板中创建一个新图层，在工具箱中选择【文本工具】在该图层中输入文本。在【属性】面板中设置文本的字体和大小，将文本的颜色设置为黑色（颜色值为"#000000"），如图 8.75 所示。

（3）选择【动画预设】面板列表中的【从右边模糊飞入】选项，单击【应用】按钮将动画效果应用到选择的文本，如图 8.76 所示。在【时间轴】面板中锁定背景图片所在的图层"图层 1"，使用【选择工具】拖动运动路径，将对象及路径拖放到舞台的右侧，如图 8.77 所示。

图 8.75　添加文本并设置其属性

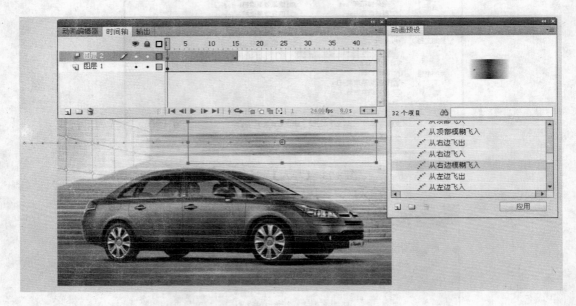

图 8.76　应用动画预设

图 8.77　拖放路径

（4）选择第 15 帧，再选择舞台上的文字，按 Ctrl+C 键复制文字对象。在第 16 帧按 F8 键插入一个空白帧，选择该帧后在舞台上右击，选择关联菜单中的【粘贴到当前位置】命令将文字粘贴到舞台上。在第 30 帧按 F6 键创建关键帧，如图 8.78 所示。

（5）在【动画预设】面板的列表中选择【从左边模糊飞出】选项，单击【应用】按钮将该动画预设应用到文字，如图 8.79 所示。使用【选择工具】将移动路径终点拖放到舞台的左侧，如图 8.80 所示。至此，第一段文字的动画制作完成，按 Enter 键测试动画，文字将从右侧模糊飞入，停顿片刻后，从左侧模糊飞出。

图 8.78　创建关键帧

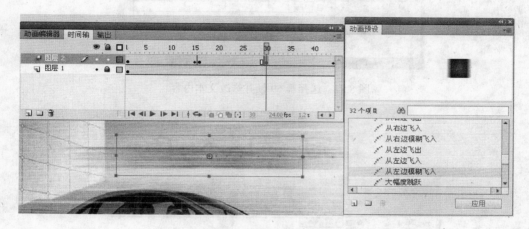

图 8.79　对文字应用动画预设

图 8.80　移动运动路径的终点

（6）在【时间轴】面板中右击"图层 2"，选择关联菜单中的【复制图层】命令创建该图层的副本。将该图层中所有帧拖放到时间轴的第 45 帧，如图 8.81 所示。选择第 59 帧，使用【文本工具】修改舞台上的文本内容，如图 8.82 所示；分别选择第 60 帧和第 84 帧，对舞台上的文字进行修改，完成修改后即完成第 2 段文字的进入和退出动画效果。使用相同的方法创建第 3 段文本的进入和退出动画效果，如图 8.83 所示。

（7）创建一个新图层，按 F8 键在第 133 帧添加一个空白帧，使用【文本工具】在该帧中输入文字，如图 8.84 所示。在【动画预设】面板中选择【从顶部模糊飞入】选项，单击【应用】按钮将预设动画效果应用到文字，如图 8.85 所示。使用【选择工具】对动画路径进行调整，使文字由上往下落入，如图 8.86 所示。

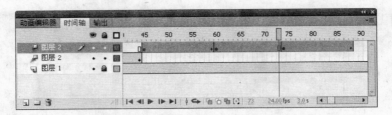

图 8.81 在【时间轴】面板中拖放帧

图 8.82 选择第 59 帧并修改文本内容

图 8.83 创建第 3 段文本动画

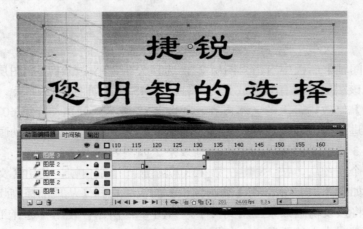

图 8.84 输入文字

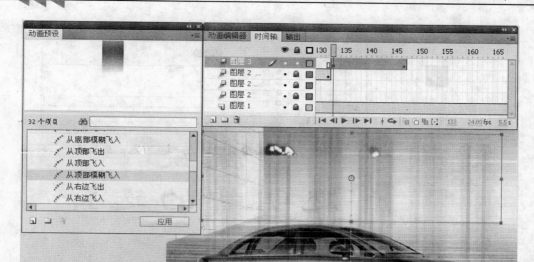

图 8.85　应用预设动画效果

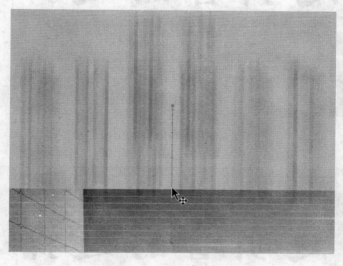

图 8.86　调整动画路径

（8）在"图层 3"的第 148 帧创建一个空白帧，将前一帧的文字复制到当前位置。在【动画预设】面板中将【脉搏】预设动画应用到文字，如图 8.87 所示。选择第 162 帧，使用【任意变形工具】对文本的大小进行调整，使其不至于放大到舞台外，如图 8.88 所示。在第 182 帧按 F8 键创建一个空白关键帧，将前一帧的文本复制到该帧，在第 200 帧按 F5键将帧延伸到该处，如图 8.89 所示。

图 8.87　应用【脉搏】预设动画效果

图 8.88　调整文本的大小

图 8.89　延伸关键帧

（9）至此，本例制作完成。保存文档，按 Ctrl+Enter 键测试动画效果。本例动画效果如图 8.90 所示。

图 8.90 动画播放效果

8.5 本章小结

本章学习 Flash 中遮罩图层和引导层的创建和使用方法，同时介绍了【动画编辑器】和 Flash 预设动画的使用方法。通过本章的学习，读者能够使用遮罩层创建各种动画特效，使用引导层使对象获得复杂的运动路径，能够使用【动画编辑器】来对补间动画进行编辑修改。

8.6 本章练习

一、选择题

1．在【时间轴】面板中，双击哪个图标能够打开【图层属性】对话框？（ ）
   A． ▱ 　　 B． ✖ 　　 C． 🔒 　　 D． ▢
2．图层显示下面哪个图标时表示已经成功建立了引导层和被引导层的连接？（ ）
   A． ✏ 　　 B． ⌒ 　　 C． ▱ 　　 D． ▨
3．在【动画编辑器】面板中，下面哪个按钮可以删除关键帧？（ ）
   A． ↩ 　　 B． ◇ 　　 C． ➡ 　　 D． ⊟
4．在【动画预设】面板中，下面哪个按钮用于保存选择的预设动画？（ ）
   A． ⤵ 　　 B． ▱ 　　 C． 🗐 　　 D． ▼

二、填空题

1．遮罩动画是 Flash 的一种基本动画方式，制作遮罩动画至少需要两个图层，即_____。在创建遮罩动画时，位于上层的图层中的对象就像一个窗口一样，透过它的_____可以看到位于其下图层中的区域，而任何的非填充区域都是_____的，此区域中的图像将_____。

2．引导层动画是将某个图层中绘制的线条作为补间元件的_____，引导层的作用就是辅助其他图层的对象_____。引导层的对象必须是_____。

3．【动画编辑器】是一个面板，该面板提供了针对补间动画所有属性的_____，选择_____命令可以打开该面板。

4．Flash 内置的动画预设可以在【动画预设】面板中选择并预览其效果。如果需要打开【动画预设】面板，可以选择_____命令。在面板中选择预设动画，同时在舞台上选择可以创建补间动画的对象后，在面板中单击_____按钮即可将选择的预设动画应用到对象。

8.7 上机练习和指导

8.7.1 制作动画——水波流动的文字特效

使用提供的素材图片，在动画播放时文字出现水波流动的特效，如图 8.91 所示。

主要步骤指导：

（1）将素材图片导入到舞台，调整图片的大小。新建一个图层，图层中输入文字，将文字转换为图形元件后将其打散。再创建一个图层，在图层中绘制一个与文字等高的长条矩形。在【颜色】面板中创建黑白相间的线性渐变，如图 8.92 所示。将矩形转换为图形元件。

图 8.91　水波流动的文字特效

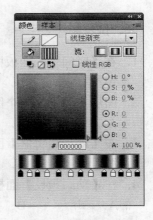

图 8.92　创建线性渐变

（2）将长条矩形所在的图层放置到文字图层的下方，并使其正好位于文字的下方。在该图层中创建矩形从左向右运动的补间动画，补间动画有 55 帧，其他图层将帧延伸到第 55 帧。将文字所在的图层转换为遮罩层，在该图层上方创建一个新图层，将文字元件放置到该图层中并使该文字正好盖住遮罩层中的文字。至此，练习制作完成。

8.7.2　制作动画——擦黑板

制作黑板擦擦掉黑板上文字的动画效果，如图 8.93 所示。

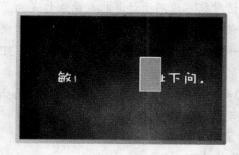

图 8.93　擦黑板效果

主要步骤指导：

（1）在【时间轴】面板中除了"图层 1"外再添加 4 个图层，在最下面的图层中绘制黑板，在黑板上面的图层中添加文字，在最上面的图层中绘制引导线，在其下的图层中绘制一个矩形黑板擦。

（2）引导线所在的图层转换为引导图层，创建黑板擦的补间动画，建立黑板擦与引导线的连接。使用【部分选取工具】对引导线进行调整，使黑板擦能够划过所有的文字。

（3）在文字所在图层上方的图层中绘制用作遮罩的图形，图形在绘制时根据黑板擦移动的位置要盖住相应的文字。完成绘制后将该图层转换为遮罩图层即可。

第 9 章

骨骼动画和 3D 动画

骨骼动画是一种应用于计算机动画制作的技术，其依据的是反向运动学原理。这种技术应用于计算机动画制作是为了能够模拟动物或机械的复杂运动，使动画中的角色动作更加形象逼真，使设计师能够方便地模拟各种与现实一致的动作。Flash从CS4开始提供了3D工具，工具能够使设计师在三维空间内对普通的二维对象进行处理。本章将介绍Flash中骨骼动画的制作和3D动画的创建过程,使读者能够利用Flash提供的相关工具制作出形象逼真的动画效果。

本章主要内容:

● 骨骼动画;

● 3D动画。

9.1 骨骼动画

在 Flash CS4 之前，要对元件创建规律性运动的动画，一般使用补间动画来完成，但是补间动画有局限性，如只能控制一个元件。在 Flash CS4 之后，Flash 引入了骨骼动画，允许用户用骨骼工具将多个元件绑定以实现复杂的多元件的反向运动，这无疑大大提高了复杂动画的制作效率。本节将介绍 Flash CS5 中骨骼动画的创建和编辑的知识。

9.1.1 关于骨骼动画

在动画设计软件中，运动学系统分为正向运动学和反向运动学这两种。正向运动学指的是对于有层级关系的对象来说，父对象的动作将影响到子对象，而子对象的动作将不会对父对象造成任何影响。如当对父对象进行移动时，子对象也会同时随着移动。而子对象移动时，父对象不会产生移动。由此可见，正向运动中的动作是向下传递的。

与正向运动学不同，反向运动学动作传递是双向的，当父对象进行位移、旋转或缩放等作时，其子对象会受到这些动作的影响，反之，子对象的动作也将影响到父对象。反向运动是通过一种连接各种物体的辅助工具来实现的运动，这种工具就是 IK 骨骼，也称为反向运动骨骼。使用 IK 骨骼制作的反向运动学动画就是所谓的骨骼动画。

制作骨骼动画就不得不提骨架。上面已经提到，在骨骼动画中，相连的两个对象存在着一种父子层次结构，其中占主导地位的是父级，属于从属地位的是子级，骨架的作用就是连接父子两级对象。

　　用于连接的骨架有两种分布方式，一种是线性分布，也就是一级连接一级；另一种是分支分布，一个父级连接几个子级，在这些子级中，它们都源于同一个父级骨骼，因此这些子级的骨架分支是同级骨架。在骨骼动画中，两个骨架之间的连接点称为关节。如制作一个人物动作动画，人物躯干、上臂、下臂和手通过骨骼连接在一起。躯干骨骼作为父级，其下创建分支骨架，包括两只手臂，手臂包括各自的上臂、下臂和手，它们之间的层级关系如图 9.1 所示。

　　在 Flash 中，创建骨骼动画一般有两种方式。一种方式是为实例添加与其他实例相连接的骨骼，使用关节连接这些骨骼。骨骼允许实例链一起运动。另一种方式是在形状对象（即各种矢量图形对象）的内部添加骨骼，通过骨骼来移动形状的各个部分以实现动画效果。这样操作的优势在于无须绘制运动中该形状的不同状态，也无须使用补间形状来创建动画。

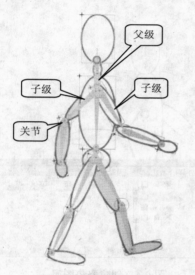

图 9.1　连接对象的骨架

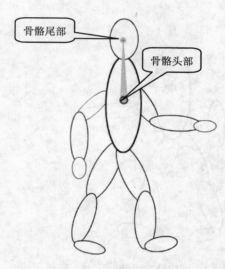

图 9.2　创建骨骼

9.1.2　创建骨骼动画

　　在 Flash CS5 中，如果需要制作具有多个关节的对象的复杂动画效果（如制作人物走动动画），使用骨骼动画将能够十分快速地完成。本节将介绍骨骼的定义、骨骼的基本操作以及骨骼动画的创建方法。

1. 定义骨骼

　　创建骨骼动画首先需要定义骨骼。Flash CS5 提供了一个【骨骼工具】，使用该工具可以向影片剪辑元件实例、图形元件实例或按钮元件实例添加 IK 骨骼。在工具箱中选择【骨骼工具】，在一个对象中单击，向另一个对象拖动鼠标，释放鼠标后就可以创建这两个对象间的连接。此时，两个元件实例间将显示出创建的骨骼。在创建骨骼时，第一个骨骼是父级骨骼，骨骼的头部为圆形端点，有一个圆圈围绕着头部。骨骼的尾部为尖形，有一个实心点，如图 9.2 所示。

选择【骨骼工具】，单击骨骼的头部，向第二个对象拖曳鼠标，释放鼠标后即可创建一个分支骨骼，如图 9.3 所示。根据需要创建骨骼的父子关系，依次将各个对象连接起来，这样骨架就创建完成了。

专家点拨：在创建分支骨骼时，第一个分支骨骼是整个分支的父级。在创建骨骼时为了方便骨骼尾部的定位，可以选择【视图】|【贴紧】|【贴紧至对象】命令启用 Flash 的"贴紧至对象"功能。

在创建骨架时，Flash 会自动将实例或形状以及与之相关联的骨架移动至时间轴的一个新图层中，这个图层即为姿势图层，每个姿势图层将只能包括一个骨架及其与之相关联的实例或形状，如图 9.4 所示。

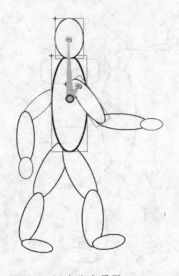

图 9.3 创建分支骨骼

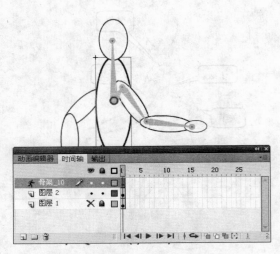

图 9.4 创建姿势图层

专家点拨：在创建骨骼后，舞台上元件实例原来的叠放顺序会被打乱。此时，使用【选择工具】选择舞台上的实例按 Ctrl+↑键或 Ctrl+↓键来调整实例的叠放顺序。当然，也可以在选择实例后使用【修改】|【排列】菜单下的菜单命令或使用右键关联菜单中的【排列】菜单命令来进行调整。

2. 选择骨骼

在创建骨骼后，可以使用多种方法来对骨骼进行编辑。要对骨骼进行编辑，首先需要选择骨骼。在工具箱中选择【选择工具】，单击骨骼即可选择该骨骼，在默认情况下，骨骼显示的颜色与姿势图层的轮廓颜色相同，骨骼被选择后，将显示该颜色的相反色，如图 9.5 所示。

专家点拨：如果要更改骨骼显示的颜色，只需要更改图层的轮廓颜色即可。方法是双击姿势图层的图标打开【图层属性】对话框，单击对话框的【轮廓颜色】按钮打开调色板重新设置轮廓颜色即可。在任意一个骨骼上双击，将能够同时选择骨架上所有的骨骼。

如果需要快速选择相邻的骨骼，可以在选择骨骼后，在【属性】面板中单击相应的按钮来进行选择。如单击【父级】按钮可将选择当前骨骼的父级骨骼，单击【子级】按钮可将选择当前骨骼的子级骨骼，单击【下一个同级】按钮或【上一个同级】按钮可以选择同级的骨骼，如图 9.6 所示。

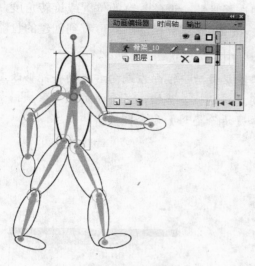

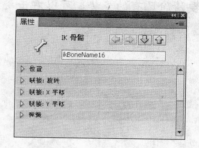

图 9.5　选择骨骼　　　　　　　　　图 9.6　使用【属性】面板按钮选择骨骼

专家点拨：如果要选择整个骨架，可以在【时间轴】面板中单击姿势图层，则该图层的所有骨骼都将被选择。按住 Shift 键依次单击骨骼可以同时选择多个骨骼。

3．删除骨骼

在创建骨骼后，如果需要删除单个的骨骼及其下属的子骨骼，只需要选择该骨骼后按 Delete 键即可。如果需要删除所有的骨骼，可以右击姿势图层，选择关联菜单中的【删除骨骼】命令。此时实例将恢复到添加骨骼之前的状态，如图 9.7 所示。

专家点拨：如果需要调整实例的位置，可以通过拖动骨骼或实例来实现。在拖动骨骼时，与之相关联的实例也将随之移动和旋转，但实例不会相对于骨骼发生移动或旋转。在移动和旋转子级骨骼时，父级骨骼也将随之变化。如果不希望父级骨骼随着改变，可以按住 Shift 键移动子级骨骼。

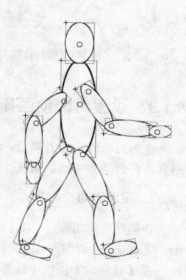

4．创建骨骼动画

在为对象添加了骨架后，即可以创建骨骼动画了。在

图 9.7　删除所有骨骼

制作骨骼动画时，可以在开始关键帧中制作对象的初始姿势，在后面的关键帧中制作对象不同的姿态，Flash 会根据反向运动学的原理计算出连接点间的位置和角度，创建从初始姿态到下一个姿态转变的动画效果。

在完成对象的初始姿势的制作后，在【时间轴】面板中右击动画需要延伸到的帧，选择关联菜单中的【插入姿势】命令。在该帧中选择骨骼，调整骨骼的位置或旋转角度，如图 9.8 所示。此时 Flash 将在该帧创建关键帧，按 Enter 键测试动画即可看到创建的骨骼动画效果了。

专家点拨：在【时间轴】面板中将姿势图层最后一帧向左或向右拖动将能够改变动画的长度。此时 Flash 将按照动画的持续时间重新定位姿势帧，并再添加或删除帧。如果需要清除已有的姿势，可以右击姿势帧，选择【清除姿势】命令即可。

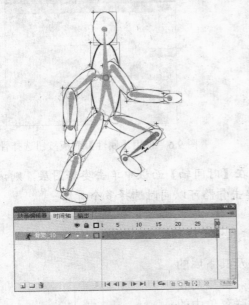

图 9.8　调整骨骼的姿态

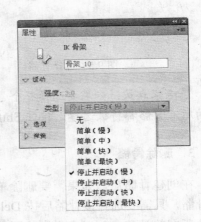

图 9.9　设置缓动

9.1.3　设置骨骼动画属性

在为对象添加了骨骼后，往往需要对骨骼属性进行设置，使创建的动画效果更加形象逼真，符合现实的运动情况。本节将介绍对骨骼进行设置的方法。

1. 设置缓动

在创建骨骼动画后，在【属性】面板中设置缓动。Flash 为骨骼动画提供了几种标准的缓动，缓动应用于骨骼，可以对骨骼的运动进行加速或减速，从而使对象的移动获得重力效果。

在【时间轴】面板中选择骨骼动画的任意一帧，在【属性】面板的【缓动】栏中对缓动进行设置。在【强度】文本框中输入数值设置缓动强度，在【类型】下拉列表中选择需要的缓动方式，如图 9.9 所示。

专家点拨：在【缓动】栏中，【强度】值还可以决定缓动方向，其值为正值表示缓出，其值为负值表示缓入。【强度】的默认值为 0，表示没有缓动，最大值为 100，表示对上一个姿势帧之前的帧应用最明显的缓动。最小值为–100，表示对上一个姿势帧应用最明显的缓动效果。【类型】下拉列表中的【简单】类选项决定了缓动的程度。

2. 约束连接点的旋转和平移

在 Flash 中，可以通过设置对骨骼的旋转和平移进行约束。约束骨骼的旋转和平移，可以控制骨骼运动的自由度，创建更为逼真和真实的运动效果。

在默认情况下，Flash 不会对连接点的旋转进行约束，骨骼可以绕着连接点在 360°范围内旋转。如果需要进行约束，可以采用下面的方法操作。如果需要对连接点的旋转进行约束，如只允许连接点旋转 60°，则可以在舞台上选择骨骼后，在【属性】面板的【联接：旋转】栏中勾选【约束】复选框，同时在【最小】和【最大】输入旋转的最小和最大角度值，如这里分别输入"–30°"和"30°"。此时骨骼节点上旋转显示器将显示出可以旋转的范围，如图 9.10 所示。

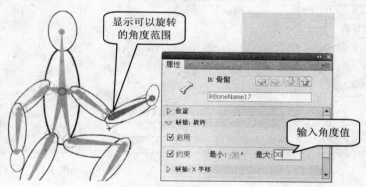

图 9.10　约束旋转

在默认情况下，Flash 只是开启了旋转的连接方式，骨骼可以绕着连接点进行旋转。如果需要骨骼在 X 和 Y 方向上进行平移，可以通过【属性】面板来进行设置，这里在设置时同样可以对平移的范围进行约束。在选择骨骼后，在【属性】面板中展开【联接：X 平移】和【联接：Y 平移】设置栏，勾选其中的【启用】复选框开启平移连接方式，勾选其中的【约束】复选框，在【最小】和【最大】文本框中输入数值约束平移的范围。此时，骨骼上的平移显示器将显示出在 X 方向和 Y 方向上平移的范围，如图 9.11 所示。

为了避免某个骨骼的移动，可以将该骨骼固定在舞台上。在选择骨骼后，固定该骨骼有两种方法，一种方法是直接单击骨骼的连接点，此时将显示固定光标"×"。第二种方法是在骨骼的【属性】面板中勾选【位置】栏中的【固定】复选框，如图 9.12 所示。再次单击该骨骼的连接点或取消对【固定】复选框的选择将取消骨骼的固定，使其能够移动。

3. 设置连接点速度

连接点速度决定了连接点的粘贴性和刚性，当连接点速度较低时，该连接点将反应缓慢，当连接点速度较高时，该连接点将具有更快的反应。在选取骨骼后，在【属性】面板的【位置】栏的【速度】文本框中输入数值，可以改变连接点的速度，如图 9.13 所示。

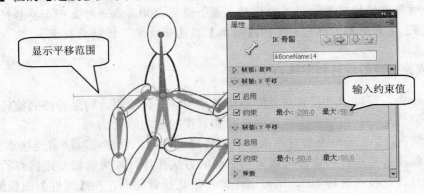

图 9.11　约束连接点的平移

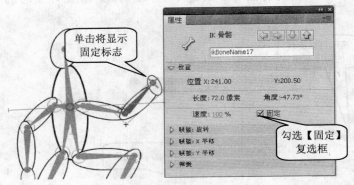 

图 9.12　固定骨骼　　　　　　　　　　图 9.13　设置连接点的速度

4．设置弹簧属性

弹簧属性是 Flash CS5 新增的一个骨骼动画属性。在舞台上选择骨骼后，在【属性】面板中展开【弹簧】设置栏。该栏中有两个设置项，如图 9.14 所示。其中，【强度】用于设置弹簧的强度，输入值越大，弹簧效果越明显。【阻尼】用于设置弹簧效果的衰减速率，输入值越大，动画中弹簧属性减小得越快，动画结束得就越快。其值设置为 0 时，弹簧属性在姿态图层中的所有帧中都将保持最大强度。

图 9.14　设置弹簧属性

9.1.4　制作形状骨骼动画

9.1.3 节介绍的骨骼动画的骨架是建立在多个元件实例之上，用于建立多个元件实例之间的连接的。实际上，在制作骨骼动画时，骨骼还可以添加到图层中的单个形状或一组形状中。

1．创建形状骨骼

制作形状骨骼动画的方法与前面介绍的骨骼动画的制作方法基本相同。在工具箱中选择【骨骼工具】，在图形中单击后在形状中拖动鼠标即可创建第一个骨骼，在骨骼端点处单击后拖动鼠标可以继续创建该骨骼的子级骨骼。在创建骨骼后，Flash 同样会把骨骼和图形自动移到一个新的姿势图层中，如图 9.15 所示。

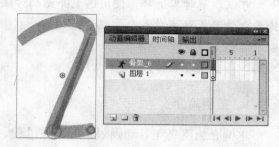

图 9.15　创建骨骼

专家点拨：在 Flash 中，骨骼只能用于形状和元件实例，组对象是无法添加骨骼的，此时可以使用【分离】命令将其打散后再添加骨骼。

完成骨骼的添加后，即可以像前面介绍的骨骼动画那样来创建形状骨骼动画，并对骨骼的属性进行设置。这里要注意，对形状添加了骨骼后，形状将无法再进行常见的编辑操作，如对形状进行变形操作、为形状添加笔触或更改填充颜色等。

2．绑定形状

在默认情况下，形状的控制点连接到离它们最近的骨骼。Flash 允许用户使用【绑定工具】来编辑单个骨骼和形状控制点之间的连接。这样就可以控制在骨骼移动时笔触或形状扭曲的方式，以获得更满意的效果。

在 Flash 中使用【绑定工具】可以将多个控制点绑定到一个骨骼，也可将多个骨骼绑定到一个控制点。在工具箱中选择【绑定工具】，使用该工具单击形状中的骨骼，此时该骨骼中显示一条红线，而与该骨骼相关联的图形上的控制点显示为黄色，如图 9.16 所示。单击选择形状上的一个控制点，将其向骨骼的连接点处拖动，该控制点即与骨骼绑定，如图 9.17 所示。在完成绑定后，拖动骨骼，该控制点附近的图形的填充和笔触都将保持与骨骼的相对距离不变，如图 9.18 所示。

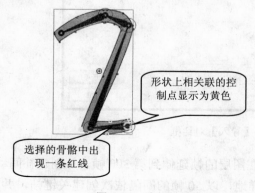

形状上相关联的控制点显示为黄色

选择的骨骼中出现一条红线

图 9.16　选择骨骼

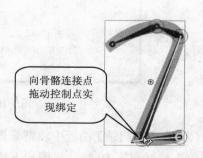

向骨骼连接点拖动控制点实现绑定

图 9.17　骨骼绑定

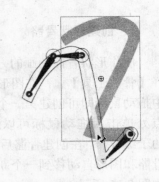

图 9.18 拖动骨骼的效果

专家点拨：在绑定骨骼时，被选择的控制点显示为红色的矩形。按住 Shift 键单击多个控制点，可以将这些控制点同时选择。在同时选择多个控制点后，按 Ctrl 键单击选择的控制点，可以取消对其选择。使用这里介绍的方法同样能够同时选择多个骨骼或取消对多个骨骼的选择。

9.1.5　实战范例——飞翔

1．范例简介

本例介绍飞鸟飞行动画效果的制作过程。本例是一个形状骨骼动画，使用骨骼动画来制作飞鸟飞行时的翅膀扇动效果。为了保证在制作翅膀扇动效果时，与翅膀相连的身体不会发生变形，使用【绑定工具】对图形上的控制点进行了绑定。通过本例的制作，读者将掌握制作形状骨骼动画的方法，熟悉【绑定工具】的使用方法和技巧。

2．制作步骤

（1）启动 Flash CS5 创建一个新文档。选择【文件】|【导入】|【导入到舞台】命令打开【导入】对话框选择需要导入的背景图片，如图 9.19 所示。单击【打开】按钮将背景图片导入到舞台，同时使用【移动工具】调整图片在舞台上的位置，这里使图片的右下角与舞台的右下角对齐。

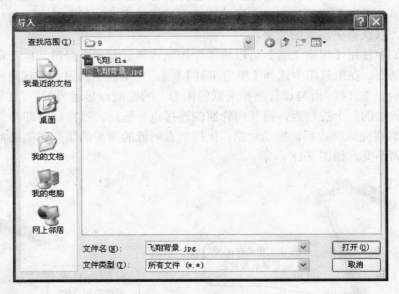

图 9.19　打开【导入】对话框

（2）在【时间轴】面板中将背景图片所在图层的帧延伸到第 300 帧，并创建补间动画。将播放头放置到第 50 帧，将图片下移。同样地，以 50 帧的间隔依次创建关键帧，并在每个关键帧中使图片下移相同的距离，如图 9.20 所示。

图 9.20　创建补间动画

　　（3）新建一个名字为"飞鸟"的影片剪辑元件，如图 9.21 所示，暂时不对元件添加任何内容。返回到"场景 1"，新建一个图层，从【库】面板中将该影片剪辑拖放到舞台上，双击该影片剪辑进入编辑状态。

　　（4）在影片剪辑中使用绘图工具绘制一只白色的飞鸟，如图 9.22 所示。使用【骨骼工具】为形状添加骨架，如图 9.23 所示。

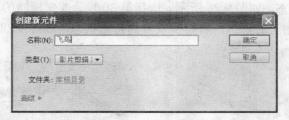

图 9.21　【创建新元件】对话框

图 9.22　绘制飞鸟形状

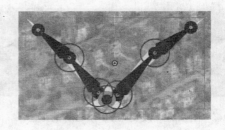

图 9.23　添加骨架

（5）在工具箱中选择【缩放工具】在舞台上单击使图形放大显示，在工具箱中选择【绑定工具】后在图形上单击，使图形上出现控制点。依次选择飞鸟身体和头部的控制点，向骨骼关节处拖动鼠标将这些控制点和骨骼绑定起来，如图9.24所示。

图 9.24　绑定控制点

📖专家点拨：这里的绑定操作是很重要的，必须将鸟身体上的所有控制点都与鸟身体上的关节绑定起来，否则在制作翅膀扇动动画时会引起身体的变形。可以使用【选择工具】移动翅膀，看看身体的哪些部位发生了变形，以确定哪些控制点需要绑定。

（6）在工具箱中选择【选择工具】，在【时间轴】面板中将骨架图层的帧延伸到第 40帧。选择第 10 帧，拖动关节改变两个翅膀的形态，如图9.25所示。选择第 20 帧，同样拖动关节改变翅膀的形态，如图9.26所示。选择第 30 帧，改变翅膀的形态，如图9.27所示。选择第 40 帧，改变翅膀的形态，将翅膀恢复到初始状态，如图9.28所示。

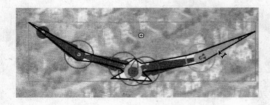

图 9.25　改变第 10 帧翅膀的形态

图 9.26　改变第 20 帧翅膀的形态

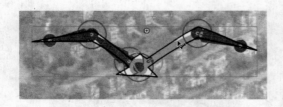

图 9.27　改变第 30 帧翅膀的形态

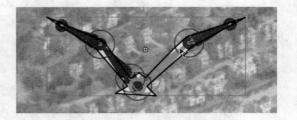

图 9.28　改变第 40 帧翅膀的状态

（7）回到"场景 1"，调整舞台上"飞鸟"影片剪辑的位置，同时将其复制一个。使用

【任意变形工具】将其放置到舞台的适当位置，将其适当缩小，如图 9.29 所示。

（8）至此，本例制作完成。保存文档，按 Ctrl+Enter 键测试动画，动画播放的效果如图 9.30 所示。

图 9.29　复制影片剪辑　　　　　　　　图 9.30　制作完成的动画效果

9.2　3D 动画

Flash 允许用户通过在舞台的 3D 空间中移动和旋转影片剪辑来创建 3D 效果，Flash 为影片剪辑在 3D 空间内的移动和旋转提供了专门的工具，它们是【3D 平移工具】和【3D 旋转工具】，使用这两种工具可以获得逼真的 3D 透视效果。本节将介绍在 Flash 中创建 3D 动画效果的方法。

9.2.1　实例的 3D 变换

在 Flash 中，影片剪辑实例的 3D 变换包括对实例在 3D 空间内的平移和旋转。本节将介绍 Flash 中平移实例和旋转实例的操作方法。

1．平移实例

在 Flash 的 3D 动画制作过程中，平移指的是在 3D 空间中移动一个对象，使用【3D 平移工具】能够在 3D 空间中移动影片剪辑的位置，使得观察者获得与影片剪辑的距离感。

在工具箱中选择【3D 平移工具】，在舞台上选择影片剪辑实例。此时在实例的中间将显示出 X 轴、Y 轴和 Z 轴，其中 X 轴为红色，Y 轴为绿色，Z 轴为黑色的圆点，如图 9.31 所示。使用鼠标拖动 X 轴或 Y 轴的箭头，即可将实例在水平或垂直方向上移动。拖动 X 轴箭头移动实例，如图 9.32 所示。

专家点拨：将鼠标放置在各个轴上，鼠标指针的尾部将显示出该坐标轴的名称，这样有助于识别选择的坐标轴。

图 9.31 显示 X 轴、Y 轴和 Z 轴

图 9.32 沿 X 轴方向移动实例

Z 轴显示为实例上的一个黑点，上下拖动该黑点可以实现在 Z 轴上平移实例，此时向上拖动黑点将缩小实例，向下拖动黑点将放大实例。这样，可以获得离观察者更远或更近的视觉效果，如图 9.33 所示。

如果需要对实例进行精确平移，可以在选择实例后，在【属性】面板的【3D 定位和查看】栏中修改【X】、【Y】和【Z】的值，如图 9.34 所示。

图 9.33 在 Z 轴反向平移实例

图 9.34 修改【X】、【Y】和【Z】值

专家点拨：在 3D 空间中，如果需要同时移动多个影片剪辑实例，可以在同时选择这些实例的情况下使用【3D 平移工具】移动一个实例，此时其他实例也会以相同的方式移动。

2. 旋转实例

使用 Flash 的【3D 旋转工具】可以在 3D 空间中对影片剪辑实例进行旋转，旋转实例可以获得观察者与之形成一定角度的效果。

在工具箱中选择【3D 旋转工具】，单击选择舞台上的影片剪辑实例，在实例的 X 轴上左右拖动鼠标将能够使实例沿着 Y 轴旋转，在 Y 轴上上下拖动鼠标将能够使实例沿着 X 轴旋转，如图 9.35 所示。

使用【3D 旋转工具】拖动内侧的蓝色色圈，可以使实例沿 Z 轴旋转，拖动外侧的橙色色圈可以使实例沿 X 轴、Y 轴或 Z 轴旋转，如图 9.36 所示。使用【3D 旋转工具】拖动中心点可以将中心点拖动到舞台的任意位置，如图 9.37 所示。

在 X 轴左右拖动鼠标将沿 Y 轴旋转实例

拖动该橙色色圈可沿 X 轴和 Y 轴旋转实例

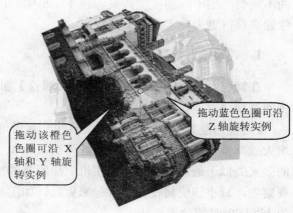

拖动蓝色色圈可沿 Z 轴旋转实例

图 9.35　拖动坐标轴旋转实例　　　　　　图 9.36　拖动色圈旋转实例

如果需要精确控制实例的 3D 旋转，可以选择【窗口】|【变形】命令打开【变形】面板，在【3D 旋转】栏中输入 X、Y 和 Z 的角度，可以对实例进行旋转。在【3D 中心点】栏中输入 X、Y 和 Z 值可以设置中心的位置，如图 9.38 所示。

拖动改变中心点的位置

图 9.37　移动中心点　　　　　　　　图 9.38　【变形】面板

　　专家点拨：在 Flash 中，【3D 平移工具】和【3D 旋转工具】允许用户在全局 3D 空间或局部 3D 空间中操作对象。所谓的全局 3D 空间指的是舞台空间，局部 3D 空间即为影片剪辑空间。在全局 3D 空间中移动或旋转对象与在舞台上移动或旋转对象是等效的。在局部 3D 空间中移动或旋转对象与相对于父影片剪辑移动对象是等效的。在默认情况下，这两个工具的默认模式是全局的。在选择工具后，单击工具箱下选项栏的【全局转换】按钮取消其按下状态即可转换为局部 3D 空间，该按钮处于按下状态为全局 3D 空间。

9.2.2　透视角度和消失点

　　在观看物体时，视觉上常常有这样的经验，那就是相同大小的物体，较近的比较远的要大，两条互相平行的直线会最终消失在无穷远处的某个点，这个点就是消失点。人在观察物体时，视线的出发点称为视点，视点与观察物体之间会形成一个透视角度，透视角度的不同会产生不同的视觉效果。在 Flash 中，用户可以通过调整实例的透视角度和消失点位置来获得更为真实的视觉效果。

1．调整透视角度

在舞台上选择一个 3D 实例，在【属性】面板的【3D 定位和查看】栏中可以设置该实例的透视角度，如图 9.39 所示。

【透视角度】的取值范围为 1°～179°，其值可以控制 3D 影片剪辑在舞台上的外观角度，增大或减小该值将影响 3D 实例的外观尺寸和实例相对于舞台边缘的位置。设置该值获得的效果类似于通过镜头更改照相机失焦所获的拍摄效果，增大该值将使实例看上去更接近观察者，减小该值将使实例看起来更远。如图 9.40 所示为将 3D 实例的【透视角度】设置为 1°和 90°时的效果对比。

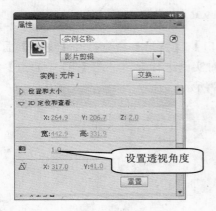

图 9.39　设置透视角度　　　　图 9.40　【透视角度】为 1°和 90°时的效果对比

专家点拨：在调整文档的大小时，舞台上的 3D 对象的透视角度会随着舞台的大小而自动变更。选择【修改】|【文档】命令打开【文档属性】对话框，取消对【调整 3D 透视角度以保留当前舞台投影】的勾选，则 3D 对象的透视角度将不会再随着舞台大小的变化而改变。

2．调整消失点

3D 实例的【消失点】属性可以控制其在 Z 轴的方向，调整该值将使实例的 Z 轴朝着消失点的方向后退。通过重新设置消失点的方向，能够更改沿着 Z 轴平移的实例的移动方向，同时也可以实现精确控制舞台上的 3D 实例的外观和动画效果。

3D 实例的消失点默认位置是舞台中心，如果需要调整其位置，可以在【属性】面板的【3D 定位和查看】栏中进行设置，如图 9.41 所示。

图 9.41　设置消失点的位置

专家点拨：3D 补间实际上就是在补间动画中运用 3D 变换来创建关键帧，Flash 会自动补间两个关键帧之间的 3D 效果。在创建 3D 补间动画时，首先创建补间动画，然后将播放头放置到需要创建关键帧的位置，使用【3D 平移工具】或【3D 旋转工具】对舞台上的实例进行 3D 变换。在创建关键帧后，Flash 将自动创建两个关键帧间的 3D 补间动画。

9.2.3 实战范例——旋转立方体

1．范例简介

本例介绍一个 3D 动画效果的制作过程。动画运行时，一个立方体从舞台上方落下，然后分别绕 X 轴、Y 轴和 Z 轴旋转一周。本例在制作时，首先制作立方体的各个面，然后通过 3D 变换将它们拼为一个立方体。将立方体影片剪辑拖放到舞台上，制作 3D 动画效果。通过本例的制作，读者将掌握创建 3D 立方体的方法，熟悉使用【属性】面板和【变换】面板来对实例进行 3D 变换的操作技巧，同时掌握 3D 动画的制作方法。

2．制作步骤

（1）新建一个 Flash 文档（ActionScript 3.0），设置舞台尺寸为 550 像素×770 像素，其他保存默认设置。选择【文件】|【导入】|【导入到库】命令打开【导入】对话框，在【导入到库】对话框中选择需要导入的所有的图片，如图 9.42 所示。单击【打开】按钮将选择的图片导入到【库】面板中。将作为背景的图片拖放到舞台上，在【属性】面板中输入【高】值改变图片的大小，同时使用【选择工具】调整图片的位置使其占满整个舞台，如图 9.43 所示。

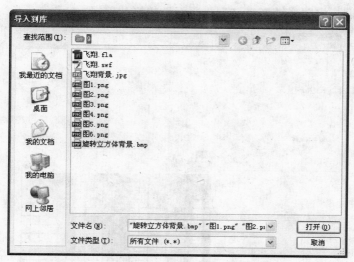

图 9.42 【导入到库】对话框

（2）新建一个名字为"立方体"的影片剪辑元件，暂时不对元件创建任何内容。返回到"场景 1"，在【时间轴】面板中创建一个新图层，锁定背景所在的图层后，将创建的"立方体"影片剪辑拖放到舞台上，如图 9.44 所示。

图 9.43 设置图片大小

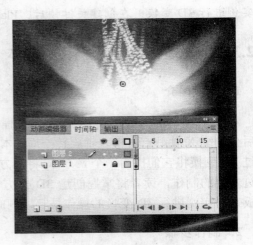
图 9.44 放置影片剪辑

（3）双击该影片剪辑进入编辑状态，使用【矩形工具】绘制一个正方形，在【属性】面板中将【宽】和【高】均设置为"100"。将【X】和【Y】值设置为"–50"，使正方形在影片剪辑中居中放置。取消图形的笔触，并设置图形的填充效果。这里使用 Flash 自带的双色径向填充，其起始颜色为绿色（颜色值为"#00FF00"），终止颜色为黑色（颜色值为"#000000"），如图 9.45 所示。右击该图形，选择关联菜单中的【转换为元件】命令打开【转换为元件】对话框，将图形转换为名为"平面"的影片剪辑。

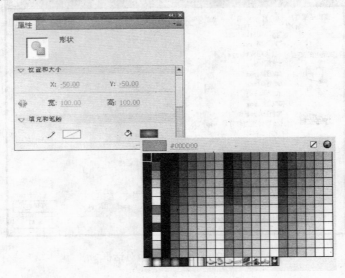
图 9.45 设置图形属性

（4）从【库】面板中将名为"图片 1.png"的图片拖放到舞台上，在【属性】面板中首先将【宽】和【高】的值设置为"60"，然后将【X】和【Y】的值设置为"−30"，从而将图片放置到舞台中心，如图 9.46 所示。同时选择这两个对象，右击，选择关联菜单中的【转换为元件】命令将其转换为名为"面 1"的影片剪辑，该影片剪辑将是立方体中的一个面。

（5）在【时间轴】面板中将当前图层更名为"面 1"，新建一个名为"面 2"的新图层。将"平面"影片剪辑和"图片 2.png"图片放置到该图层中，将图片的大小设置得与第（4）步图片大小相同。同时选择这两个对象后，选择【窗口】|【对齐】命令打开【对齐】面板，单击【水平中齐】按钮▲和【垂直中齐】按钮⬛使它们居中对齐。同时选择这两个对象后，将它们转换为影片剪辑，将影片剪辑放置到第（4）步创建的"面 1"影片剪辑的下方，该对象将是立方体的第二个面，如图 9.47 所示。使用类似的方法创建立方体其他面的影片剪辑，将它们放置到舞台的左侧以备使用，如图 9.48 所示。

图 9.46　设置图片大小和位置

图 9.47　创建立方体的第二个面

　专家点拨：只有影片剪辑实例才能创建 3D 动画，因此这里将所有的对象都转换为影片剪辑。在制作时为了便于对象的选择，这里将立方体的 6 个面放置到不同的图层中。

（6）选择"面 1"实例，在【属性】面板的【3D 定位和查看】栏中将【X】、【Y】和【Z】分别设置为"0"、"0"和"−50"，在【色彩效果】栏中设置实例的 Alpha 值为"80%"，如图 9.49 所示。选择"面 2"实例，在【3D 定位和查看】栏中将【X】、【Y】和【Z】分别设置为"0"、"0"和"50"，在【色彩效果】栏中设置实例的 Alpha 值为"80%"。此时两个实例舞台上的效果如图 9.50 所示。回到"场景 1"，使用【3D 旋转工具】对舞台上的影片剪辑进行旋转，可以看到这两个面的 3D 关系，如图 9.51 所示。

（7）选择"面 3"影片剪辑，在【3D 定位和查看】栏中将【X】、【Y】和【Z】分别设置为"0"、"0"和"50"，在【色彩效果】栏中设置实例的 Alpha 值为"80%"。按 Ctrl+T 键打开【变形】面板，在面板中设置实例绕 Y 轴旋转 90°，如图 9.52 所示。此时实例在舞台上的效果如图 9.53 所示。回到"场景 1"，使用【3D 旋转工具】对舞台上的影片剪辑进行旋转，可以看到各个面间的 3D 位置关系如图 9.54 所示。

图 9.48　创建其他的面

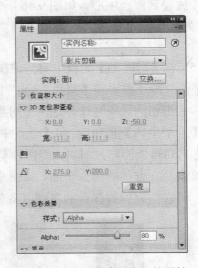

图 9.49　设置"面 1"实例的属性

图 9.50　设置属性后的效果

图 9.51　场景中两个面的 3D 关系

图 9.52　设置绕 Y 轴旋转 90°

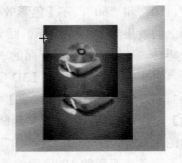

图 9.53　设置属性后的效果

（8）选择"面 4"影片剪辑，在【3D 定位和查看】栏中将【X】、【Y】和【Z】分别设置为"50"、"0"和"0"，在【色彩效果】栏中设置实例的 Alpha 值为"80%"。在【变形】面板中设置实例绕 Y 轴旋转–90°。此时实例在舞台上的效果如图 9.55 所示。回到"场景 1"，使用【3D 旋转工具】对舞台上的影片剪辑进行旋转，可以看到各个面间的 3D 位置关系如图 9.56 所示。

图 9.54　舞台上显示的各个面的 3D 关系　　　　图 9.55　设置属性后的效果

（9）选择"面 5"影片剪辑，在【3D 定位和查看】栏中将【X】、【Y】和【Z】分别设置为"0"、"–50"和"0"，在【色彩效果】栏中设置实例的 Alpha 值为"80%"。在【变形】面板中设置实例绕 X 轴旋转 90°。此时实例在舞台上的效果如图 9.57 所示。回到"场景 1"，使用【3D 旋转工具】对舞台上的影片剪辑进行旋转，可以看到各个面间的 3D 位置关系如图 9.58 所示。

图 9.56　舞台上显示的各个面的 3D 关系　　　　图 9.57　设置属性后的效果

（10）选择"面 6"影片剪辑，在【3D 定位和查看】栏中将【X】、【Y】和【Z】分别设置为"0"、"50"和"0"，在【色彩效果】栏中设置实例的 Alpha 值为"80%"。在【变形】面板中设置实例绕 X 轴旋转 90°。此时实例在舞台上的效果如图 9.59 所示。回到"场景 1"，使用【3D 旋转工具】对舞台上的影片剪辑进行旋转，可以看到各个面间的 3D 位置关系如图 9.60 所示。至此，一个立方体制作完成。

（11）回到"场景 1"，选择"立方体"影片剪辑，在【属性】面板的【滤镜】栏中为实例添加【发光】滤镜，将发光颜色设置为白色，将【模糊 X】和【模糊 Y】的值设置为

"100 像素"，如图 9.61 所示。

图 9.58　舞台上显示的各个面的 3D 关系

图 9.59　设置属性后的效果

图 9.60　舞台上显示的各个面的 3D 关系

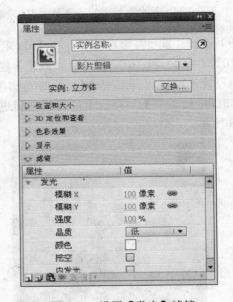

图 9.61　设置【发光】滤镜

　　（12）在【时间轴】面板中将两个图层中的关键帧延伸到第 290 帧，右击立方体所在图层中的任意一个关键帧，选择关联菜单中的【创建补间动画】命令创建补间动画。选择第 1 帧，将立方体拖到舞台的外部，选择第 60 帧，将立方体拖放到舞台中。这样即可获得立方体落下的动画效果，如图 9.62 所示。

　　（13）分别按 F6 键，在第 61 帧、第 111 帧、第 170 帧、第 171 帧创建关键帧。选择第 110 帧，打开【动画编辑器】面板，将【旋转 Y】值设置为"360°"，如图 9.63 所示。

　　（14）选择第 170 帧，在【动画编辑器】面板中将【旋转 X】值设置为"360°"。选择第 171 帧，在【动画编辑器】面板中将【旋转 X】设置为"0°"。选择第 230 帧，在【动画编辑器】面板中将【旋转 Z】设置为 "360°"。

（15）至此，本例制作完成。保存文档，按 Ctrl+Enter 键测试动画，动画运行效果如图 9.64 所示。

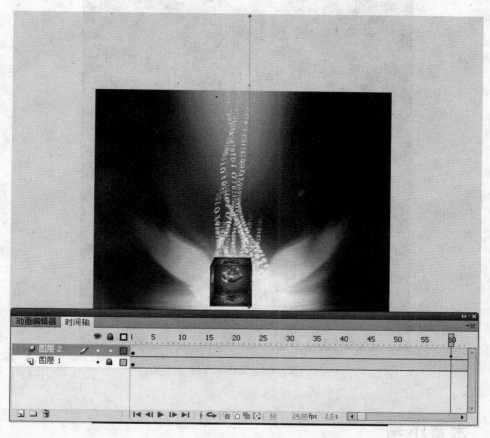

图 9.62　创建立方体落下的动画效果

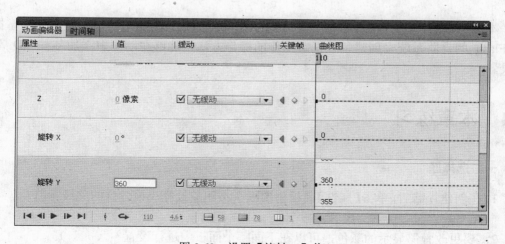

图 9.63　设置【旋转 Y】值

图 9.64　旋转立方体

9.3　本章小结

　　本章学习 Flash 中骨骼动画和 3D 动画的制作方法。通过本章的学习，读者能够掌握使用 Flash 的骨骼系统来创建各种复杂动作的操作方法，能够在动画中添加各种 3D 动画效果。

9.4　本章练习

一、选择题

1. 在创建骨骼后，单击【属性】面板中的哪个按钮能选择当前骨骼的父级骨骼？（　　　）
　　A.　⬆　　　　　　　B.　⬇　　　　　　　C.　⬅　　　　　　　D.　➡
2. 要更改骨骼显示的颜色，可以在下面哪个面板中进行设置？（　　　）
　　A.【颜色】面板　　　　　　　　　B.【属性】面板

C.【图层属性】对话框　　　　　　　　D.【文档设置】对话框

3．下面哪个工具可以实现 3D 实例的平移？（　　　）

A.  　　　B. 　　　C. 　　　D.

4．要对 3D 实例的旋转进行精确控制，可以在下面哪个面板中输入旋转角度？（　　　　）

A.【属性】面板　　　　　　　　B.【行为】面板

C.【信息】面板　　　　　　　　D.【变形】面板

二、填空题

1．在动画设计软件中，正向运动中的动作是_____，反向运动学动作传递是_____，子对象的动作将_____。

2．用于连接的骨架有两种分布方式，一种是线性分布，也就是_____。另一种是分支分布，一个父级_____。

3．在设置骨骼动画属性时，【属性】面板【缓动】栏中的【强度】可以决定缓动方向，其值为正表示_____，其值为负表示_____，其默认值为_____。

4．在设置 3D 实例属性时，【透视角度】的取值范围为_____，其值可以控制 3D 影片剪辑在舞台上的_____，增大或减小该值将影响 3D 实例的_____和实例相对于舞台边缘的_____。

9.5　上机练习和指导

9.5.1　制作动画——摇曳

使用提供的素材制作悬挂的圣诞老人和雪人随风摇曳的效果，如图 9.65 所示。

图 9.65　摇曳效果

主要操作步骤指导：

（1）导入素材，将两个挂件放置到不同的图层中。创建一个影片剪辑，在影片剪辑中绘制一个矩形。将矩形放置到与两个挂件相同的图层中。

（2）使用骨骼工具分别在两个图层中创建矩形与挂件之间的骨骼连接，同时创建摇摆的骨骼动画。选择骨骼后在【属性】面板中设置这两个骨骼的【强度】和【阻尼】值即可获得需要的效果。

9.5.2　制作动画——3D 文字效果

使用提供的素材背景图片，制作电影《星球大战》中的文字飞入效果，效果如图 9.66 所示。

图 9.66　3D 文字效果

主要步骤指导：

（1）将素材图片导入到舞台，调整图片的大小。新建一个图层，在图层中输入一段文字，将文字转换为影片剪辑，在【属性】面板中为文字添加【发光】滤镜效果。将【时间轴】面板中两个图层的帧延伸到需要的位置。

（2）选择文字所在的影片剪辑，在【变形】面板的【3D 旋转】栏中将【X】设置为"–90°"，使影片剪辑沿 X 轴旋转，其他的参数设置为 0°。在【属性】面板的【3D 定位和查看】栏中设置【透视角度】，调整【消失点】的【X】和【Y】值设置消失点的位置。调整【X】、【Y】和【Z】的值将文字放置到舞台外部。

（3）为文字创建补间动画，选择最后一帧，选择文字所在的影片剪辑后在【属性】面板中调整【Z】的值即可。

第 10 章

声音和视频

在制作动画时，经常需要使用各种外部素材以增强动画的效果，这些素材除了常用的图形、图像和文字之外，还包括声音和视频。Flash对外部声音和视频提供了很好的支持，用户可以在动画中方便地导入声音和视频，并能对插入的声音和视频进行简单的编辑处理。本章将介绍在Flash动画中使用声音和视频的方法。

本章主要内容:
- 使用声音;
- 使用视频。

10.1　使用声音

Flash CS5 对常用的声音文件提供了很好的支持，用户可以方便地将声音导入到作品中，同时 Flash CS5 还能对影片中导入的声音进行编辑，控制其长短和音量的大小。下面将介绍在 Flash 动画作品中使用声音的方法。

10.1.1　添加声音

对于动画作品来说，声音是一种重要的元素，动画中的声效能够使动画效果更为逼真，同时也能够起到烘托和渲染气氛的作用。在 Flash 动画中使用声音，必须首先导入声音，然后才能将声音添加到动画中。

1. 导入声音

选择【文件】|【导入】|【导入到舞台】或【导入到库】命令打开【导入】对话框，在其中选择需要导入的文件，如图 10.1 所示。单击【打开】按钮即可导入声音文件。

声音导入 Flash 文档后，将会自动添加到【库】面板的列表中。在列表中选择声音，【库】面板中将显示声音的波形图，单击【播放】按钮可以预览声音效果，如图 10.2 所示。

🐾专家点拨: 对于 Windows 系统来说，Flash CS5 可以导入常见的*.mp3 格式和*.wav格式的声音文件。如果系统安装了 QuickTime 4 或更高版本的播放器，还可以导入 AIFF文件。另外，Flash 运行在发布的 SWF 文件中包含设备声音，设备声音以设备本身支持的编码格式编码，如 MIDI、MFI 或 SMAF。

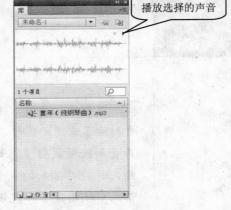

图 10.1 【导入】对话框　　　　　　　　　　图 10.2　声音添加到【库】面板中

2．使用声音

声音文件导入到文档中后，就可以在时间轴上添加声音了。在【时间轴】面板中创建一个新图层，选择该图层，从库中将声音拖放到舞台上，此时在该图层的时间轴上将显示声音的波形图，声音被添加到文档中，如图 10.3 所示。

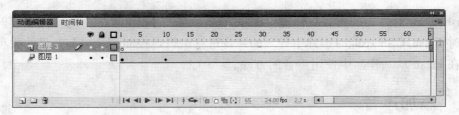

图 10.3　添加声音

专家点拨：在向文档中添加声音时，可以将多个声音放置到同一个图层中，也可以放置到包含动画的图层中。这里最好将不同的声音放置在不同的图层中，每个图层相当于一个声道，这样有助于声音的编辑处理。

10.1.2　编辑声音

声音添加到文档中，往往需要对其进行处理，如使声音与动画同步、压缩声音或增加音效等。下面介绍在 Flash 中对声音进行编辑处理的方法。

1．更改声音

与放置在库中的各种元件一样，声音放置在库中，可以在文档的不同位置重复使用。在时间轴上添加声音后，在声音图层中选择任意一帧，在【属性】面板的【名称】下拉列表框中选择声音文件，如图 10.4 所示。此时，选择的声音文件将替换当前图层中的声音。

这里如果选择【无】选项，将取消添加的声音。

2．添加声效

添加到文档中的声音可以添加声音效果。在【时间轴】面板中选择声音图层的任意帧，在【属性】面板的【效果】下拉列表框中选择声音效果即可，如图 10.5 所示。

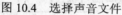

图 10.4 选择声音文件

图 10.5 选择声效

专家点拨：下面介绍【效果】下拉列表中各选项的含义。

● 【无】：声音无效果。

● 【左声道】和【右声道】：只在左声道或右声道播放声音。

● 【向右淡出】和【向左淡出】：声音的播放从左声道向右声道渐变或从右声道向左声道渐变。

● 【淡入】和【淡出】：声音在播放时音量逐渐增大或逐渐减小。

● 【自定义】：用于打开【编辑封套】对话框对声音的变化进行编辑。

3．使用【声音编辑器】

在时间轴上选择声音所在图层，在【属性】面板中单击【效果】下拉列表框右侧的【编辑声音封套】按钮 （或在【效果】下拉列表中选择【自定义】选项）将打开【编辑封套】对话框，如图 10.6 所示。使用该对话框将能够对声音的起始点、终止点和播放时的音量进行设置。

专家点拨：下面介绍【编辑封套】对话框中各个按钮的功能。

● 【起始点】和【终止点】：【编辑封套】对话框中显示声音的两个声道，拖动各个声道中的【起始点】和【终止点】手柄可以改变声音的起始点和终止点。声音在播放时，该声道将从起始点开始和播放，在终止点停止。通过设置起始点和终止点可以对声音进行裁剪，去除掉声音中不要的部分。

● 【播放】和【停止】按钮：单击【播放】按钮将播放声音，单击【停止】按钮将停止声音的播放。

● 【放大】和【缩小】按钮：单击这两个按钮可以使对话框中的声音波形图样放大或缩小。

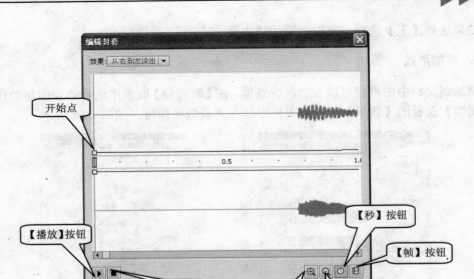

图 10.6 【编辑封套】对话框

● 【秒】和【帧】按钮：这两个按钮可以转换对话框中标尺的显示模式，以秒或帧为单位显示声音波形。如果需要计算声音的持续时间，可以选择以秒为单位。如果需要使声音与动画同步，可以选择以帧为单位，这样可以显示出时间轴上声音播放的实际帧数。

在【编辑封套】对话框的两个声道窗口中，单击编辑线可以添加控制点，拖动控制点可以改变编辑线的形状。例如，这里将起始点下拉，将创建的控制点上拖，可以获得声音渐入效果，如图 10.7 所示。

专家点拨：设置声音的渐入和渐出点，可以去除声音中的无声区域，从而有效地减小声音文件的体积。

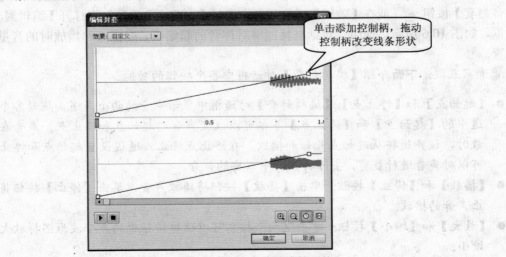

图 10.7 改变编辑线的形状

4．同步声音

Flash 的声音可以分为两类，一种是事件声音，一种是流式声音。事件声音指的是将声音与一个事件相关联，只有当事件触发时，声音才会播放。例如，单击按钮时发出的提示声音就是一种经典的事件声音。事件声音必须在全部下载完毕后才能播放，除非声音全部播放完，否则将一直播放下去。

流式声音就是一种边下载边播放的声音，使用这种方式能够在整个影片范围内同步播放和控制声音。当影片播放停止时，声音的播放也会停止。这种方式一般用于体积较大，需要与动画同步播放的声音文件。

在 Flash 中，用户可以在【属性】面板的【同步】下拉列表中选择需要的声音同步模式，如图 10.8 所示。

图 10.8　设置同步模式

🐌 专家点拨：下面介绍【同步】下拉列表中各选项的含义。

- 【事件】：选择该选项，声音在下载完成后才播放，声音和动画不一定同步。此时，声音会一直播放直到结束，并且会在动画下轮播放时自动从头开始播放。因此，如果声音文件比动画长，这种方式将会造成声音播放的重叠。因此，这种方式常用于体积较小的声音文件，而不用于体积大的文件。

- 【开始】：声音与动画不同步，但不会造成声音的重叠。与【事件】方式不同之处在于，声音在前一轮播放没有结束时，在进入下一轮动画时声音不会播放。这种方式在播放声音前会检查同一声音是否在播放，如果在播放则会忽略播放声音的设定。

- 【停止】：选择该选项时，会在动画的结束帧自动停止。

- 【数据流】：选择该选项，声音下载一部分后即开始播放，声音的播放与动画同步。动画停止，声音播放也停止。这种播放类型适用于体积较大的且需要同步播放的声音文件。但要注意，这种方式下，在浏览动画时播放器可能会为了保持声音与画面的同步而放慢画面的播放速度。

5．声音的循环和重复

选择声音所在图层，在【属性】面板中可以设置声音是重复播放还是循环播放。如果选择【重复】选项，声音将重复播放，在其后的文本框中输入数值可以设置声音播放的次数，如图 10.9 所示。如果需要声音循环播放，可以在这里选择【循环】选项。

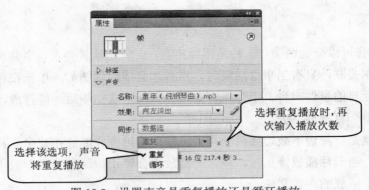

图 10.9　设置声音是重复播放还是循环播放

10.1.3　压缩声音

当添加到文档中的声音文件较大时，将会导致 Flash 文档的增大。当将影片发布到网上时，会造成影片下载过慢，影响观看效果。要解决这个问题，可以对声音进行压缩。

在【库】面板中双击声音图标 （或在选择声音后单击【库】面板下的【属性】·按钮）打开【声音属性】对话框，该对话框将显示声音文件的属性信息。在【压缩】下拉列表中可以选择对声音使用的压缩格式，如图 10.10 所示。

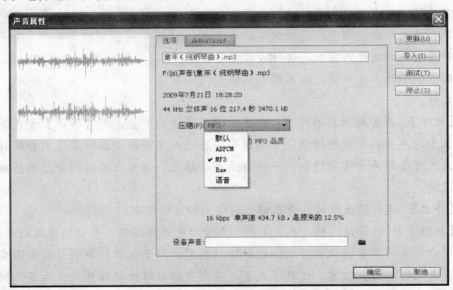

图 10.10　【声音属性】对话框

专家点拨：如果声音已经被其他程序进行了编辑，在【声音属性】对话框中单击【更新】按钮可以对 Flash 文档中的声音进行更新。单击【测试】按钮可以对声音的播放效果进行设置，单击【停止】按钮将停止声音的测试。

1. ADPCM 格式

ADPCM 压缩格式常用于比较简短的事件声音，在【压缩】下拉列表中选择了该选项后可以在【声音属性】对话框中对其进行设置，如图 10.11 所示。

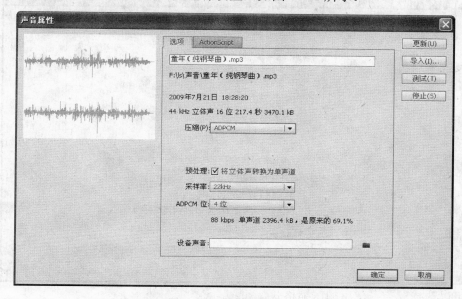

图 10.11　设置 ADPCM 压缩

在对话框中，勾选【预处理】复选框可以将立体声转换为单声道，此时文件大小将减半。如果声音是单声道，则此复选框无效。

【采样率】下拉列表中的选项用于设置声音的采样率，采样率的大小将影响声音的保真度和文件的大小。使用较低的采样率将减小文件的大小，但会降低声音的品质。

专家点拨：【采样率】下拉列表中有 4 个选项，它们的含义如下所述。

● 【5 kHz】：该采样率仅能达到人声音的质量。
● 【11 kHz】：该采样率是音乐播放的最低标准，声音质量能达到 CD 音质的 1/4。
● 【22 kHz】：该采样率的声音质量能达到一般的 CD 音质，这是目前众多网站所选择的声音采样率，可以作为 Flash 动画的标准声音采样率。
● 【44 kHz】：该采样率是标准的 CD 音质，可以获得很好的听觉效果。

【ADPCM 位】下拉列表用于设置声音在编码时的比特率，其包括【2 位】、【3 位】、【4 位】和【5 位】这 4 个选项，其值设置得越大，生成的声音质量将越好，但这样获得的声音文件也就越大。

2. MP3 格式

使用 MP3 格式来压缩文件将能够获得很好的压缩效果，声音文件的体积在变为原来的十分之一的同时能保证基本不损害声音的音质。这是一种高效的声音压缩方式，常用于较长且需要循环播放的声音。在【声音属性】对话框中选择这种压缩方式后，可以对其进行设置，如图 10.12 所示。

图 10.12　设置 MP3 压缩

🐌**专家点拨**：下面介绍对话框中【比特率】和【品质】下拉列表的含义。

- 【比特率】下拉列表：用于设置压缩时使用的比特率。比特率决定了导出声音文件每秒播放的位数，其值设置得越大音质就越好，但声音文件的大小会相应地增大。Flash 支持 8kbps 至 170kpbs 的比特率。在导出声音时为了获得最佳效果，最好将比特率设置得高于 17kbps。
- 【品质】下拉列表：用于设置导出声音的压缩速度和质量。其有 3 个选项，分别是【快速】、【中速】和【最佳】。选择【快速】可以使压缩速度加快但会降低声音的质量。选择【中速】可以以稍慢的压缩速度获得较高的声音质量。选择【最佳】时，压缩速度较慢，但能获得最佳的声音质量。

3．其他格式

在【声音属性】对话框的【压缩】下拉列表中选择【默认】选项，则声音将使用默认值来进行压缩，这是 Flash 的一种通用的压缩方式。这种压缩方式可以对整个文件的声音使用相同的压缩比来进行压缩，而不用对文件中不同的声音分别进行设置。

选择 RAW 选项，声音在导出时将不会进行压缩，此时同样可以对声音的采样率进行设置，如图 10.13 所示。

【压缩】下拉列表中的【语音】选项能够将声音以语音的压缩方式导出，用户可以对导出声音的采样率进行设置。

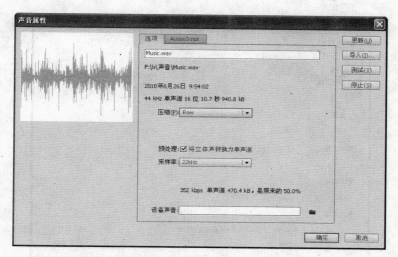

图 10.13　选择 RAW 选项

10.1.4　实战范例——带声音的导航按钮

1．范例简介

本例介绍带有声音的导航按钮的制作过程。本例影片在播放时，鼠标经过或单击导航按钮时，将获得声音提示，按钮上的标签和文字将有缩放动画出现。通过本例的制作，读者将掌握为按钮添加声音提示的方法，同时掌握制作动画按钮的一般基本方法。

2．制作步骤

（1）启动 Flash CS5 并创建一个新文档，选择【修改】|【文档】命令打开【文档设置】对话框，将文档的大小设置为 580 像素×170 像素，如图 10.14 所示。选择【文件】|【导入】|【导入到库】命令打开【导入到库】对话框，在对话框中选择需要导入的背景图片和声音文件，如图 10.15 所示。单击【打开】按钮将选择的素材导入到库中，从【库】面板中将背景图片拖放到舞台上，同时调整图片的大小使其占满整个舞台，如图 10.16 所示。

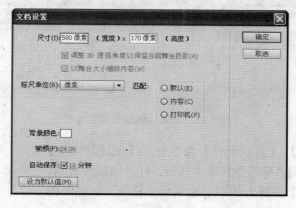

图 10.14　设置文档大小

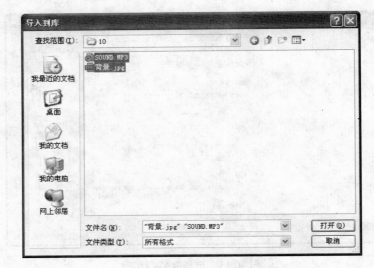

图 10.15 【导入到库】对话框

图 10.16 放置背景图片

（2）在【时间轴】面板中将背景图片所在的图层命名为"背景"，创建一个新图层并将其命名为"分隔线"。使用【钢笔工具】在该图层中绘制分割线，同时使用【文本工具】添加英文标题，如图 10.17 所示。

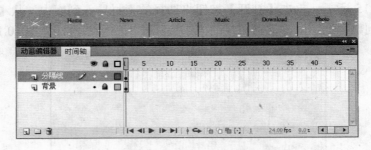

图 10.17 添加分隔线和英文标题

（3）选择【插入】|【新建元件】命令打开【创建新元件】对话框，创建一个名为"标签"的影片剪辑。打开该影片剪辑，使用【基本矩形工具】在舞台的中心绘制一个标签（该图形的填充颜色值为"#66FFFF"），如图 10.18 所示。

图 10.18 绘制一个标签

（4）再创建一个名为"标签变化"的影片剪辑，在该影片剪辑中放入"标签"影片剪辑，并制作标签图形宽度增大再复原的补间动画，如图 10.19 所示。再创建一个新图层，在动画的最后一帧添加一个空白关键帧，按 F9 键打开【动作】面板，在面板中添加"stop()"语句，如图 10.20 所示。这样，在影片播放时，"stop()"语句将使补间动画停止在动画的最后一帧而不会循环播放。

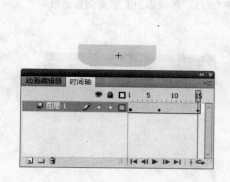

图 10.19　创建补间动画

图 10.20　添加"stop()"语句

（5）创建一个名为"文字 1"的影片剪辑，在该影片剪辑中输入文字"首页"，设置文字的大小和颜色。在【时间轴】面板中将帧延伸到第 10 帧，创建文字宽度增大到缩小的补间动画。与第（4）步的制作步骤一样，新建一个图层，新图层的最后一帧添加空白关键帧，在【动作】面板中输入"stop()"语句。此时的时间轴如图 10.21 所示。

（6）创建一个名为"按钮 1"的按钮元件，选择"指针经过"帧按 F6 键创建关键帧，选择该帧后从【库】面板中将"标签变化"影片剪辑拖放到舞台上。选择"按下"帧创建关键帧，按 F6 键创建空白关键帧，从【库】面板中将"标签"影片剪辑拖放到该帧。选择"单击"帧按 F5 键将帧延伸到此处。如图 10.22 所示。

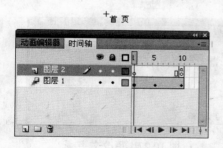

图 10.21　"文字 1"影片剪辑的时间轴

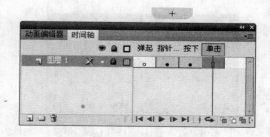

图 10.22　向帧添加实例

（7）在【时间轴】面板中再添加一个图层，使用与第（6）步类似的方法向"弹起"帧、"按下"帧和"单击"帧添加文字"首页"。这里，文字应该具有与"文字 1"影片剪辑中的文字相同的属性。在"指针经过"帧添加空白关键帧，将"文字 1"影片剪辑拖放到该帧中，调整这些帧中文字的位置，使它们的中心点与舞台的中心对齐。各帧添加了实例后的效果如图 10.23 所示。

（8）在【时间轴】面板中添加一个新图层，在"指针经过"帧和"按下"帧按 F6 键创建空白关键帧。选择"指针经过"帧，从【库】面板中将声音文件拖放到舞台上，如图 10.24 所示。在【属性】面板中将【同步】设置为【事件】，如图 10.25 所示。至此，导航按钮被添加声音效果，该按钮制作完成。

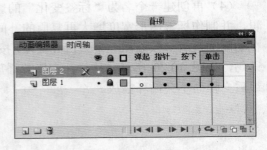

图 10.23　各帧添加文字实例后的效果

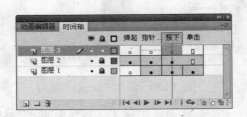

图 10.24　添加声音

图 10.25　设置【同步】

（9）新建名为"文字 2"的影片剪辑，将"文字 1"影片剪辑中的图层复制到该影片剪辑中，将原来的"图层 1"删除，同时将文字改为"新闻"，如图 10.26 所示。创建一个新按钮元件"按钮 2"，将"按钮 1"的图层复制到该按钮中，将"弹起"帧、"按下"帧和"单击"帧的文字改为"新闻"，如图 10.27 所示。删除"指针经过"帧中的影片剪辑，将"文字 2"影片剪辑放置到该帧中，如图 10.28 所示。至此，第二个按钮制作完成。

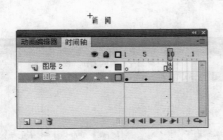

图 10.26　复制图层并更改文字

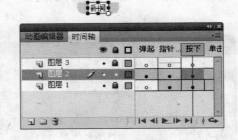

图 10.27　更改文字

（10）使用相同的方法依次制作本例的其他按钮。完成按钮制作后，回到"场景 1"。在【时间轴】面板中新建一个名为"按钮"的图层，选择该图层，将制作的按钮拖放到舞台上，调整这些按钮的位置，如图 10.29 所示。

图 10.28　放置影片剪辑

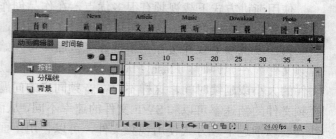

图 10.29　将按钮放置到舞台上

（11）保存文档完成本例的制作，按 Ctrl+Enter 键测试影片。影片播放的效果如图 10.30 所示。

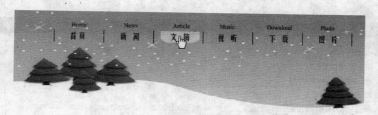

图 10.30　制作完成后的动画效果

10.2　使用视频

Flash 可以播放特定格式的视频文件，它们是 FLV、F4V 和 MPEG 视频。同时，用户也可以通过 Flash 自带的 Adobe Media Encoder 应用程序将其他的视频格式转换为 FLV 和 F4V 格式文件。Flash 的 FLV 和 F4V 视频格式具有技术和创意上的优势，它们允许将视频、数据、图形、声音和交互式控件融合在一起。

10.2.1　添加视频

在 Flash CS5 中，有 3 种方法来使用视频，它们分别是从 Web 服务器渐进式下载方式、使用 Adobe Flash Media Server 流式加载方式和直接在 Flash 文档中嵌入视频方式。本节将介绍使用渐进式下载方式和嵌入视频方式使用视频的方法。

1．渐进式下载视频

从 Web 服务器渐进式下载方式是将视频文件放置在 Flash 文档或生成的 SWF 文档的外部，用户可以使用 FLVPlayback 组件或 ActionScript 在运行时的 SWF 文件中加载并播放这些外部 FLV 或 F4V 视频文件。在 Flash 中，使用渐进式下载的视频实际上仅仅只是在文档中添加了对视频文件的引用，Flash 使用该引用在本地计算机和 Web 服务器上去查找视频文件。

使用渐进方式下载视频有很多优点，在作品创作过程中，仅发布 SWF 文件即可预览或测试 Flash 文档内容，这样可以实现对文档的快速预览，并缩短测试时间。在文档播放时，第一段视频下载并缓存在本地计算机后即可开始视频播放，然后将一边播放一边下载视频文件。在允许时，Flash Player 是从本地计算机加载视频到 SWF 文件中，不限制视频文件的大小或延续时间，这样不存在音频同步的问题，也没有内存限制。另外，这种方式视频文件的帧速率可以和 SWF 文件的速率不同，从而使 Flash 动画的制作具有更大的灵活性。要以渐进下载方式使用视频文件，可以使用下面的步骤进行操作。

（1）选择视频。选择【文件】|【导入】|【导入视频】命令打开【导入视频】对话框，选择【使用播放组件加载外部视频】单选按钮。单击【浏览】按钮弹出【打开】对话框，在对话框中选择需要使用的视频文件，单击【打开】按钮回到【导入视频】对话框，如图 10.31 所示。

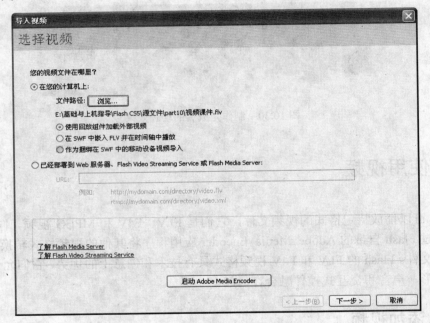

图 10.31　选择视频

专家点拨：在【导入视频】对话框中，如果需要导入本地计算机上的视频文件，应选择【使用播放组件加载外部视频】单选按钮。如果要导入已经部署在 Web 服务器、Flash Video Streaming Service 或 Flash Media Server 上的视频，则可以选择【已经部署到 Web 服务器、Flash Video Streaming Service 或 Flash Media Server】单选按钮，然后在【URL】文本框中输入视频的 URL 地址。这里要注意，位于 Web 服务器上的视频使用的是 HTTP 通信协议，而位于 Flash Media Server 和 Flash Streaming Service 上的视频使用的是 RTMP 通信协议。

（2）设定外观。在【导入视频】对话框中单击【下一步】按钮将可以设置 FLVPlayback 视频组件的外观，如图 10.32 所示。

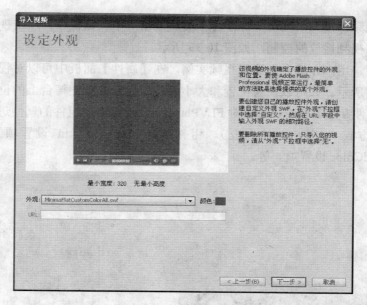

图 10.32　设定外观

专家点拨：在【外观】下拉列表中可以选择 Flash 提供的预定义 FLVPlayback 视频组件外观，Flash 将会把选择的外观复制到 FLA 文档所在的文件夹。如果在该下拉列表中选择【无】选项，则将不使用 FLVPlayback 组件外观。单击【颜色】按钮将打开调色板，可设置组件的颜色。另外，可以在 URL 文本框中输入 Web 服务器地址以选择自定义外观。这里要注意，FLVPlayback 视频组件外观在基于 ActionScript 2.0 文档和 ActionScript 3.0 文档中会有所不同。

（3）完成视频导入。单击【下一步】按钮将在对话框中给出当前导入视频的有关信息及提示，如图 10.33 所示。此时单击【完成】按钮将视频导入到文档中，如图 10.34 所示。

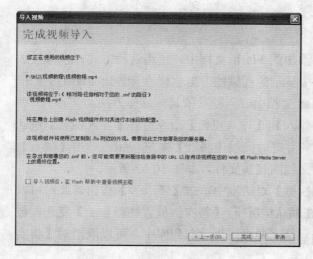

图 10.33　完成视频导入

图 10.34　视频导入到文档中

（4）测试视频。按 Ctrl+Enter 键即可在播放器窗口中预览视频，单击视频下方的控制按钮可以实现对视频播放的控制，如图 10.35 所示。

插入视频后，用户在舞台上选择视频实例，在【属性】面板中可以对视频属性进行设置，如图 10.36 所示。如可以在【位置和大小】栏中设置视频在舞台上的位置和播放窗口的大小。在【组件参数】栏中，可以对 FLVPlayeback 视频播放组件的属性进行设置，如设置组件的对齐方式（align 下拉列表）、组件的外观样式（skin 设置项）和背景颜色（skinBackgroundColor 设置项）等。

图 10.35　播放视频

图 10.36　设置视频属性

2．嵌入视频

嵌入视频是将所有的视频文件数据都添加到 Flash 文档中。使用这种方式，视频被放置在时间轴上，此时可以方便查看时间轴中显示的视频帧，但这样也会导致 Flash 文档或生成的 SWF 文件比较大。下面介绍在 Flash 文档中嵌入视频的具体操作方法。

（1）选择嵌入视频。选择【文件】|【导入】|【导入视频】命令打开【导入视频】对话框，在对话框中选择【在 SWF 中嵌入 FLV 并在时间轴中播放】单选按钮。单击【浏览】按钮打开【打开】对话框指定需要嵌入到文档的视频文件，如图 10.37 所示。

（2）设置视频的嵌入方式。在【导入视频】对话框中单击【下一步】按钮，此时可以设置视频的嵌入方式，如图 10.38 所示。在默认情况下，【将实例放置在舞台上】复选框被勾选，此时视频将直接导入到舞台。如果只是需要将视频导入到库中，可以取消对【将实例放置在舞台上】复选框的勾选。

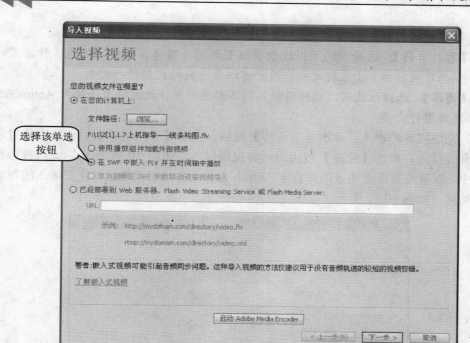

图 10.37　选择嵌入视频

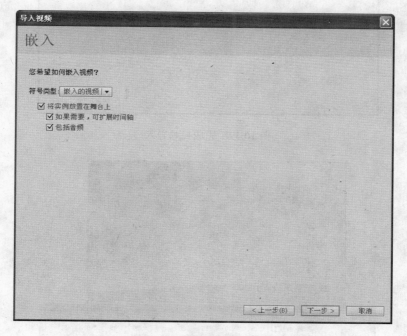

图 10.38　选择视频嵌入的方式

专家点拨:【符号类型】下拉列表中有 3 个选项,用于设置将视频嵌入到 SWF 文件的元件类型。下面介绍各个选项的功能。

● 【嵌入的视频】: 如果要在时间轴上线性播放视频剪辑,可以选择该选项,将视频导入到时间轴。

● 【影片剪辑】：选择该选项，视频将放置到影片剪辑实例中。使用这种方式时，视频的时间轴独立于主时间轴，用户可以方便地对视频进行控制。

● 【图形】：选择该选项，视频将嵌入到图形元件中，此时将无法使用 ActionScript 与视频进行交互。

（3）完成视频的嵌入。单击【下一步】按钮，此时【导入视频】对话框中将显示嵌入视频的有关信息，单击【完成】按钮即可将视频嵌入，如图 10.39 所示。此时视频被嵌入到文档中，视频放置在主场景的舞台上，Flash 会自动扩展时间轴，以使要嵌入的视频适应动画的长度，如图 10.40 所示。

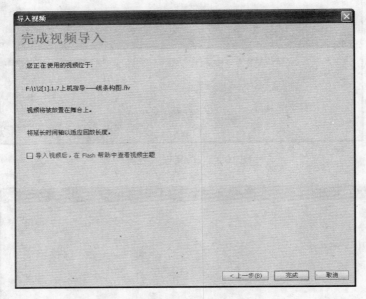

图 10.39　完成视频导入

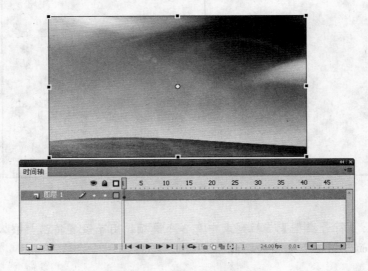

图 10.40　视频放置到时间轴上

专家点拨：嵌入视频时，由于每个视频帧对应时间轴上的一个帧，因此视频和 SWF 文件的帧速率必须设置得相同，否则将会出现回放不一致的情况。对于回放时间小于 10 秒的视频文件，使用嵌入视频的方式效果较好。如果视频回放时间较长，请尽量使用渐进式下载的视频或使用 Flash Media Server 传送视频流。

嵌入视频后，选择该视频，在【属性】面板中可以对其属性进行设置，如图 10.41 所示。在【库】面板中选择嵌入的视频，单击【属性】按钮将打开【视频属性】对话框，如图 10.42 所示。使用该对话框，可以查看嵌入视频的信息，同时还可以更改视频的元件名称、更新视频以及导入 FLV 视频来替换当前视频。

图 10.41　设置嵌入视频属性

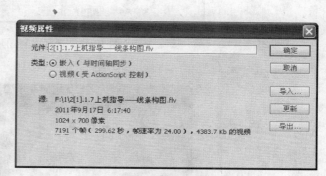

图 10.42　【视频属性】对话框

10.2.2　实战范例——视频课件

1．范例简介

本例介绍在课件中使用视频的方法。通过本例的制作，读者将掌握在文档中导入视频以及在【属性】面板中对 FlvPlayback 组件进行设置以修改组件外观的方法。同时，通过本例的制作，读者还将了解将视频转换为影片剪辑后，使用【属性】面板为视频添加特效的操作方法。

2．制作步骤

（1）启动 Flash CS5 并创建一个新的空白文档。选择【文件】|【导入】|【导入到舞台】命令打开【导入】对话框，在对话框中选择需要导入的素材图片，如图 10.43 所示。单击【打开】按钮将图片导入到文档中，使用【任意变形工具】调整图片的大小，使其占满整个舞台，如图 10.44 所示。

（2）选择【文件】|【导入】|【导入视频】命令打开【导入视频】对话框，单击【浏览】按钮打开【打开】对话框。在对话框中选择需要导入的视频文件，如图 10.45 所示。单击【打开】按钮关闭【打开】对话框，在【导入视频】对话框中保证【使用播放组件加载外部视频】按钮处于被选择状态，如图 10.46 所示。单击【下一步】按钮设定播放器外观，如图 10.47 所示。单击【下一步】按钮，然后直接单击【完成】按钮导入视频。

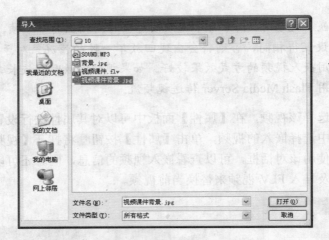

图 10.43　选择素材图片

图 10.44　调整图片的大小

图 10.45　选择需要导入的视频文件

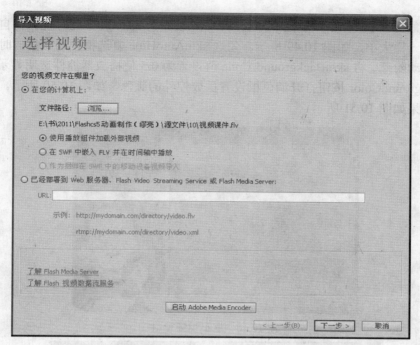

图 10.46　选择【使用播放组件加载外部视频】

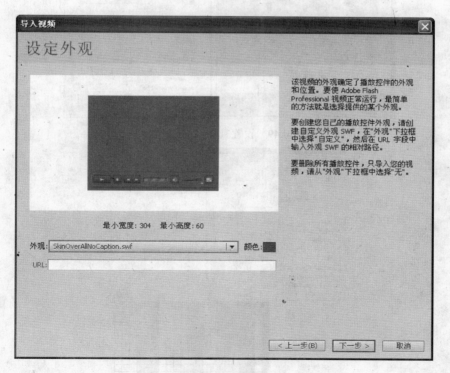

图 10.47　设定外观

（3）在工具箱中选择【任意变形工具】将视频窗口缩小，如图 10.48 所示。选择视频，在【属性】面板的【组件参数】栏中将 scaleMode 设置为 exactFit，此时视频将自动扩展得与播放窗口一样大小，如图 10.49 所示。勾选 skinAutoHide 复选框使动画播放时，视频播放器控件自动隐藏。将 skinBackgroundAlpha 值设置为 0.5 使播放器控件透明显示，同时单击 skinBackgroundColor 按钮打开调色板设置播放控件的颜色，如图 10.50 所示。完成组件设置后的效果如图 10.51 所示。

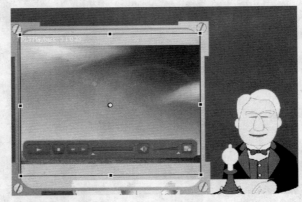

图 10.48　缩小视频窗口

图 10.49　设置 scaleMode 属性

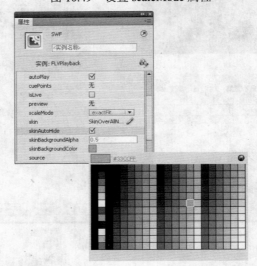

图 10.50　设置视频播放控件自动隐藏、透明度和颜色

图 10.51 完成组件设置后的效果

專家点拨：如果需要更改播放的 FLV 文件，可以单击 source 旁的 ✎ 打开【内容路径】对话框，在对话框中输入文档在本地计算机上的保存路径或网络的 URL 地址，即可更改文档中需要播放的视频文件。如果需要更改播放器控件外观，可以单击 skin 旁的 ✎ 打开【选择外观】对话框，在对话框中选择播放器外观。

（4）右击舞台上的视频，选择关联菜单中的【转换为元件】命令将其转换为影片剪辑。在该影片剪辑的【属性】面板中为其添加【投影】滤镜，将【模糊 X】和【模糊 Y】均设置为"12 像素"，将【距离】设置为"3 像素"，同时勾选【内阴影】复选框，如图 10.52所示。

图 10.52 添加【投影】滤镜

（5）至此本例制作完成，保存文档，按 Ctrl+Enter 键测试文档。在视频播放时，将鼠标放置到视频的底部，将出现视频播放控制按钮。文件中视频播放的效果如图 10.53所示。

图 10.53 视频播放的效果

10.3 本章小结

本章学习 Flash 中声音和视频的导入方法，同时介绍了对这两种文件进行设置的方法。通过本章学习，读者能够掌握在 Flash 文档中使用声音和视频素材的方法，同时能够根据创作对导入的声音和视频进行设置。

10.4 本章练习

一、选择题

1. 在【库】面板中选择声音文件后，单击下面哪个按钮能够预览声音效果？（　　）

A. ⊡　　　　　B. ⊡　　　　　C. ▶　　　　　D. ∎

2. 在【编辑封套】对话框中，下面哪个按钮是【帧】按钮？（　　）

A. ▶　　　　　B. ⊕　　　　　C. ⊙　　　　　D. ⊞

3. 在【属性】面板的【同步】下拉列表中选择声音的同步模式时，选择哪种方式能够使声音下载一部分后即开始播放，声音的播放与动画同步？（　　）

A.【事件】　　　　B.【开始】　　　　C.【停止】　　　　D.【数据流】

4. 使用播放组件加载外部视频后，在视频实例【属性】面板的【组件参数】栏中，下面哪个设置项可以用于更改播放的视频？（　　）

A. autoPlay　　　　B. cuePoints　　　　C. source　　　　D. skin

二、填空题

1．选择_____命令将声音文件导入到库中，在【时间轴】面板中创建一个新图层，选择该图层，从库中将声音拖放到_____，在该图层的时间轴上将显示声音的_____，声音被添加到文档中。

2．Flash 包含两种类型的声音，一种是事件声音，一种是流式声音。事件声音指的是将声音与一个_____相关联，事件声音必须在_____才能播放。流式声音就是一种边下载边_____的声音，使用这种方式能够在整个影片范围内使动画和声音_____，当影片播放停止时，声音的播放也停止。

3．使用 MP3 格式来压缩文件能够获得很好的压缩效果，声音文件的体积将变为原来的_____，同时将保证基本不损害声音的_____，这种声音压缩方式，常用于较长且需要_____播放的声音。

4．在【导入视频】对话框中，选择_____单选按钮可导入本地计算机上的视频文件。如果要导入已经部署在 Web 服务器、Flash Video Streaming Service 或 Flash Media Server 上的视频，则可以选择【已经部署到 Web 服务器、Flash Video Streaming Service 或 Flash Media Server】单选按钮，然后在_____文本框中输入视频的地址。

10.5　上机练习和指导

10.5.1　制作动画——心动的感觉

使用提供的声音素材制作在心跳声中跳动的心脏动画效果，如图 10.54 所示。
主要操作步骤指导：

（1）导入声音素材，将声音拖放到舞台上，在【属性】面板中将【同步】设置为【数据流】。在不同的图层中分别绘制心脏和心脏阴影并添加文字。

（2）根据声音所在图层的波形来制作心脏搏动的补间动画，使心脏的搏动与声音同步。

10.5.2　制作动画——3D 视频效果

使用提供的素材背景图片和视频文件制作 3D 视频播放效果，如图 10.55 所示。

图 10.54　心动的感觉

主要操作步骤指导：

（1）将素材图片导入到舞台，调整图片的大小。导入视频文件，在【导入视频】对话框中选择【使用播放组件加载外部视频】单选按钮，设置时取消播放组件的外观。

（2）从【库】面板中将视频拖放到舞台上，在【属性】面板的【组件参数】栏中将 scaleMode

设置为 exactFit。调整该视频的大小使其与背景图片中间的显示器大小相同。将该视频转换为影片剪辑。

图 10.55　3D 视频效果

（3）复制影片剪辑两个，在【属性】面板的【3D 定位和查看】栏中设置影片剪辑的 3D 位置，在【位置和大小】栏中调整它们的大小，在【变形】面板中对影片剪辑进行 3D 旋转。使影片剪辑与左右两侧的显示器屏幕重合。

使用 ActionScript 3.0 创建交互式动画

　　Flash是优秀的动画制作软件，还是一个制作交互式多媒体系统的利器。Flash动画中的交互是通过ActionScript（即动作脚本）编程来实现的。ActionScript是一种基于Flash的程序语言，同时也是面向对象的脚本语言，可用于实现控制影片的播放、为影片添加特效以及实现用户与动画的交互等诸多功能。本章将对ActionScript的基本知识及应用进行介绍。

　　本章主要内容：
- ActionScript 3.0程序环境；
- ActionScript 3.0事件处理；
- ActionScript 3.0经典应用解析。

11.1　ActionScript 3.0 编程环境

　　早在 1997 年 6 月，Macromedia 公司就在 Flash 2.0 中引入了通过脚本语言来控制动画的功能，随着时间的推移，这种脚本语言也逐渐发展壮大，成为了当前的 ActionScript 3.0。ActionScript 3.0 与以前的 ActionScript 2.0 相比，几乎是一种全新的编程语言，其具备了面向对象编程的特征，拥有更为可靠的编程模型。本节将首先对 Flash CS5 中的 ActionScript 3.0 的编程环境进行介绍。

11.1.1　认识【动作】面板

　　ActionScript 3.0 之前的程序代码可以写在时间轴或元件上，而 ActionScript 3.0 只允许将代码写在时间轴上或外部的类文件中。在时间轴上输入代码，可以使用【动作】面板来实现。

　　【动作】面板是 Flash 中的专用 ActionScript 编程环境，选择【窗口】|【动作】命令（或按 F9 键）可以打开【动作】面板。打开的【动作】面板主要由动作工具箱、脚本编辑窗格和脚本导航器 3 个部分组成，如图 11.1 所示。

　　动作工具箱列出了 ActionScript 3.0 核心类、全局函数、语言元素以及各种包的类等，用户在展开某个项目组后，将鼠标放置在某个语句上将能够得到该语句的提示信息，如图 11.2 所示。双击该语句能够将其插入到程序中。

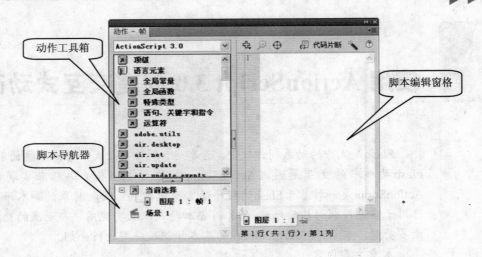

图 11.1 【动作】面板

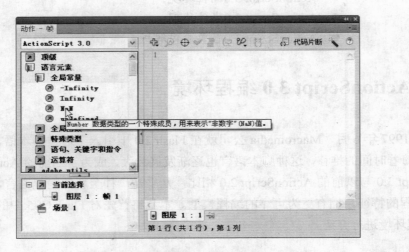

图 11.2 声音添加到【库】面板中

动作工具箱下的脚本导航器可以显示当前编辑的动作脚本在影片中的结构位置，用户可以方便地确定当前的编辑对象。

脚本编辑窗格用于程序的编写。如在【时间轴】面板中选择一个关键帧，将光标放置到脚本编辑窗格中，即可在该窗格中输入代码。代码输入完成后，帧上会出现一个"a"标记，表示该帧添加了 ActionScript 代码，如图 11.3 所示。

专家点拨：在脚本编辑窗格上方是编辑工具栏，该栏提供了对脚本语句进行编辑的各种工具按钮。下面对这些工具按钮的功能进行介绍。

● 【将新项目添加到脚本】按钮 ：单击该按钮，打开动作语句列表，列表的选项与动作工具箱相同。将选择的语句添加到程序中。

● 【查找】按钮 ：单击该按钮打开【查找和替换】对话框，使用该对话框可以在编写的程序中进行语句的查找和替换。

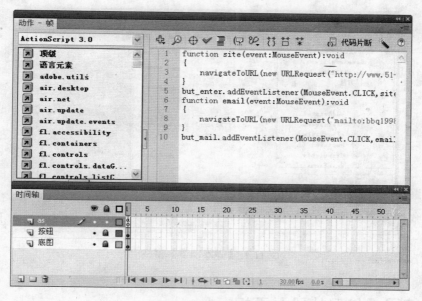

图 11.3　输入代码

- 【插入目标路径】按钮 ⊕：动作的名称或地址被指定后，即可使用它来控制影片剪辑或下载动画，这样的动作名称或地址称为目标路径。单击该按钮打开【插入目标路径】对话框，在对话框中输入对象的目标路径。

- 【语法检查】按钮 ✓：单击该按钮，Flash 会自动检查程序中的错误。如果程序中存在着错误，则在【编译器错误】面板中显示错误内容。

- 【自动套用格式】按钮 ▤：单击该按钮，Flash 会自动为所选择程序代码应用标准书写格式。如果程序含有错误，Flash 会给出提示。

- 【显示代码提示】按钮 ⌐：单击该按钮，可以显示与语句有关的提示说明。

- 【调试选项】按钮 ⅔：单击该按钮可以获得一个列表，列表中有【切换断点】和【删除所有断点】两个选项。选择相应的选项可以添加断点和删除已经添加的断点。

- 【折叠成大括号】按钮 ⅋、【折叠所选】按钮 ⅓ 和【展开全部】按钮 ⅌：这 3 个按钮用于对代码进行折叠和展开操作。单击【折叠成大括号】按钮，光标所在大括号内的代码被折叠。单击【折叠所选】按钮能够将选择的代码折叠。单击【展开全部】按钮将展开所有折叠代码。

- 【代码片段】按钮 ⅌ 代码片断：单击该按钮打开【代码片段】面板，该面板给出了一些 Flash 自带的程序代码，这些代码可以直接应用于对象或放置到时间轴上以获得某种效果。

　　在【动作】面板中单击【通过"动作"工具箱选择项目来编写脚本】按钮 ✎ 将显示【脚本助手】窗格。在左侧的动作工具箱中双击某个语句，该语句被添加到"脚本助手"窗格中。此时在该窗格中将获得语句的提示信息，并能够以文本框的形式来完成语句其他部分的输入，如图 11.4 所示。

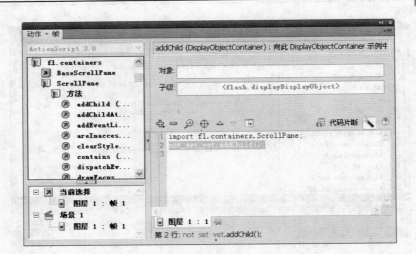

图 11.4 【脚本助手】窗格

11.1.2 使用【代码片段】面板

对于 ActionScript 初学者来说，要通过编写代码来实现某项功能并不是一件很简单的事情。Flash CS5 为了方便不熟悉 ActionScript 脚本语言的设计者实现某些脚本功能，提供了一个【代码片段】面板，用户可以快速将代码插入到文档中以实现常用的功能。

选择【窗口】|【代码片段】命令打开【代码片段】面板，【代码片段】面板可以添加能影响对象在物体上行为的代码，也可以添加能在时间轴上控制播放头移动的代码，同时还可以将用户创建的新代码片段添加到面板中。在面板中双击文件夹将其打开，双击某个选项，【动作】面板中即添加了相应的代码片段，如图 11.5 所示。

图 11.5 添加代码片段

专家点拨：这里要注意，如果选择的是舞台上的对象，则 Flash 将代码片段添加到包含所选对象的帧中。如果选择的是时间轴上的帧，则 Flash 将代码添加到该帧。另外，所有代码片段均是 ActionScript 3.0，如果创建的文档是 ActionScript 2.0，则代码片段将无法添加。

下面通过一个范例来介绍具体的操作方法。该范例的效果是一只飞鸟在窗口中从左向右飞过。

（1）启动 Flash CS5，打开素材文件（飞鸟素材.fla）。从【库】面板中将背景图片和名为"bird"的影片剪辑拖放到舞台上，调整它们的位置和大小，如图 11.6 所示。

图 11.6　放置图片和影片剪辑

（2）选择舞台上的"bird"影片剪辑，在【属性】面板的【实例名称】文本框中输入实例名称，如图 11.7 所示。

（3）在"bird"影片剪辑被选择的情况下，在【代码片段】面板中打开【动画】文件夹，选择【水平动画移动】选项。此时在该选项的右侧将出现【显示说明】按钮和【显示代码】按钮，如图 11.8 所示。这里，单击【显示代码】按钮将打开一个浮动面板，在该面板中将显示实现该动画功能的代码，如图 11.9 所示。

图 11.7　输入实例名称

图 11.8　显示【显示说明】按钮和【显示代码】按钮

专家点拨：在浮动面板中单击上方的【显示说明】按钮，将在面板中显示该代码的功能说明。

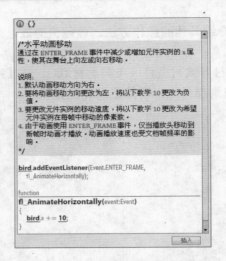

图 11.9　显示实现功能的代码

（4）单击【插入】按钮，Flash 将在【时间轴】上创建一个名为"Actions"的图层，在该图层的帧中插入程序代码，如图 11.10 所示。按 Ctrl+Enter 键测试动画，动画播放效果如图 11.11 所示。

图 11.10　在时间轴上插入代码

图 11.11　动画播放效果

专家点拨：在添加了实现功能的脚本代码后，用户如果对动画效果不满意，可以在
【代码】面板中对代码进行修改，使效果符合需要。

11.2　ActionScript 3.0 事件处理

事件是发生的 ActionScript 能识别并可做出响应的事情。SWF 文件进行的任何与用户
的交互都可以视为事件，如鼠标单击和键盘输入等。下面对 ActionScript 3.0 中的事件处理
机制和常见的事件进行介绍。

11.2.1　ActionScript 3.0 的事件处理模型

当 ActionScript 程序运行时，Flash Player 只是等待某个事件的发生，当事件发生时 Flash
Player 即会运行为这些事件指定的 ActionScript 代码。ActionScript 3.0 中引入了单一的事件
处理模型，其只有一个事件处理系统。

在 ActionScript 3.0 中，要处理事件必须具有三大要素：发送者、接收者和事件，事件
的发送者负责发送事件，事件接收者负责接收事件。事件的处理实际上就是调用
addEventListener()方法将这 3 者联系起来，这个过程也称为发送者注册事件侦听器。这样，
当事件发生时就可以被接收者收到。

在 ActionScript 3.0 中，事件侦听器又称为事件处理函数，是 Flash Player 为响应特定
事件而执行的函数。添加事件侦听器一般分为两步，首先创建为响应事件而执行的函数或
类方法，这个函数或类方法也称为事件处理函数或侦听器函数。然后通过调用事件源对象
的 addEventListener()方法在事件目标中注册侦听器函数。整个事件处理结构的代码如下
所示：

```
function eventResponse(eventObject:EventType):void{
statements;
}
eventSource.addEventListener(EventType.EVENT_NAME,eventResponse);
```

这里，首先定义了一个函数，该函数用于指定响应事件所需执行的程序代码。然后，
调用事件对象 eventSource 的 addEventListener 方法以便在事件发生时执行函数的动作。

在程序中，用户可以使用 removeEventListener()方法来移除不再需要的事件侦听器，
该方法的使用形式如下：

```
eventTarget.removeEventListener(EventType.EVENT_NAME,eventResponse);
```

这里，eventTarget 表示调度事件的对象，removeEventListener()方法需要两个参数，
EventType_EVENTNAME 为事件常量，eventReponse 为事件响应函数。

11.2.2 鼠标事件的应用——用鼠标控制对象

鼠标事件是指与鼠标操作有关的事件，其在操作鼠标时发生，如鼠标单击、鼠标双击、鼠标按下或鼠标释放等。下面对鼠标事件的使用进行介绍。

1. 认识鼠标事件

在 ActionScript 3.0 中，鼠标事件由 MouseEvent 类来管理，该类定义了与鼠标事件有关的属性、事件和方法。

如 MouseEvent 类的 buttonDown 属性显示鼠标事件发生时鼠标是否处于按下状态。当其值为 true 时，表示鼠标处于按下状态，否则其值为 false。

ActionScript 3.0 中 MouseEvent 类的常用属性如下。

- buttonDown: 鼠标是否按下。
- delta: 使用滚轮时，滚轮每滚动一个单位应该滚动的行数。
- altKey: 指示 Alt 键是否按下。
- ctrlKey: 指示 Ctrl 键是否按下。
- localX: 事件发生时鼠标的本地 X 坐标值。
- localY: 事件发生时鼠标的本地 Y 坐标值。
- relatedObject: 鼠标滑进滑出时指向的显示对象。
- stageX: 事件发生点在全局舞台坐标中的 X 坐标值。
- stageY: 事件发生点在全局舞台坐标中的 Y 坐标值。

在 Flash 中，可交互对象具有提供响应用户鼠标行为的能力，可交互对象会针对鼠标的交互分派必要的事件。在编写程序时，使用 MouseEvent 类提供的事件即可编写鼠标事件响应程序，实现需要的交互动作。

ActionScript 3.0 中 MouseEvent 类提供了下面几种常用的鼠标事件。

- CLICK: 当用户在交互对象上按下并释放鼠标键时触发事件。
- DOUBLE_CLICK: 当用户在交互对象上按下鼠标键两次时触发事件。
- MOUSE_DOWN: 当用户在交互对象上按下鼠标键时触发事件。
- MOUSE_UP: 当用户在交互对象上释放鼠标键时触发事件。
- MOUSE_OVER: 当用户将鼠标指针从交互对象边界外移入边界内时触发事件。
- MOUSE_MOVE: 当鼠标指针在交互对象边界内移动时触发事件。
- MOUSE_OUT: 当鼠标指针从交互对象边界内移到边界外时触发事件。
- MOUSE_WHEEL: 当鼠标指针在交互对象上，用户滚动鼠标滚轮时触发事件。
- ROLL_OUT: 当鼠标指针从交互对象上移出时触发事件。
- ROLL_OVER: 当鼠标指针移入交互对象时触发事件。

2. 实战范例——用鼠标控制对象

下面通过一个范例来介绍鼠标事件的使用方法。该范例将实现使用鼠标来拖动舞台上的一张图片，同时通过鼠标滚轴来对图片进行旋转。

（1）启动 Flash CS5，打开素材文件"鼠标事件素材.fla"。从【库】面板中将 picture 影片剪辑拖放到舞台上，选择该影片剪辑后在【属性】面板中输入实例名"pic"，如图 11.12 所示。

（2）在时间轴面板中创建一个新图层，选择该图层的第 1 帧，打开【动作】面板。要实现对图片的拖放操作，首先需要为影片剪辑添加事件侦听器侦听鼠标的 MOUSE_DOWN 和 MOUSE_UP 事件，然后创建响应这两个事件的函数。在事件响应函数中，使用

图 11.12　输入实例名

startDrag()方法来拖动影片剪辑，使用 stopDrag()方法来停止对影片剪辑的拖动。具体的程序代码如下所示：

```
//定义两个事件侦听器
pic.addEventListener(MouseEvent.MOUSE_DOWN,dMC);
pic.addEventListener(MouseEvent.MOUSE_UP,sMC);
function dMC(event:MouseEvent):void{          //定义事件响应函数 dMC
    pic.startDrag();                          //对名字为 pic 的影片剪辑进行拖放
}
function sMC(event:MouseEvent):void{          //定义事件响应函数 sMC
 pic.stopDrag();                              //停止拖放
}
```

（3）下面编写代码实现使用滚轮来旋转图片。这里为影片剪辑添加事件侦听器侦听鼠标的 MOUSE_WHEEL 事件，在滚轮滚动事件发生时执行函数 rMC。在 rMC 函数中，调用鼠标事件的 delta 属性来获取滚轮滚动值。这里，delta 属性为 3 时，滚轮向上滚动，值为–3 时滚轮向下滚动。具体的程序代码如下所示：

```
pic.addEventListener(MouseEvent.MOUSE_WHEEL,rMC);
function rMC(event:MouseEvent):void{
    pic.rotation+=event.delta*0.3;
}
```

🐞专家点拨：这里要注意，在编辑环境中测试 MOUSE_WHEEL 事件时，由于编辑环境的快捷键会屏蔽播放器的快捷键，只有在单击对象将其激活后 MOUSE_WHEEL 事件才有效。但在独立播放器中播放动画时，可以直接响应 MOUSE_WHEEL 事件。

（4）下面实现鼠标放置在图片上图片透明度改变的效果。这里为影片剪辑添加事件侦听器侦听 MOUSE_OVER 和 MOUSE_OUT 事件，在事件响应函数中改变影片剪辑的 alpha 属性来实现透明度改变的效果。具体的程序代码如下所示：

```
pic.addEventListener(MouseEvent.MOUSE_OVER,oMC);
pic.addEventListener(MouseEvent.MOUSE_OUT,tMC);
function oMC(event:MouseEvent):void{
 pic.alpha=0.8;
```

```
}
function tMC(event:MouseEvent):void{
 pic.alpha=1;
}
```

（5）按 Ctrl+Enter 键测试程序，程序运行的效果如图 11.13 所示。

图 11.13　程序运行效果

11.2.3　键盘事件的应用——用键盘控制对象的移动

键盘事件是当按下或释放键盘上的键时触发的事件。在 Flash 中，使用键盘事件可以实现文字的输入和使用键盘对动画进行控制等功能。下面对键盘事件的使用进行介绍。

1．认识键盘事件

键盘事件是由 KeyboardEvent 类来管理的，其只有 KeyDown 和 KeyUp 两个事件，分别在键按下和释放时触发。与鼠标事件一样，KeyboardEvent 类同样定义了一些属性和方法来辅助键盘事件的处理。

在 KeyboardEvent 类的属性中，charCode 属性是常用的属性，该属性的值为按下键的字符代码值，可以用来确定按下的是键盘上的哪个键。如在舞台上放置实例名为 txt 的可编辑文本框，在该文本框中显示键盘上所按的键。实现该功能的代码如下所示：

```
stage.addEventListener(KeyboardEvent.KEY_DOWN,kDown);
function kDown(event:KeyboardEvent):void {
 var kCode:uint =event.charCode;
 var str:String=String.fromCharCode(kCode)
 txt.text=str;
}
```

在这段代码中，事件处理函数 kDown 中的 var kCode:uint =event.charCode 语句获取事件的 charCode 属性值，该值即为按键键控代码。接着使用 String 类的 fromCharCode 方法将获取的键控代码转换为字符。

ActionScript 3.0 中 KeyboardEvent 类包含下面这些常用属性。

- altKey：指示 Alt 键是否处于按下状态。
- ctrlKey：指示 Ctrl 键是否处于按下状态。
- shiftKey：指示 Shift 键是否处于按下状态。
- keyCode：按下或释放键的键控代码值。
- charCode：按下或释放键的字符代码值。
- keyLocation：键在键盘上的位置。

2. 实战范例——用键盘控制对象的移动

下面以一个范例来介绍键盘事件的使用方法。在该范例中，使用键盘上的"↑"、"↓"、""←" 和 "→" 这 4 个方向键来分别控制实例名为 mayi 的影片剪辑的移动。下面介绍范例的制作过程。

（1）启动 Flash CS5，打开"键盘响应素材.fla"文件。从【库】面板中将"舞蹈"影片剪辑拖放到舞台上，在【属性】面板中为影片剪辑添加实例名 mayi，如图 11.14 所示。在【时间轴】面板中创建一个新图层，并将该图层命名为 Action。

图 11.14 输入实例名

（2）选择"Action"图层的第 1 帧，打开【动作】面板向该帧添加程序代码，该段代码实现用键盘上的方向键来移动舞台上的影片剪辑。具体的程序代码如下所示：

```
stage.addEventListener (KeyboardEvent.KEY_DOWN,kDown); //定义键盘事件侦听器
function kDown(event:KeyboardEvent):void {              //定义事件响应函数
 var kCode:uint =event.keyCode;                         //获取按键代码
 switch(kCode){
    case 37:
    if(mayi.x>350){
    mayi.x-=20}
    break;
    case 39:
    if(mayi.x<390){
    mayi.x+=20}
    break;
    case 38:
    if(mayi.y>270){
     mayi.y-=20;
    }
    break;
    case 40:
    if(mayi.y<340){
    mayi.y+=20;
```

```
        }
        break;
    }
}
```

👥专家点拨：在这段代码中，首先添加事件侦听器侦听键盘事件。在事件响应函数中，使用 keyCode 属性获取键盘事件的键控代码，使用 switch 语句来对监控代码值进行判断，以确定按的是方向键中的哪个键，其中键盘上的"←"键、"→"键、"↑"键和"↓"键的键控代码分别为 37、38、39 和 40。为了限制影片剪辑的移动范围，使蚂蚁不会与背景图片中的熊重叠，使用了 if 语句来对影片剪辑的位置进行判断。

（3）按 Ctrl+Enter 键测试动画，动画运行时窗口中的小蚂蚁会跳舞，按键盘上的方向键将能移动小蚂蚁的位置，如图 11.15 所示。

图 11.15　动画运行效果

11.2.4　帧事件的应用——鼠标跟随效果

帧事件是当播放头进入到新帧时将触发的事件。在 Flash 动画中，使用帧事件能够实现以帧频来重复执行某段程序。下面介绍帧事件的使用方法。

1．认识帧事件

在 ActionScript 3.0 中，DisplayObject 类的 enterFrame 事件是在播放头进入到新帧时发生的，其事件名为 ENTER_FRAME。在播放动画时，如果播放头不移动或图层中只有一帧，Flash 都会以帧频来调度该事件。enterFrame 事件可以以帧频的速度来执行程序代码，代码可以被放置在一帧中，因此该事件能够方便地制作运动动画。

ActionScript 3.0 的 enterFrame 事件具有 4 个属性，它们的作用如下所述。

● bubbles：判断事件是否为冒泡事件，其默认值为 false。
● cancelable：判断默认行为是否被取消，其默认值为 false，表示没有被取消。
● currentTarget：其值指明当前正在使用某个事件侦听器处理 Event 对象的对象。

● target：其值指明注册为侦听器的 DisplayObject 实例。

2．实战范例——鼠标跟随效果

下面以一个范例来介绍帧事件的使用方法。范例是一个鼠标跟随效果，动画播放时，在窗口中移动鼠标，文字将跟随鼠标一起移动。

（1）启动 Flash CS5，打开素材文件（帧事件素材.fla）。将【库】面板中的文字影片剪辑拖放到舞台上并为它们添加投影效果。在【属性】面板中分别为文字设置实例名。这里实例名分别为"t1"～"t12"，如图 11.16 所示。

图 11.16　设置实例名

（2）在【时间轴】面板中创建一个新图层，选择该图层的第 1 帧。打开【动作】面板，在面板中输入程序代码。这里首先定义变量的值，并用 startDrag()方法使第一个文字被鼠标拖动。这里 startDrag()方法使用了参数 true，表示被拖动的对象锁定到鼠标位置中心。代码如下所示：

```
//设置变量值，这里包括标点符号共有 12 个字符
var i=12;
//指定字符间距为文字宽度
var d=t1.width;
//使第 1 个文字被鼠标拖动，并且锁定中心
t1.startDrag(true)
```

（3）添加程序侦听器，同时创建事件响应函数。在事件响应函数中，使用 while 循环来获取各个文字坐标，并设置鼠标移动后的文字位置。在这段代码中，使用 this 关键字来对对象进行引用。程序代码如下所示：

```
stage.addEventListener(Event.ENTER_FRAME,gs)
function gs(e:Event ):void {
  //使用 while 循环，获取文字的坐标
  while (i>1){
      this["x"+i] = this["x"+(i-1)]+d;
      this["y"+i] = this["y"+(i-1)];
  i--;
}
//根据鼠标位置确定第一个文字的坐标
this["x"+1] = t1.x;
this["y"+1] = t1.y;
```

```
//利用 while 循环，分别设置文字的坐标
while (i<=12){
 this["t"+i].x = this["x"+i];
 this["t"+i].y = this["y"+i];
 i++;
}
//循环结束后 i=13,减 1 恢复为 12
i--;
}
```

（4）按 Ctrl+Enter 键测试动画效果，移动鼠标，可以看到文字跟随鼠标移动的动画效果，如图 11.17 所示。

图 11.17　动画运行效果

11.3　ActionScript 3.0 经典应用解析

使用 ActionScript 编程，不仅能够实现各种动画效果，而且能够方便地对动画的播放进行控制。同时，通过编写程序代码，还能创建各种交互式动画，使动画功能更加强大，具有与动画的观看者进行交流的能力。本节将介绍 ActionScript 3.0 在动画制作中的典型应用，帮助读者快速掌握编写脚本程序的方法。

11.3.1　控制影片播放

在 Flash 中，使用 MovieClip 类的方法可以对影片剪辑的播放进行控制，这里包括控制影片剪辑的播放和停止以及使影片剪辑播放某个特定的帧等操作。

1．获取帧信息

在使用 ActionScript 编写程序时，可以使用 MovieClip 类的属性来获取影片剪辑实例的

帧信息。如要获取名为 mc 的影片剪辑的当前播放头所在帧的编号，可以使用下面的语句。

```
mc.curentFrame
```

MovieClip 类提供常用属性包括以下几项。

- currentFrame：只读属性，获取播放头所在的帧编号，其值是一个整数型数据。
- currentFrameLabel：只读属性，获取影片剪辑元件时间轴中当前帧上的标签，其值为字符串数据。
- currentLabel：只读属性，返回由当前场景中 FrameLabel 对象组成的数组。
- framesLoaded：只读属性，获取从流式 SWF 文件已加载的帧数。
- totalFrames：只读属性，影片剪辑中帧的总数。

2．帧跳转和场景跳转

使用 MovieClip 类的 nextFrame()方法可以将播放头移到下一帧并停止，使用 prevFrame()方法可以将播放头移到上一帧并停止。如对名为 mc 的影片剪辑实例的播放进行上述操作，可以使用下面的语句。

```
mc.nextFrame();
mc.prevFrame();
```

同样，使用 nextScene()方法可以将播放头移到影片的下一个场景，使用 prevScene 将播放头移到影片的上一个场景。如对名为 mc 的影片剪辑进行上述操作，可以使用下面的语句。

```
mc.nextScene();
mc.prevScene();
```

3．播放控制

在动画中，如果需要使名为 mc 的影片剪辑实例开始播放，可以使用下面的语句。

```
mc.play();
```

如果需要停止名为 mc 的影片剪辑的播放，可以使用下面的语句。

```
mc.stop();
```

如果需要使影片剪辑实例从某个帧开始播放，可以使用 gotoAndPlay()。如果需要使影片剪辑的播放头移动到某个帧，并停止在该帧，可以使用 gotoAndStop()方法。如使名为 mc 的影片剪辑从第 3 帧开始播放，可以使用下面的语句。

```
mc.gotoAndPlay(3);
```

除了可以通过帧编号来将播放头移动到指定帧外，还可以使用帧标签来实现这种操作。如将名为 mc 的影片剪辑的播放头移到名为 labelA 的帧，并停止在该帧，可以使用下面的语句。

```
mc.gotoAndStop("labelA");
```

专家点拨：在【时间轴】面板中选择某个帧，在【属性】面板中打开【标签】栏的
【名称】文本框中输入名称即可创建帧标签。

4. 实战范例——控制影片剪辑的属性

下面以一个范例来介绍控制影片剪辑播放的方法。范例效果是，舞台上的影片剪辑依
次播放 4 张图片，将鼠标放置到图片上将停止影片剪辑的播放并停止在当前图片上。图片
播放时，下方控制面板上对应数字的透明度发生改变，将鼠标放置到数字上，数字透明度
改变，同时显示数字对应的图片。

（1）启动 Flash CS5，打开素材文件（控制影片剪辑素材.fla），场景中各个元件的布局
如图 11.18 所示。在这里，名为 pic 的影片剪辑元件中放置有 4 张图片，其实例名为 pics。
影片剪辑中的 4 张图片以 20 帧的间隔依次出现，如图 11.19 所示。名为 1～4 的影片剪辑
分别是 4 个圆圈数字，它们的实例名分别为 a、b、c 和 d，这 4 个影片剪辑用于表示当前
显示图片的编号，当鼠标放置到对应的数字上时显示该编号的图片。舞台上作为数字背景
的边框放置在"边框"影片剪辑中，该边框用于指定鼠标响应的范围，其实例名为 k。

图 11.18   打开素材文件

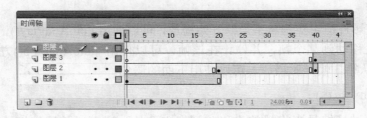

图 11.19   pic 影片剪辑的时间轴

（2）在"场景 1"的【时间轴】面板中创建一个新图层，按 F9 键打开【动作】面板。
输入代码实现在图片顺序播放时，数字的透明度改变以标示播放进度。在这段代码中，侦

听 pics 实例的 ENTER_FRAME 事件，使用 e.target.currentFrame 语句获取影片剪辑当前的帧数，使用 switch 语句对帧数进行判断，以更改对应数字的 alpha 值。具体的代码如下所示：

```
pics.addEventListener(Event.ENTER_FRAME,sc);
function sc(e:Event ):void {
 switch(e.target.currentFrame){
 case 1:
 a.alpha=.5;
 b.alpha=1;
 c.alpha=1;
 d.alpha=1;
 break;
 case 20:
 a.alpha=1;
 b.alpha=.5;
 c.alpha=1;
 d.alpha=1;
 break;
 case 40:
 a.alpha=1;
 b.alpha=1;
 c.alpha=.5;
 d.alpha=1;
 break
 case 60:
 a.alpha=1;
 b.alpha=1;
 c.alpha=1;
 d.alpha=.5;
 break;
 }
 }
```

（3）为场景中的 4 个数字影片剪辑编写代码，实现在鼠标移动到数字上时显示数字对应的图片，并且使数字的透明度改变。在这段代码中，使用 gotoAndPlay()方法时影片剪辑跳转到指定的帧播放。具体的代码如下所示：

```
a.addEventListener(MouseEvent.MOUSE_OVER,toA)
b.addEventListener(MouseEvent.MOUSE_OVER,toB);
c.addEventListener(MouseEvent.MOUSE_OVER,toC);
d.addEventListener(MouseEvent.MOUSE_OVER,toD);
function toA(e:MouseEvent ):void {
 pics.gotoAndStop(1);
 a.alpha=.5
```

```
    b.alpha=1;
    c.alpha=1;
    d.alpha=1;
}
function toB(e:MouseEvent ):void {
 pics.gotoAndStop(20);
 a.alpha=1;
 b.alpha=.5;
 c.alpha=1;
 d.alpha=1;
}
function toC(e:MouseEvent ):void {
 pics.gotoAndStop(40);
 a.alpha=1
 b.alpha=1;
 c.alpha=.5;
 d.alpha=1;
}
function toD(e:MouseEvent ):void {
 pics.gotoAndStop(60);
 a.alpha=1;
 b.alpha=1;
 c.alpha=1;
 d.alpha=.5;
}
```

（4）在鼠标放置到场景中的图片上时，影片剪辑将停止播放，显示当前图片。当鼠标移出图片，影片剪辑将重新开始顺序播放。这里为实例 pics 添加了事件侦听器，侦听鼠标移入事件（MOUSE_OVER）和鼠标移出事件（MOUSE_OUT），并使用 stop()方法和 play()方法来控制影片剪辑的播放和停止。同时，为了使鼠标移出数字后，影片剪辑也能继续顺序播放，也为数字的边框影片剪辑添加了事件侦听器，侦听鼠标移出事件。具体的程序代码如下所示：

```
pics.addEventListener(MouseEvent.MOUSE_OVER,st);
pics.addEventListener(MouseEvent.MOUSE_OUT,rs);
k.addEventListener(MouseEvent.MOUSE_OUT,rs);
function st(e:MouseEvent ):void {
 pics.stop();
}
function rs(e:MouseEvent ):void {
 pics.play();

}
```

（5）按 Ctrl+Enter 键测试程序，程序运行效果如图 11.20 所示。

11.3.2　添加显示对象

对于 Flash 来说，最基本的对象是舞台（即 stage），ActionScript 3.0 将舞台视为 Flash 影片的根，所有显示的元素都必须放置在舞台上。ActionScript 3.0 允许将一个或多个显示对象放置在一个对象中，该对象就是显示对象容器，舞台实际上就是这样的一个容器，类似的容器还包括 MovieCip 和 Shape 等。

图 11.20　程序运行效果

1．添加显示对象的方法

在 ActionScript 3.0 中，向容器中添加对象可以使用 addChild()方法，该方法是将指定的显示对象放置到容器中，其使用方法如下所示：

```
containName.addChild(displayObject);
```

这里，containName 表示被添加的容器名称，displayObject 表示需要添加的对象的名称。在使用 addChild()方法时，containName 可以省略，此时默认表示显示对象添加到根容器（也就是 Stage 对象）中。

2．将显示对象添加到指定的层级

ActionScript 3.0 允许用户将多个显示对象添加到相同的容器中，默认的顺序是新添加的对象位于以前添加对象的上层，这些对象之间形成了一种层级关系。实际上，ActionScript 3.0 允许用户在指定的层级插入对象，这就需要使用 addChildAt()方法，其使用方法如下所示：

```
containName.addChildAt(displayName,childIndex);
```

这里，childIndex 就是将显示对象插入容器时容器的层级索引号。这里要注意使用 addChild()方法添加的方法总是在顶层，也就是层级索引号是最大的。

3．移除显示对象

ActionScript 3.0 允许用户将显示对象容器中的显示对象删除。如果需要删除容器中的所有对象，可以使用 removeChild()方法，其使用方法如下所示：

```
containName.removeChild(displayName);
```

这里，containName 为显示对象容器的名称，displayName 为需要删除的显示对象的名称。

如果要删除指定层级的对象，可以使用 removeChildAt()方法，其使用方法如下所示：

```
containName.removeChildAt(childIndex);
```

这里，childIndex 表示显示对象在容器中的索引号。移除对象只是将对象从容器中移除，而非将对象从影片中删除。如果需要重新显示对象，只需要使用 addChild()方法和 addChildAt()方法将对象再添加一次即可。

4．实战范例——雪花飘飘

下面以一个范例来介绍 addChild()方法和 removeChild()方法的使用。本例的动画在播放时，单击窗口中的【下雪】按钮，从窗口的上方将有雪花飘落。单击【清除】按钮将清除窗口中飘落的雪花。本例在制作时没有像前面范例那样在编程前向舞台添加对象，而是在程序中使用 addChild()方法来完成对象的添加。首先将库中的元件用 ActionScript 3.0 导出，然后在编程时将对象实例化，最后使用 addChild()方法向容器中添加对象。舞台上添加的对象使用 removeChild()方法进行删除。

（1）启动 Flash CS5，创建一个新的空白文档，将文档的背景色设置为黑色。选择【文件】|【导入】|【导入到舞台】命令打开【导入】对话框，如图 11.21 所示。调整导入的图片的大小使其正好占满整个舞台。

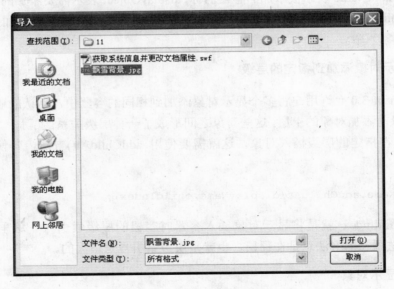

图 11.21 【导入】对话框

（2）右击舞台上的图片，选择关联菜单中的【转换为元件】命令打开【转换为元件】对话框。在对话框中的【名称】文本框中输入影片剪辑的名称，将【类型】设置为【影片剪辑】。单击【高级】按钮展开【高级】设置项，勾选【为 ActionScript 导出】和【在第 1 帧中导出】复选框，在【类】文本框中输入类名 bgim，如图 11.22 所示。单击【确定】按钮将图片转换为元件，Flash 给出提示【ActionScript 类警告】对话框，如图 11.23 所示。单击【确定】按钮关闭该对话框，同时在舞台上删除该图片。

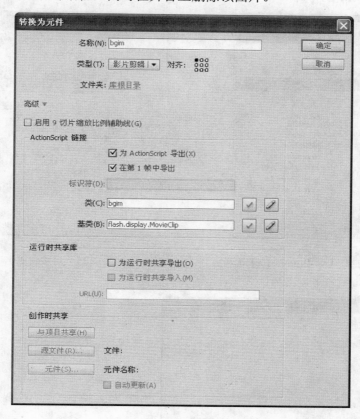

图 11.22 【转换为元件】对话框

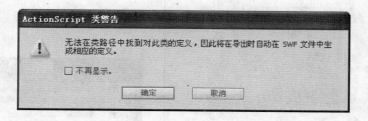

图 11.23 【ActionScript 类警告】对话框

（3）选择【窗口】|【公用库】|【按钮】命令打开【库-Buttons.fla】面板，在列表中打开 buttons rounded 文件夹，选择其中的 rounded blue 按钮，如图 11.24 所示。将该按钮拖放到当前文档的【库】面板中，将该按钮更名为"rounded blue1"，如图 11.25 所示。右击【库】面板列表中的按钮，选择关联菜单中的【属性】命令打开【属性】对话框，在对话框中勾选【为 ActionScript 导出】复选框和【在第 1 帧中导出】复选框，如图 11.26 所示。完成设置后单击【确定】按钮关闭该对话框。在【库】面板中双击该按钮进入按钮的编辑状态，在【时间轴】面板中取消"text"图层的锁定，使用【文本工具】将该图层的文字更改为

"下雪",如图 11.27 所示。

图 11.24 【库-Buttons.fla】面板

图 11.25 对按钮更名

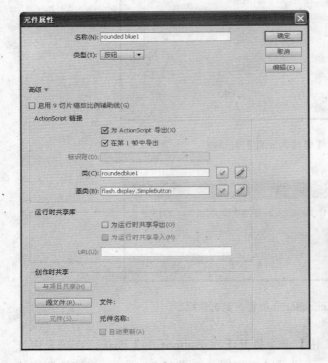

图 11.26 设置元件属性

图 11.27 更改文字

(4)从【库-Buttons.fla】面板中再次将 rounded blue 按钮拖放到【库】面板中,使用与第(3)步相同的方式设置按钮属性,这里将按钮名更改为"rounded blue1"。将按钮显示的文字更改为"清除",如图 11.28 所示。

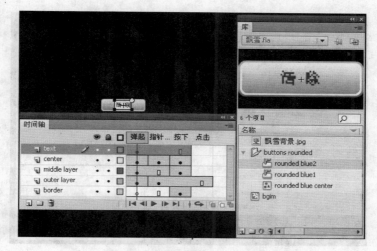

图 11.28　更改按钮显示的文字

（5）创建一个名为"snowflake"的影片剪辑元件，并将其设为 ActionScript 导出，如图 11.29 所示。在该影片剪辑元件中绘制一个雪花，如图 11.30 所示。

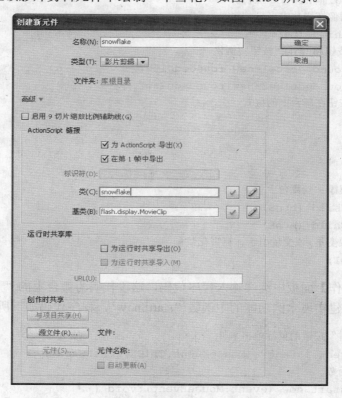

图 11.29　创建新的影片剪辑

（6）回到"场景 1"，在【时间轴】面板中选择"图层 1"的第 1 帧，按 F9 键打开【动作】面板。首先在【动作】面板中添加代码，该代码段用于在舞台上添加背景图片和两个按钮，同时设置这两个按钮在舞台上的位置。实现该功能的代码如下所示：

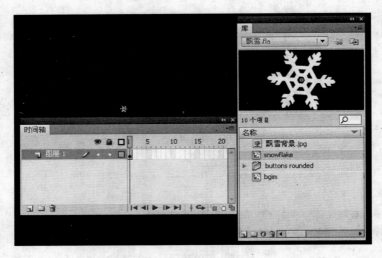

图 11.30 绘制一个雪花

```
//将背景图像 bgim 实例化
var bgim:bgim=new bgim();
//定义背景图像在影片中可见
stage.addChild (bgim);
//将"下雪"按钮和"清除"按钮实例化
var btnS:roundedblue1=new roundedblue1
var btnE:roundedblue2=new roundedblue2
//设置两个按钮在舞台上的位置
btnS.x=100
btnS.y=350
btnE.x=200
btnE.y=350
//将两个按钮添加到舞台上
stage.addChild (btnS)
stage.addChild (btnE)
//初始化计数变量,该变量用于计算雪花数量
var i:int=1;
```

（7）在【动作】面板中继续输入程序代码，这段代码为舞台上的"下雪"按钮添加事件侦听器，并创建实现本例功能的主函数"startSnow"，程序代码如下所示：

```
//侦听"下雪"按钮的鼠标单击事件
btnS.addEventListener (MouseEvent.CLICK,startSnow);
//定义事件函数
function startSnow (event:MouseEvent):void {
}
```

（8）在主函数体中首先添加事件侦听器侦听 ENTER_FRAME 事件，创建名为"Snow"的事件函数，该函数用于在舞台上创建雪花并设置雪花的大小、位置、下落的速度值和摆动方向。具体的代码如下所示：

```
//定义影片播放时监听的事件函数
addEventListener (Event.ENTER_FRAME,Snow);
    //创建自定义函数 Snow()
    function Snow (event:Event):void {
  //定义雪花的放大倍数
  var scale:Number=Math.random()*0.6;
  //实例化对象
  var sflake:snowflake=new snowflake();
  //定义雪花的随机横坐标
  sflake.x=Math.random()*528;
  //定义雪花的横向大小倍数
  sflake.scaleX=scale;
  //定义雪花的纵向大小倍数
  sflake.scaleY=scale;
  //变量 speed 为随机生成的雪花下落速度
  var speed:Number=Math.random()*3;
  //创建数组 arr，包含-1 和 1 这两个值
  var arr:Array=new Array(-1,1);
  //声明变量 dr，其值为-1 或 1，该值决定雪花的摆动方向
  var dr:int=arr[Math.round(Math.random())];
  //雪花在舞台上可见
  stage.addChild (sflake);
```

（9）添加事件监听器侦听 ENTER_FRAME 事件，创建名为"snowFall"的函数实现雪花下落效果。具体的程序代码如下所示：

```
//定义雪花对象下坠的事件
sflake.addEventListener (Event.ENTER_FRAME,snowFall);
//创建自定义函数 snowFall
function snowFall (event:Event):void {
    //设置雪花应用下坠的速度
    sflake.y+=speed;
    //设置雪花以随机的角速度旋转
    sflake.rotation+=Math.random()*20;
    //设置雪花左右摆动
    sflake.x+=(Math.random()*2)*dr;
}
```

（10）为舞台上的"清除"按钮添加事件侦听器并创建名为"End"的事件函数。在"End"事件函数中，清除前面添加的 ENTER_FRAME 事件侦听器，同时移除舞台上的对象，程序代码如下所示：

```
//侦听"清除"按钮的鼠标单击事件
btnE.addEventListener (MouseEvent.CLICK,End);
//定义事件函数，该函数用于清除舞台上的雪花
    function End(e:MouseEvent ):void {
```

```
//移除事件侦听器
sflake.removeEventListener (Event.ENTER_FRAME,snowFall);
removeEventListener (Event.ENTER_FRAME,Snow);
//移除舞台上的影片剪辑
stage.removeChild (sflake);
    }
```

（11）保存文档，按 **Ctrl+Enter** 键测试影片。单击窗口中的【下雪】按钮，雪花将从窗口上方向下方飘落，如图 11.31 所示。单击【清除】按钮将清除窗口中的所有雪花。

图 11.31　本例运行效果

11.3.3　处理日期和时间

很多 Flash 应用程序都需要处理日期和时间，ActionScript 3.0 提供了一个 Data 顶级类用于处理所有关于时间和日期的数据。通过该类，用户可以获取或定义某特定的时间点，并对该时间点的时间信息进行处理。

1．实例化 Date 类

Date 类是 ActionScript 3.0 中的顶级类，用于表示日期和时间信息。Date 类的实例表示特定的时间节点（即时刻），同时利用该类的属性和方法可以查询和修改该时间节点的属性。要实例化一个 Date 类，可以使用下面的语句。

```
var DataObject:Date=new Date();
```

这里，DateObject 是创建的 Date 类的实例名称。这里构造函数没有带参数，则将创建一个包含当前时区的当前时间的 Date 对象。

如果只给定一个数字参数，则创建的对象将是从格林尼治时间 1970 年 1 月 1 日 0 时 0 分 0 秒 0 毫秒开始经过与参数相同的毫秒数后的时间。同时，Date 类的构造函数也可以添加多个参数，如将年、月、日、小时、分钟、秒和毫秒作为参数，具体的语句如下所示：

```
var DateObject:Date=new Date(Year,Month,Date,Hours,Minutes,Seconds,
milliseconds);
```

在这里，Year、Moth 和 Date 分别表示年、月和日，此时将返回包含本地时间对象，时间与这里的参数相对应。

2．获取时间

在 ActionScript 3.0 中，建立 Date 对象后，可以使用 Date 类的方法和属性来各种时间单位的时间值。如获得名为 DateObject 对象中的年份值并将其赋予变量 nf，可以使用下面的语句。

```
nf=DateObject.fullYear
```

Date 类包括下面这些常用属性。

- fullyear：按照本机时间返回 Date 对象中完整的年份值，用 4 位数表示。
- month：返回当前的月份，以数字格式表示。取值范围为 0～11，对应 1～12 月。
- date：　表示月中某一天的日历数字，取值范围为 0～31。
- day：以数字格式表示一周中的某一天。其中，0 表示星期日，6 表示星期六。
- hours：表示当前的小时数，取值范围为 0～23。
- minutes：表示当前的分钟。
- seconds：表示当前的秒。
- milliseconds：表示当前的毫秒。

Date 类还提供了一系列的方法来获取 Date 对象中的时间，如获取名为 DateObject 对象中的年份信息并将其赋予变量 nf，也可以使用下面的语句。

```
nf=DateObject.getFullYear()
```

专家点拨：Date 类获取时间值的方法有 getMonth()、getDate()、getHours()、getMinutes() 和 getSeconds() 等，它们分别用来获取 Date 对象的年份、日期、小时、分钟和秒等信息。

3．设置时间

对于已经实例化的 Date 对象，可以设置其时间属性，改变对象包含的时间信息。如实例化 Date 对象，将时间信息修改为 2011 年 10 月 16 日午夜 0 时 0 分 0 秒，可以使用下面的语句来实现。

```
var DateObject:Date=new Date();
DateObject.setFullYear(2011,10,16);
DateObject.setHours(0,0,0,0);
```

专家点拨：Date 类设置时间的方法还包括 setMonth()、setDate()、setHours()、setMinutes() 和 setSeconds() 等，它们分别用来设置 Date 类的月份、日期、小时、分钟和秒等信息。

4．实战范例——模拟时钟

本例介绍模拟时钟的制作方法。程序运行时，像普通时钟一样，钟面上的指针能够指示当前的时、分和秒，同时在时钟上将显示当前的日期和星期。下面介绍具体的制作方法。

（1）启动 Flash CS5，打开素材文件（处理日期和时间素材.fla），在文件的舞台上已经放置了需要的元件，如图 11.32 所示。这里，时针、分针和秒针影片剪辑的实例名分别为"sz"、"fz"和"mz"，显示月份、日期和星期的动态文本框的实例名分别为"yue"、"ri"和"xq"。

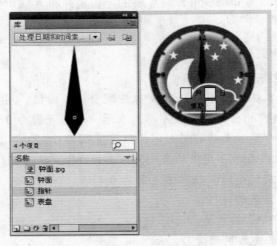

图 11.32　放置在舞台上的元件

　专家点拨：这里要注意，影片剪辑默认的旋转注册点在其几何中心，因此这里需要使用【任意变形工具】将指针影片剪辑的注册点移到指针的中下部。

（2）在【时间轴】面板中创建一个新图层，选择该图层的第 1 帧，打开【动作】面板，在面板中输入如下的程序代码：

```
const DayArray:Array =new Array("天","一","二","三","四","五","六");
var timeInterval:uint =setInterval(ct,0);
function ct():void {
 var now:Date =new Date();
 sz.rotation=now.hours *30+now.minutes/2;
 fz.rotation=now.minutes*6+now.seconds/10;
 mz.rotation=now.seconds*6;
 yue.text=String(now.month);
 ri.text=String(now.date);
 xq.text=DayArray[now.day];
}
```

　专家点拨：在程序中使用 setInterval()方法以指定的时间间隔（单位为毫秒）来运行

函数。由于使用 Date 对象获得的时间信息与中国的使用习惯不同，在应用时往往需要对这些数据进行转换，使用数组法是一种常用的方法。在输出时间信息时，将时间信息作为数组的索引号，输出数组中相应的元素即可。转换时间信息，也可以使用条件语句，如用 switch 来对时间信息进行判断，根据不同的值转换为对应的中文字符。

（3）按 Ctrl+Enter 键测试程序，程序运行效果如图 11.33 所示。

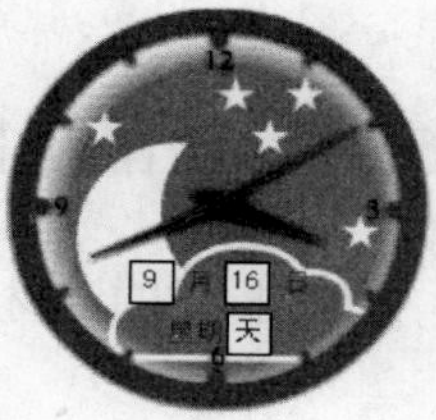

11.4　本章小结

本章介绍了 ActionScript 3.0 基本知识和使用 ActionScript 3.0 来实现交互、控制动画播放以及创建各种典型应用的方法。通过本章

图 11.33　程序运行效果

的学习，读者能够掌握使用 Flash 编写脚本代码的方法，能够应用 ActionScript 3.0 脚本语言来制作一些常用的动画特效并实现各种交互。

11.5　本章习题

一、选择题

1．在【动作】面板中，要查找某个关键词，可以单击下面哪个按钮？（　　　）
　　A.  　　　　　　　B. 　　　　　　　C. 　　　　　　　D. 
2．下面哪个关键字用来声明变量？　　　　　（　　　）
　　A．const　　　　　B．var　　　　　C．function　　　D．new
3．下面哪个不是循环结构？　　　　　　　　（　　　）
　　A．while　　　　　B．do　　　　　　C．for　　　　　　D．switch
4．在函数的参数列表中可以包含多个参数，这些参数需要用下面哪个符号分隔？
（　　　）
　　A．,　　　　　　　B．;　　　　　　　C．:　　　　　　　D．.

二、填空题

1．【动作】面板是 Flash 中的专用 ActionScript 编程环境，主要由_____、脚本编辑窗格和脚本导航器 3 个部分组成。

2．Flash CS5 为了方便不熟悉 ActionScript 脚本语言的设计者实现某些脚本功能，提供了一个_____面板，用户可以利用它快速将代码插入到文档中以实现常用的功能。

3．要处理事件必须具有三大要素：发送者、接收者和事件，事件的发送者负责发送事件，事件接收者负责接收事件。事件的处理实际上就是调用_____方法将这三者联系起来，这个过程也称为发送者注册事件侦听器。

4．在 ActionScript 3.0 中，向容器中添加对象可以使用_____方法，该方法是将指定的显示对象放置到容器中。

11.6 上机练习和指导

11.6.1 随鼠标跳动的小球

使用提供的素材图片制作一个在舞台上随鼠标移动而跳动的蓝色小球，如图 11.34 所示。

图 11.34 随鼠标跳动的小球

主要操作步骤指导：

（1）将作为背景的素材图片和小球素材图片导入到【库】面板。将背景图片放置到主场景的舞台上。创建一个名为"ball"的影片剪辑元件，将小球素材图片放置到该影片剪辑中。

（2）在【库】面板中右击"ball"影片剪辑元件，选择关联菜单中的【属性】命令打开【元件属性】对话框，在【高级】设置栏中勾选【为 ActionScript 导出】复选框，在【类】文本框中输入类名 Ball。

（3）回到"场景 1"，在【时间轴】面板中选择"图层 1"的第 1 帧，打开【动作】面板，输入如下程序代码即可：

```
var vx:Number=0;
var vy:Number=0;
var sp:Number=0.1;
var fr:Number=0.95;
var gr:Number=5;
stage.frameRate=24;
```

```
var ball:Ball=new Ball();
this.addChild(ball);
//侦听 enterFrame 事件,调用 onEnterFrame()函数
this.addEventListener(Event.ENTER_FRAME,onEnterFrame);
function onEnterFrame(event:Event):void {
//计算 ball 对象与鼠标光标的水平距离和垂直距离
 var dx:Number=mouseX-ball.x;
 var dy:Number=mouseY-ball.y;
 //计算鼠标水平方向产生的加速度和垂直加速度
 var ax:Number=dx*sp;
 var ay:Number=dy*sp;
//计算 ball 对象水平方向和垂直方向的速度
 vx+=ax;
 vy+=ay;
//加上重力加速度
 vy+=gr;
 //计算 ball 对象水平方向和垂直方向运动的摩擦力影响
 vx*=fr;
 vy*=fr;
 //获得小球的位置
 ball.x+=vx;
 ball.y+=vy;
}
```

11.6.2　用鼠标控制的旋转文字

使用提供的素材背景图片制作动画效果。动画播放时，文字在舞台上旋转，旋转的速度和旋转方向由鼠标位置决定。动画运行的效果如图 11.35 所示。

图 11.35　用鼠标控制的旋转文字

主要操作步骤指导：

（1）将素材图片导入到舞台，调整图片的大小。创建一个新影片剪辑元件，在影片剪

辑元件中使用【文本工具】绘制一个空白文本框。在【属性】面板设置文本框的实例名，在【属性】面板中为影片剪辑设置类名。

（2）回到"场景 1"，在【时间轴】面板中选择"图层 1"的第 1 帧，打开【动作】面板。输入如下的程序代码：

```
import flash.display.MovieClip;
//转动的坐标位置
var mx:Number = 285;
var my:Number = 200;
//转动的速度
var speed:Number = 0.00015;
var a:Number = 0;
var sa:Number = 0.4;
//定义数组
var wzt:Array = new Array();
//指定要旋转的文字
var myText:String = "江雨霏霏江草齐,六朝如梦鸟空啼.";
for (var i:uint = 0; i < myText.length; i++)
{
 var myMC:mc = new mc();
 myMC.x = mx;
 myMC.y = my;
 //取出字符并放进数组
 myMC.txt.text = myText.substr(i,1);
 wzt.push(myMC);
 //添加到舞台
 addChild(myMC);

}
addEventListener(Event.ENTER_FRAME, enterframe);
function enterframe(e:Event):void
{
 for (var j:uint = 0; j < myText.length; j++)
 {
        //设置字符的缩放和转动
        var xm:Number = mouseX;
        var dx:Number = (xm-mx)*speed;
        var sx:Number = .2 + .8 * Math.cos(a + sa * j);
        var sy:Number = .6+.4*Math.abs(Math.cos((a+sa*j)/2));
        wzt[j].x = Math.sin(a + sa * j) * 180 + mx;
        wzt[j].alpha = sy;
        wzt[j].scaleX = sx;
        wzt[j].scaleY = sy;
 }
 a += dx;
 }
```

第12章

Flash CS5 综合应用案例

　　Flash是强大的交互动画制作工具，灵活使用它能够实现各类动画作品的设计和制作。本章将运用Flash CS5来制作3个常见的实用案例，通过本章案例的制作将帮助读者掌握Flash交互动画的设计理念，拓展创作思路。
　　本章主要内容：
● Flash MV；
● Flash游戏；
● Flash广告。

12.1　Flash MV——幼儿歌曲片段

　　Flash 对声音文件提供了很好的支持，使用 Flash 能够方便地制作网络环境下的各种多媒体作品。本例将介绍使用 Flash 来制作大家喜闻乐见的音乐 Video（即 Music Video）的方法。

12.1.1　案例制作思路

　　Flash 是矢量动画制作软件，更是一个功能强大的多媒体作品制作工具。使用它能够方便快捷地制作各种交互式多媒体作品，MV 就是其中的一种形式。本节将首先介绍范例的制作思路以及相关的知识。

1．案例简介

　　本例介绍一个幼儿歌曲 MV 的制作过程。限于篇幅，本例只介绍该作品中三个场景的制作过程，它们是开始场景、序曲场景和第一句歌词场景。同时，为了方便读者操作，本例配套的素材文件提供了本例需要的所有素材元件，用户可以直接在制作中使用。

　　在作品播放时，开始场景显示歌曲的曲名和【开始】按钮。动画停止在该场景，用户单击【开始】按钮开始作品的播放。在序曲场景中，随着音乐的播放，一只卡通小猪从左向右跑入画面，追逐一只飞舞的蝴蝶。接着，画面中出现歌词，歌词随着歌曲的演唱改变颜色以表示演唱的进度。伴随着儿歌，场景中有蝴蝶飞入，小猪偏头抬手。

2．案例制作技术要点

　　一个优秀的 Flash MV 的制作是一个复杂的过程，一般包括构思创意、角色造型设计、分镜头设计、场景设计、角色动作设计和实际制作等内容。在制作动画时，往往要根据歌曲的内容以及对歌曲的理解构思合理的故事情节，然后设计故事分镜头场景并确定场景中的角色和角色造型。对于大型的 MV，在制作前往往还需要有文字的剧本，同时制作分镜头台本，以确定场景的布局、镜头切换时间和场景中角色的分配等内容。在完成这些准备后，即可开始进行作品的制作。

本例是一个幼儿歌曲 MV。本案例只制作了 3 个场景，为了突出儿歌特性，背景使用儿童插画风格，以绿色调为主，画面显示绿色的草地、摆动的柳枝和摇曳的花朵。本例的角色是一只可爱的卡通小猪，展示其在草地嬉戏的动画。角色的动作并不复杂，在场景中主要表现其追逐蝴蝶和与蝴蝶嬉闹的动作。这些动作使用 Flash CS5 的补间动画、逐帧动画和骨骼动画来制作完成。

Flash 具有很强的动画制作能力，在制作人物动画效果时，传统的制作方式是使用逐帧动画方式。这种方式需要将人物动作的关键姿态描绘出来，能够很准确地表现人物的各种复杂动作。它的优势在于具有很强的表现力，能够表现各种复杂而细腻的动画效果，受软件功能的局限小。但它的缺点是制作工作量大，对制作者的美术功底要求高。在本例中，开始场景中小猪追逐蝴蝶跑入的动画就是使用逐帧动画的方式来制作的。

对于人物的一些常见动作，使用 Flash CS5 提供的骨骼工具来完成是一个快捷的制作方法。骨骼能够简化元件的嵌套方式，方便地制作人物的一些常见的动作，如关节的平面转动。但 Flash CS5 的骨骼动画的局限性也是很明显的，其适合于制作机械类转动动画效果，只能设置简单的动作。同时，骨骼动画只能对元件和使用 Flash 绘制的图形进行操作，因此在使用前需要对素材进行处理，将对象分割为不同的元件后才能进行骨骼绑定。本例中，在第一句歌词场景中小猪抬手偏头的动作就是使用骨骼动画制作完成的。

Flash MV 需要随演唱展示对应的字幕歌词，不同的曲段也需要对应不同的场景动画，这就存在着音乐与动画同步的问题。由于 Flash 是基于帧的动画制作软件，音乐放置在关键帧中，因此制作者能够通过帧来定位以实现声画的同步。对于比较短小的作品来说，可以记住每句歌词开始和结束的关键帧号来确定动画的起始点和终止点。而对于大型的 MV，可以在时间轴上为歌曲某个段落的开始和结束的关键帧添加帧标签，这样就可以标示出不同场景切换的位置以方便动画的制作，实现声音和画面的同步。本例就是采用在关键帧上添加帧标签来进行场景的分割的，以制作随演唱而同步变化的歌词字幕效果。

12.1.2　案例制作上机实录

本综合案例的详细制作步骤如下所述。

1．制作开始画面

（1）启动 Flash CS5，打开素材文件（幼儿歌曲素材.fla）。将【时间轴】面板中的"图层 1"命名为"开始背景"，从【库】面板中将"背景 1"影片剪辑拖放到舞台上，如图 12.1 所示。

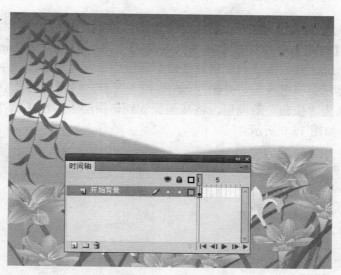

图 12.1　放置影片剪辑

（2）创建一个名为"标题"的图层，在该图层中使用【文本工具】输入歌曲名"小小眼睛"，同时在【属性】面板中对文本属性进行设置，如图 12.2 所示。右击文字，选择关联菜单中的【转换为元件】命令，将其转换成名为"标题"的影片剪辑。选择该影片剪辑后在【属性】面板的【滤镜】栏中为影片剪辑添加【投影】滤镜、【模糊】滤镜和【渐变发光】滤镜，这里的滤镜参数使用默认值即可。此时标题文字效果如图 12.3 所示。

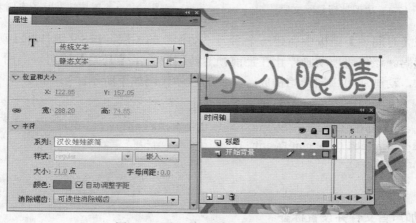

图 12.2　输入标题文字并设置属性

图 12.3　添加滤镜后的文字效果

（3）为避免对已经制作完成的图层的误操作，将制作完成的图层锁定。选择【窗口】|【公用库】|【按钮】命令打开【库-Buttons.fla】面板，将 buttons bar capped 文件夹中的 bar capped dark blue 按钮拖放到文档的【库】面板中。在【库】面板中双击该按钮进入编辑状态，将其显示文字更改为"开始"，如图 12.4 所示。回到"场景 1"，在【时间轴】面板中新建一个名为"按钮"的图层，将按钮放置到该图层中。在【属性】面板中赋予其实例名"p_btn"，如图 12.5 所示。

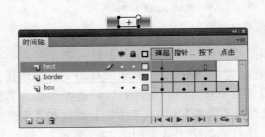

图 12.4　更改按钮显示文字　　　　　图 12.5　放置按钮并赋予实例名

（4）在【时间轴】面板中新建一个名为"动作"的图层，按 F9 键打开【动作】面板，输入程序代码。该代码使动画停止在当前帧等待用户单击【开始】按钮，当用户单击【开始】按钮时，动画从第二帧开始播放。具体的程序代码如下所示：

```
stop()
p_btn.addEventListener(MouseEvent.CLICK,kaishi)
function kaishi(e:MouseEvent ):void {
 gotoAndPlay(2)
}
```

2．添加声音文件并设置标签

（1）在【时间轴】面板中创建一个名为"儿歌"的新图层，在第 2 帧按 F7 键创建一个空白关键帧并选择该帧，从【库】面板中将名为"儿歌"的声音文件拖放到舞台上。选择【修改】|【文档】命令打开【文档设置】对话框，将动画的帧频设置为每秒 12 帧，如图 12.6 所示。完成设置后单击【确定】按钮关闭对话框。

（2）在时间轴的第 846 帧按 F5 键将动画延伸到该帧，此时可以看到帧中显示的声音波形到此成为一条直线，这表示儿歌到此帧将全部播放完，如图 12.7 所示。在【属性】面板的【声音】栏中，将【同步】设置为【数据流】，如图 12.8 所示。

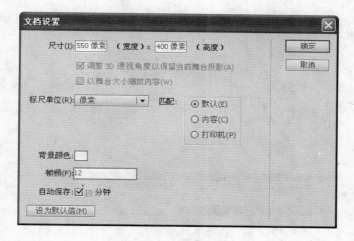

图 12.6 设置帧频

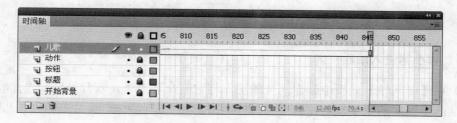

图 12.7 延伸动画

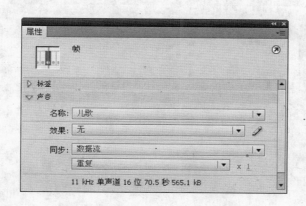

图 12.8 将【同步】设置为【数据流】

（3）在【时间轴】面板中创建一个名为"标签"的图层，按 Enter 键播放影片，此时添加的儿歌将播放。在开始演唱第一句时按 Enter 键停止动画的播放，此时播放头将停止在当前位置。在"标签"图层中选择播放头指示的帧，按 F7 键在该帧创建一个空白关键帧，在【属性】面板的【标签】栏的【名称】文本框中输入帧标签。按 Enter 键确认输入后，时间轴的帧上将会出现创建的帧标签，如图 12.9 所示。使用相同的方法，继续按照演唱的歌词将时间轴分段，并添加帧标签。

图 12.9 创建帧标签

3．制作小猪进入动画

（1）在【时间轴】面板中创建两个图层，将它们命名为"儿歌背景"和"儿歌前景"，分别在这两个图层的第 2 帧创建两个空白关键帧。将"儿歌背景"影片剪辑和"儿歌前景"影片剪辑分别放置到这两个图层的第 2 帧中，如图 12.10 所示。

图 12.10 添加背景和前景

（2）创建名为"小猪奔跑"的图形元件，在其中制作小猪奔跑动画。这里，小猪奔跑的动画使用逐帧动画形式来完成，奔跑动作分解为 8 个，分别在 8 个关键帧中绘制完成，如图 12.11 所示。

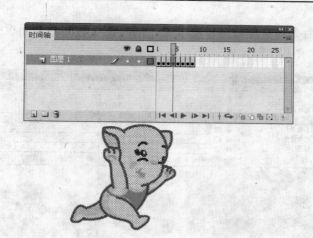

图 12.11　制作奔跑的逐帧动画

（3）回到"场景 1"，在"儿歌背景"图层上创建一个名为"小猪进入"的新图层。在第 2 帧插入一个关键帧，将"小猪奔跑"图形元件放置到这个关键帧上，在第 119 帧（和"歌词 1"标签帧所对应的位置）插入帧，在第 2 帧和第 119 帧之间创建补间动画，使小猪从场景外移入场景内，如图 12.12 所示。

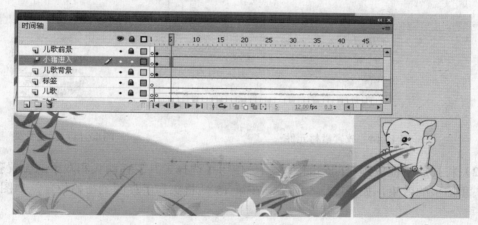

图 12.12　创建小猪从场景外进入场景中的补间动画

（4）在"小猪进入"图层的上方创建一个名为"蝴蝶飞 1"的图层，在第 2 帧插入一个关键帧，从【库】面板中将"蝴蝶飞"影片剪辑放置到场景中，在第 119 帧（和"歌词 1"标签帧所对应的位置）插入帧，在第 2 帧和第 119 帧之间创建补间动画，实现蝴蝶在小猪前面飞入场景中然后飞出场景的动画效果，如图 12.13 所示。

4．制作小猪的动作

（1）创建一个名为"骨骼动画 1"的影片剪辑元件，将【库】面板中的"头"、"身体"、"左手"和"右手"影片剪辑放置到该影片剪辑元件中，如图 12.14 所示。选择【骨骼工具】，创建身体与头和两手的骨架，如图 12.15 所示。右击身体部分，选择关联菜单中的【排

列】|【移至顶层】命令将身体移至顶层放置，同时在【时间轴】面板中将帧延伸到第 30 帧并删除空白图层"图层 1"。

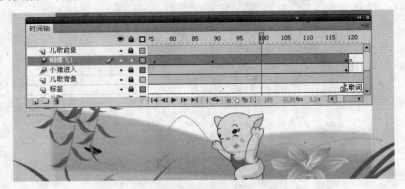

图 12.13　创建蝴蝶飞入并飞出的补间动画

图 12.14　放置素材元件　　　　　　　　　图 12.15　创建骨架

（2）将播放头拖放到时间轴的第 8 帧，使用【选择工具】移动头和双手的位置获得小猪偏头和抬手的效果，如图 12.16 所示。在第 15 帧将头和手移回到初始位置，如图 12.17 所示。

图 12.16　制作偏头和抬手效果　　　　　　图 12.17　将头、手移回到初始位置

（3）回到"场景 1"，在【时间轴】面板的"蝴蝶飞 1"图层上方创建一个名为"小猪动作 1"的新图层，在第 120 帧插入空白关键帧，将"骨骼动画 1"影片剪辑放置到舞台上，如图 12.18 所示。

图 12.18 放置影片剪辑

（4）在【时间轴】面板的"小猪动作 1"图层上方创建一个名为"蝴蝶飞 2"的新图层，在这个图层的第 114 帧插入空白关键帧，将【库】面板中的"蝴蝶"影片剪辑放置到这个帧中，创建蝴蝶在小猪面前飞舞的补间动画效果，如图 12.19 所示。

图 12.19 制作蝴蝶飞舞动画

5．制作歌词显示动画

（1）新建一个名为"歌词框"的影片剪辑元件，在该影片剪辑中绘制一个白色的无边框的矩形。返回到"场景 1"，在【时间轴】面板的最上层创建一个名为"歌词框"的图层，在"歌词 1"标签帧之后（第 120 帧）插入空白关键帧，将"歌词框"影片剪辑放置到这个关键帧对应的舞台中。在【属性】面板的【色彩效果】栏中，将"歌词框"影片剪辑的Alpha 值设置为 50％获得半透明效果，如图 12.20 所示。

图 12.20　制作歌词框

（2）创建一个名为"歌词 1 红"的影片剪辑元件，在该影片剪辑中使用【文本工具】输入第一句歌词，并设置文本的字体、大小和颜色，如图 12.21 所示。这里文字颜色设置为红色，其颜色值为"#FF0000"。创建名为"歌词1 黄"的影片剪辑元件，将文本复制到该影片剪辑中，同时将文本的颜色设置为黄色。

（3）返回到"场景 1"，在【时间轴】面板的最上层创建名为"歌词1 黄"和"歌词 1红"两个图层，分别在这两个图层的第 120帧插入空白关键帧，分别将"歌词 1 红"和"歌词 1 黄"这两个影片剪辑拖放到对应的舞

图 12.21　创建歌词并设置属性

台上。在舞台上调整它们的位置，使上面黄色文字与下面红色文字稍微错开，以获得阴影效果，如图 12.22 所示。

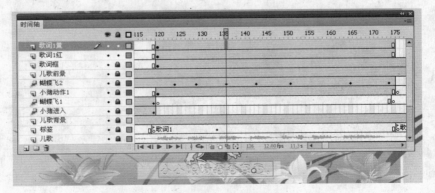

图 12.22　放置歌词

（4）创建一个名为"歌词遮罩"的影片剪辑元件，在该影片剪辑中绘制一个无边框矩形。返回到"场景 1"，在【时间轴】面板的最上层创建一个名为"歌词 1 遮罩"的新图层，

在这个图层的第 120 帧插入空白关键帧,将"歌词遮罩"影片剪辑拖放到舞台上,使用【任意变形工具】调整对象的大小,使其能够盖住舞台上的文字。将调整大小后的影片剪辑放置到歌词框的左侧,如图 12.23 所示。

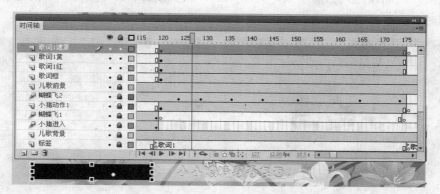

图 12.23 放置矩形并调整大小和位置

(5) 创建矩形从左向右移动的补间动画,使矩形在动画的最后一帧完全盖住舞台上的文字,如图 12.24 所示。右击"歌词 1 遮罩"图层,在关联菜单中选择【遮罩层】命令将该图层转换为遮罩层,按 Enter 键测试动画,显示的歌词将会随着演唱而同步改变颜色,如图 12.25 所示。

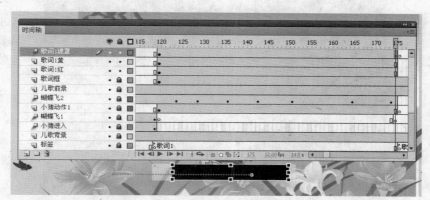

图 12.24 创建补间动画

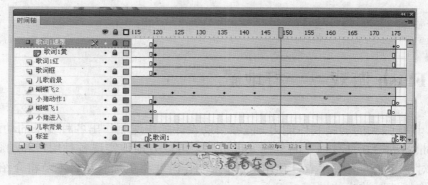

图 12.25 获得文字随歌曲同步改变颜色的效果

（6）保存文档，按 Ctrl+Enter 键测试动画效果。在作品的开始画面将显示歌曲名称和【开始】按钮，如图 12.26 所示。单击【开始】按钮开始播放动画，在歌曲的序曲部分，一只小猪追随一只蝴蝶跑入当前场景，如图 12.27 所示。当歌曲开始时，小猪随着歌曲偏头摆手，同时歌词字幕随着演唱进度改变颜色，如图 12.28 所示。

图 12.26　开始画面

图 12.27　小猪跑入场景

图 12.28　歌词随演唱变色

12.2　Flash 游戏——打地鼠

Flash 具有强大的动画制作能力，能够帮助设计师快速制作出各种复杂的动画效果。同时，ActionScript 3.0 具有强大的事件处理机制，可以方便地实现各种用户和动画的交互。因此，相对于其他的开发工具，使用 Flash 来制作游戏将更加容易。本节将介绍使用 Flash CS5 来制作打地鼠游戏的过程。

12.2.1　案例制作思路

打地鼠游戏是一款常见的游戏，本节首先介绍使用 Flash CS5 制作该游戏的思路和相关的知识。

1．案例简介

本例是一个多场景的小游戏，包括开始、游戏中和游戏结束提示这 3 个场景。一般情况下，游戏的开始场景用于显示游戏名称、制作者和版本等信息。同时，该场景中也需要提供交互方式，以等待用户的进一步操作，如开始游戏、离开游戏或对游戏进行设置。本例比较简单，在开始画面只提供了游戏名称和一个【开始游戏】按钮，用户单击该按钮即可进入游戏。

在游戏中，用户鼠标变为一个锤子，使用该锤子打击窗口中从洞中随机钻出的老鼠，当击中老鼠时程序将播放提示音。为了增强游戏的趣味性和竞争性，游戏往往需要统计分数，同时进行计时。本例将在游戏中显示游戏分数，并对游戏时间进行限制。超过了时间，将退出当前游戏，进入游戏结束画面。

在游戏的结束画面，一般需要提示用户是否完成了任务，同时显示用户游戏中的各项相关数据，如用时和获得分值等数据。本例将在游戏的结束画面提示用户时间到了，同时显示用户获得的分值。另外，在结束画面还需要让用户能够选择是离开游戏还是继续进行游戏。本例在结束画面提供了两个按钮，单击【重新开始】按钮将能够重新游戏，而单击【退出游戏】将关闭播放器离开游戏。

2．案例制作技术要点

本例是一个综合使用 Flash 动画技术和 ActionScript 3.0 脚本编程的典型案例。由于 ActionScript 3.0 不再允许将代码附着于实例元件上，如不能像 ActionScript 2.0 那样将脚本添加到按钮上以实现交互。因此在游戏制作过程中，程序代码放置在关键帧上，使用为按钮添加事件侦听器的方法来侦听鼠标事件来接收用户指令，以实现交互。

在游戏制作过程中，为了提高制作效率并获得更好的制作效果，通过在影片剪辑中创建补间动画来制作老鼠移出和消失的动画效果，使用 ActionScript 程序代码来控制动画的播放。同时，以变量存储游戏分值和剩余时间值，以动态文本来显示游戏的分值和剩余时间。文本的属性直接在【属性】面板中设置，避免了使用 ActionScript 3.0 编程设置文字样式而带来的巨大的编程压力。

一般情况下，在 Flash CS5 中要实现以一定的时间间隔反复运行某段程序，可以使用帧事件或 Timer 类来实现，这两种方法在前面章节中已经进行了介绍。实际上，还可以通过时间轴跳转和 setInterval（）方法来实现。如本例中，需要反复出现老鼠露出洞口和缩入洞口的动画，可以根据动画播放的时长将动画帧延伸一定的长度，在动画最后一帧中使用 gotoAndPlay（）方法使播放头重新跳转到指定的帧来实现循环。在 ActionScript 3.0 中，setInterval（）函数可以在指定的时间间隔调用方法或函数，如本例使用该函数来实现以一定的间隔运行名为"jg"的自定义函数，该自定义函数控制舞台上老鼠出现动画的播放，并计算得分和剩余时间，将值在动态文本框中显示出来。

本例中，需要在影片剪辑的时间轴上调用位于主时间轴的变量或对主时间轴中的某个影片剪辑内的对象进行调用，这就涉及调用的路径。在 Flash 中，从影片的起点（如从主场景开始）调用变量或影片剪辑，这种方式就是所谓的绝对路径。而从当前所处位置区访问其他的变量或影片剪辑则将使用相对路径。在编写程序时，要实现对位于其他影片剪辑中的对象和变量的调用则需要获取它们的路径，最简单的方法是在【动作】面板中单击【插入目标路径】按钮 ⊕ 打开【插入目标】路径对话框，在对话框中选择需要调用的变量和路径的位置后单击【确定】按钮，调用路径即可直接插入到程序中。

在 ActionScript 3.0 中，fscommand() 函数使 SWF 文件与 Flash Player 或承载 Flash Player 的程序（如网络浏览器）能够进行联系。本例要实现游戏的退出，实际上就需要动画文件与 Flash Player 进行联系。本例使用带有"quit"参数的 fscommand() 函数来实现动画播放的退出。但这里要注意，使用该函数时，在动画编辑状态下进行程序调试时将无法看到运行效果，只有在独立播放器中播放动画时该函数才会起作用。

通过本例的制作，读者将进一步熟悉在动画中创建交互的方法，掌握使用 ActionScript 代码控制影片剪辑播放的技巧，同时熟悉变量和对象的引用技巧，掌握在时间轴上创建多场景动画的方法。

12.2.2 案例制作上机实录

本综合案例的详细制作步骤如下所述。

1．制作游戏开始界面

（1）启动 Flash CS5，打开包含素材的 Flash 文件（打地鼠游戏素材.fla）。在【时间轴】面板中将"图层 1"命名为"动作"，在该图层创建 3 个空白关键帧。创建一个新图层，将其命名为"背景"，从【库】面板中将背景图片拖放到该图层中，并调整图片大小，如图 12.29 所示。

图 12.29　放置背景

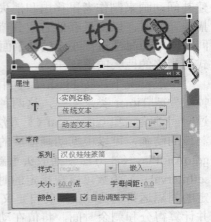

图 12.30　输入文字并设置文字属性

（2）再创建一个新图层，将其命名为"游戏场景"，在该图层中创建 3 个关键帧。选择该图层的第 1 帧，使用【文本工具】在该帧中输入游戏的标题文字"打地鼠"。在【属性】面板中设置文本的字体和大小，如图 12.30 所示。为文字添加"投影"和"发光"效果，如图 12.31 所示。

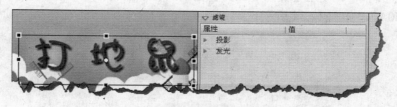

图 12.31　添加滤镜效果

（3）选择【窗口】|【公用库】|【按钮】命令打开【公用库】面板，将 buttons bar 文件夹中的 bar green 按钮拖放到舞台上，使用【任意变形工具】调整按钮的大小，双击该按钮进入编辑状态，选择【文本工具】，将按钮上显示的文字改为"开始"，如图 12.32 所示。

（4）返回"场景 1"，在【属性】面板中赋予该按钮实例名"btn_S"，同时为按钮添加"投影"滤镜效果，如图 12.33 所示。

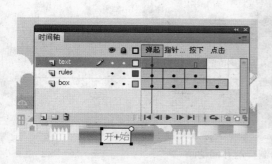

图 12.32　更改按钮文字　　　　　图 12.33　设置实例名并添加投影效果

（5）在【时间轴】面板中选择"动作"图层的第 1 帧，按 F9 键打开【动作】面板，输入 stop()语句使动画播放停止在该帧，等待鼠标单击场景中的【开始】按钮。然后为按钮添加事件侦听器，同时编写事件响应函数。该事件响应函数使鼠标单击按钮时，播放头跳转到第 2 帧，并移除当前加载在按钮上的事件侦听器。具体的程序代码如下所示：

```
stop();
btn_S.addEventListener(MouseEvent.CLICK,st);
function st(e:MouseEvent ):void {
 gotoAndStop(2);
 removeEventListener(MouseEvent.CLICK,st);
}
```

2．制作老鼠出洞和被打动画

（1）创建一个名为"洞&鼠"的影片剪辑元件，在该元件的【时间轴】面板中将"图层1"更名为"洞口"。使用【椭圆形工具】在该图层中绘制一个黑色的无边框椭圆，并将帧延伸到第 50 帧，如图 12.34 所示。

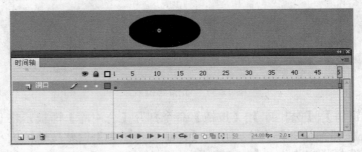

图 12.34　绘制椭圆

（2）创建一个名为"老鼠"的新图层，从【库】面板中将"老鼠"图形元件拖放到该图层中，将帧延伸到第 5 帧。创建老鼠由下向上移出洞口的补间动画，如图 12.35 所示。在第 30 帧按 F5 键将动画延伸到该处。在第 25 帧按 F6 键插入关键帧，将播放头放置到第 30 帧，将老鼠往下移动到起始位置，如图 12.36 所示。这样，制作了老鼠移出洞口，停留片刻后离开洞口的动画效果。

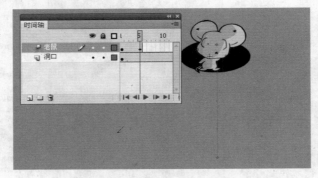

图 12.35　创建老鼠移出洞口的补间动画

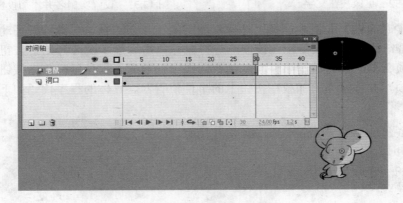

图 12.36　将老鼠移动到洞口下方

（3）在第 31 帧按 F7 键创建一个空白关键帧，从【库】面板中将"老鼠 2.psd"图形元件拖放到该帧中，将帧延伸到第 38 帧，如图 12.37 所示。在第 39 帧插入关键帧，创建该老鼠从洞口向下移动的补间动画，如图 12.38 所示。在游戏时，击中了洞口的老鼠，将播放这段动画效果。

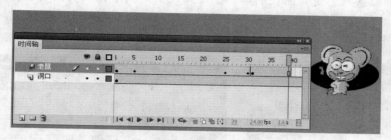

图 12.37　添加第二个老鼠

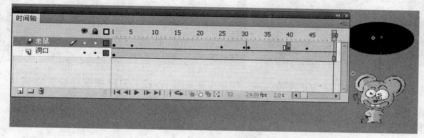

图 12.38　创建老鼠下移动画

（4）在"老鼠"图层上创建一个名为"遮罩"的新图层，将该图层设置为【遮罩层】，并将帧延伸到第 50 帧。在该图层中绘制一个圆角矩形，使其覆盖洞口，如图 12.39 所示。该遮罩层的作用是使老鼠出洞后才能显示出来，在椭圆洞下方将不显示。

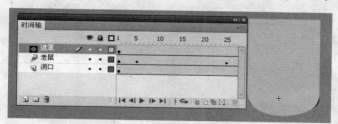

图 12.39　创建遮罩层

（5）创建一个名为"声音"的图层，在该图层的第 31 帧创建一个空白关键帧，从【库】面板中将"打中声.wav"元件拖放到舞台上，如图 12.40 所示。

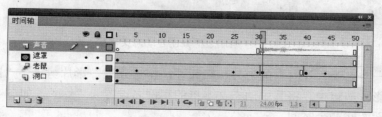

图 12.40　添加声音

（6）再创建一个名为"响应区"的新图层，在第 5 帧和第 25 帧各创建一个空白帧。创建一个名为"击打区"的按钮元件，在该元件的"图层 1"的"单击"帧中绘制一个椭圆形，其他帧保持空白，如图 12.41 所示。将该元件放置到刚才创建的"响应区"图层的第 5 帧中，调整其大小使其盖住洞口。在【属性】面板中将其实例名设置为"jdq"，如图 12.42 所示。在动画播放时，该按钮覆盖的区域将标示老鼠被击中的区域，在动画播放时不会显示出来。

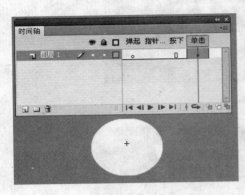
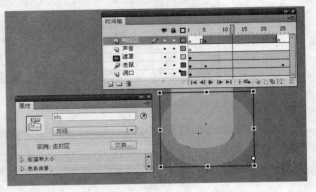

图 12.41　在"单击"帧中绘制一个椭圆　　　　图 12.42　放置按钮并设置实例名

3．制作得分和计时面板

（1）创建一个名为"分数"的影片剪辑元件，使用绘图工具绘制边框。使用【文本工具】输入文字"得分"，同时创建一个动态文本框。在【属性】面板中将动态文本框命名为"fen"，如图 12.43 所示。该动态文本框将显示游戏中的得分。

图 12.43　绘制边框并创建动态文本框

（2）创建一个名为"计时"的影片剪辑元件，将"分数"影片剪辑中"图层 1"中的对象复制到该影片剪辑中，将其中动态文本框的实例名设置为"xsh"，如图 12.44 所示。该文本框将显示游戏剩余时间。

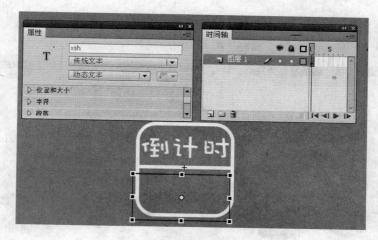

图 12.44　设置动态文本框的实例名

　　（3）分别选择这里创建的两个动态文本框，在【属性】面板中的【字符】栏中单击【嵌入】按钮打开【字体嵌入】对话框。在【选项】选项卡的【字符范围】列表中勾选【数字[0..9]（11/11 字型）】选项，如图 12.45 所示。单击【确定】按钮嵌入字体，这样可以保证动画播放时文本能够在任意计算机上正常显示。

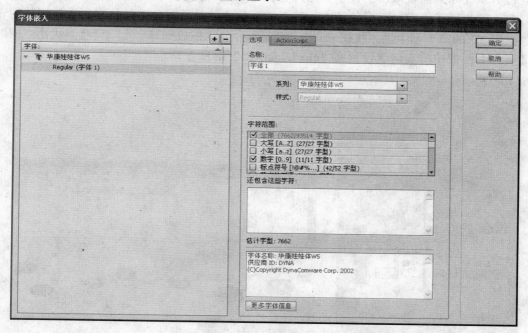

图 12.45　【字体嵌入】对话框

4. 实现打地鼠游戏功能

　　（1）回到"场景 1"，选择"游戏场景"图层的第 2 帧。将"洞&鼠"影片剪辑拖放 10 个到舞台上，调整它们的大小和位置。在【属性】面板中分别设置它们的实例名称。这里影片剪辑的实例名称分别为 "lsh1" 至 "lsh10", 如图 12.46 所示。

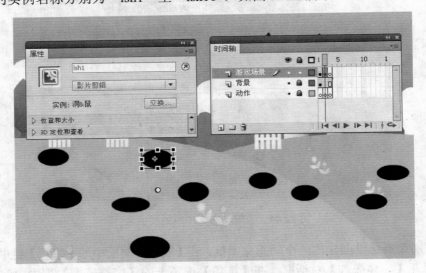

图 12.46 放置影片剪辑并命名

（2）从【库】面板双击 "锤子" 影片剪辑进入编辑状态, 其结构如图 12.47 所示。这里, 第 1 帧为锤子没有敲下时的状态, 第 2 帧至第 5 帧是垂直落下的状态。在该影片剪辑的 "图层 2" 的第 1 帧中输入代码 stop()。将该影片剪辑拖放到舞台上, 调整其大小, 同时在【属性】面板中将实例名设置为 "chz", 如图 12.48 所示。

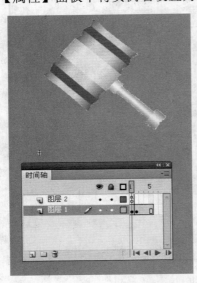

图 12.47 "锤子" 影片剪辑的结构

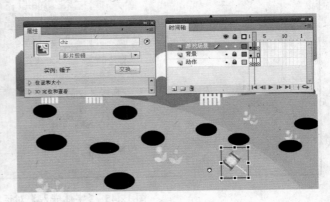

图 12.48 放置锤子

（3）从【库】面板中将 "分数" 影片剪辑和 "计时" 影片剪辑拖放到舞台上, 调整它们的大小和位置, 在【属性】面板中分别为它们添加 "投影" 和 "斜角" 滤镜, 如图 12.49 所示。同时设置它们的实例名。这里, "分数" 影片剪辑的实例名设置为 "df", "倒计时"

影片剪辑的实例名设置为"djs"。

图 12.49　放置"分数"和"计时"影片剪辑

（4）在舞台上双击任意一个"洞&鼠"影片剪辑进入其编辑状态。在【时间轴】面板中创建一个名为"动作"的图层，选择第 1 帧，按 F7 键创建空白关键帧，按 F9 键打开【动作】面板输入代码：stop()。在第 30 帧和第 50 帧创建空白关键帧，输入程序代码：gotoAndStop(1)，这样老鼠没有被打中缩入洞中和打中后缩入洞中这两段动画播放完后，动画都将重新跳转到第 1 帧。

（5）在第 5 帧按 F7 键创建空白关键帧，该帧是老鼠从洞下露出动画后的第一帧，"响应区"按钮也从该帧开始出现，在该帧中为"响应区"按钮添加事件侦听器并编写事件响应程序，如图 12.50 所示。这里的鼠标单击事件响应程序在打中老鼠时将分数加 10 分，并跳转到影片剪辑的第 31 帧播放动画，具体的程序代码如下所示：

```
//添加事件侦听器
this.jdq.addEventListener(MouseEvent.CLICK ,jiafen);
function jiafen(e:MouseEvent ):void
{
 //分数加 10
 Object(root).fens +=  10;
 //开始播放被击中动画
 this.gotoAndPlay(31);
}
```

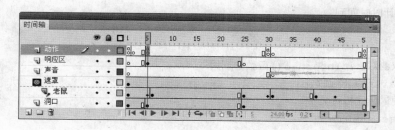

图 12.50　在第 5 帧添加代码

（6）回到"场景 1"，在【时间轴】面板中选择"动作"图层的第 2 帧，按 F9 键打开【动作】面板。首先初始化程序需要的变量，fens 变量用于存储游戏得分，jsj 变量存储倒计时时间。同时，使用 hide()方法将鼠标指针隐藏，使用 startDrag()方法实现锤子影片剪辑跟随鼠标移动。具体的程序代码如下所示：

```
stop();
var fens:int=0;
var jsj:int=100;
Mouse.hide();
chz.startDrag(true);
djs.xsh.text=String(jsj);
```

（7）编写代码实现舞台上的老鼠随机出现、显示倒计时和当前得分。程序使用 **setInterval()** 函数以 100 毫秒的时间间隔执行函数 **jg**。在函数 **jg** 中，使用 if 结构判断是否倒计时结束，如果没有，则使舞台上的影片剪辑随机从第 2 帧开始播放，这样可以获得老鼠随机出洞的效果。如果倒计时结束，则将鼠标光标恢复到初始状态，同时跳转到主时间轴的第 3 帧显示游戏结束画面。具体的程序代码如下所示：

```
//以设置的时间间隔调用函数
var id:uint = setInterval(jg,100);
function jg()
{
 //倒计时数减1
 jsj -= 1;
 //如果时间未到
 if (jsj>=0)
 {
     //获取随机数
     var i = Math.ceil(Math.random() * 10);
     //影片剪辑从第2帧开始播放
     this["lsh" + i].gotoAndPlay(2);
     //显示当前得分
     df.fen.text = String(fens);
     //显示剩余时间
     djs.xsh.text = String(jsj);
 }
 //如果倒计时时间到
else
 {
     //取消对setInterval()函数的调用
     clearInterval(id);
     //使鼠标光标可见
     Mouse.show()
     //移除事件侦听器
     stage.removeEventListener(MouseEvent.CLICK,lx)
     //跳转到第3帧
     gotoAndStop(3);
 }
}
```

（8）编写代码实现锤子敲击动画效果。这里，为舞台添加鼠标单击事件侦听器，当鼠标在舞台上单击时，从第 2 帧开始播放"锤子"影片剪辑，从而获得锤子落下的动画效果。具体的程序代码如下所示：

```
stage.addEventListener(MouseEvent.CLICK,lx);
function lx(e:MouseEvent ):void
{
chz.gotoAndPlay(2);
}
```

5．制作游戏结束画面

（1）创建一个名为"结束"的影片剪辑元件，在"图层 1"中绘制一个矩形，矩形的填充色为白色，填充透明度为 50%。将矩形转换为影片剪辑，将帧延伸到第 10 帧，并创建补间动画。分别在第 1 帧、第 4 帧、第 6 帧、第 8 帧和第 10 帧创建补间帧。在第 1 帧中，在【属性】面板中将矩形的宽度和高度设置为 1 像素使矩形缩小为一条直线。在第 4 帧将矩形高度设置为 270 像素，在第 6 帧将矩形的高度设置为 240 像素，在第 8 帧将矩形的高度再次设置为 270 像素，第 10 帧将矩形的高度设置为 400 像素，如图 12.51 所示。这样将获得矩形展开并抖动一次的动画效果。

（2）新建一个图层，在第 10 帧添加关键帧，使用【文本工具】输入游戏结束的提示文字。同时创建一个动态文本框，该文本框用于显示用户的得分。在【属性】面板中将该文本框的实例名设置为"zf"，如图 12.52 所示。

图 12.51　创建补间动画

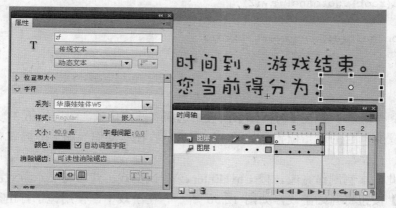

图 12.52　创建动态文本

（3）单击【按钮】公用库，再拖动两个 bar green 按钮到【库】面板中，分别将这两个按钮显示的文字改为"重新开始"和"退出游戏"。创建一个新图层，在第 10 帧中添加关键帧，将这两个按钮放置到舞台中，调整它们的大小和位置，如图 12.53 所示。在【属性】

面板中将这两个按钮的实例名分别设置为"btn_R"和"btn_Q",同时为按钮添加"投影"效果,如图 12.54 所示。

图 12.53　放置按钮

图 12.54　设置实例名并添加滤镜效果

（4）在时间轴上再创建一个新图层,在第 10 帧创建空白帧,打开【动作】面板输入程序代码。这里,程序使用 stop()方法使播放头在该帧停止,同时使在动态文本框中显示游戏者的得分。为两个按钮添加事件侦听器并创建事件响应程序,单击【重新开始】按钮,"场景 1"的播放头跳转到第 2 帧重新开始游戏。同时,使用 fscommand("quit")方法实现单击【退出游戏】按钮退出播放器。程序代码如下:

```
stop();
zf.text = String(Object(root).fens);
btn_R.addEventListener(MouseEvent.CLICK,rest);
btn_Q.addEventListener(MouseEvent.CLICK,quit);
function rest(e:MouseEvent ):void
{
 Object(root).gotoAndPlay(2);
}
function quit(e:MouseEvent ):void
{
 fscommand("quit");
}
```

（5）回到"场景 1",在【时间轴】面板中选择"游戏场景"图层的第 3 帧,将"结束"影片剪辑放置到舞台的适当位置,如图 12.55 所示。在"动作"图层的第 3 帧输入程序代码:stop()。

（6）至此,本例制作完成。按 Ctrl+Enter 键测试游戏。此时将显示游戏的开始画面,单击【开始】按钮将开始游戏,如图 12.56 所示。在游戏中,使用锤子打击露出的老鼠,击中老鼠加 10 分,同时界面上方显示倒计时时间,如图 12.57 所示。当计时结束后,显示结束画面,画面给出游戏分数。单击【重新开始】按钮将重新开始游戏,单击【退出游戏】按钮将结束游戏,如图 12.58 所示。

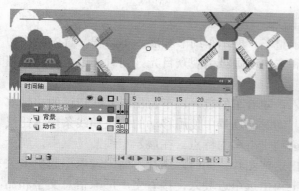

图 12.55　放置 "结束" 影片剪辑

图 12.56　游戏开始

图 12.57　游戏中

图 12.58　游戏结束

12.3　Flash 广告——轿车广告

随着网络的普及，其也成为一种新崛起的媒体形式。网络广告的一种常用的方式就是 Flash 广告，本节将介绍一个 Flash 广告的制作过程。

12.3.1　案例制作思路

本案例介绍 Flash 轿车广告的制作，本节将介绍案例制作的基本思路和相关的知识。

1．案例简介

在互联网上，网络广告可谓无处不在，其具有传播对象面广、表现手段丰富多彩、内容种类繁多和信息面广等特点。在网络广告中，Flash 广告占据了主导地位，这与 Flash 本身具有的动画和交互优势密不可分，Flash 广告具有短小精悍、交互能力强且适于网络传播的特点。同时，Flash 广告在制作过程中，除了采用传统的动画手法之外，往往会借用很多电视媒体的制作和表达手法，使效果更加出众。

本例有 4 个场景，分别展示车标、展示整车、展示车细节和展示车品牌。首先以移动的直线和方块引出轿车的标志，通过线条和方块动画吸引观众目光。同时，以金色光芒划过车标，获得一种华贵的感觉。

在展示整车场景中，整车从场景外进入，随着车的进入，车窗出现光线扫过的动画效果，以增强画面的动感，吸引观众的视线。同时，场景中使用移动的方块和线条来烘托气氛。随着车的进入出现广告词，以简短的语句交待车的特点。在展示车细节场景中，展示车的各个部位的细节图片，以动感线框引出这些图片。同时，图片不断闪现以引起更多关注。在最后的展示车品牌场景中，车从左上角由远至近驶入，接着生产厂家信息文字和品牌信息文字飞入。品牌文字在飞入后，文字光晕发生变化，这样对主题起到强调作用。

音乐是广告中不可或缺的元素，音乐能够起到烘托气氛、增强效果的作用。本例由于是车广告，使用的是动感音乐。同时，整个动画的背景使用了银灰色放射渐变，给人以厚重感，很好地烘托了气氛。

2．案例制作技术要点

本例虽然是一个多场景的动画，在制作时，所有的场景效果均在 Flash 的一个"场景"中实现，这样便于动画效果的制作和调试。同时，本例的动画均采用 Flash 的补间动画在时间轴上直接制作完成，动画效果并不复杂，但动画较多，制作过程较为繁杂。因此，在制作时充分利用时间轴的图层，在不同的图层中制作不同的动画效果，以时间轴上的不同帧来控制对象动画出现的时间和延续时长。

Flash 广告往往需要大量使用素材图片，如本例中的轿车和车的细节图等。这些图片都是从外部导入的，在动画制作前应该根据动画的需要准备好素材图片，如根据需要裁切图片，将素材图片的背景透明化。所谓将图片背景透明化，指的是图片除了要展示的图像区域外，其他的区域是空白的。由于 Flash 对位图处理能力有限，往往需要使用外部图像处理软件来进行操作。这里，常用的处理工具是 Adobe 公司的 Photoshop 或 Fireworks。Photoshop 是一款功能强大的图像处理和设计软件，Fireworks 主要用于网页图像的处理。在对图片进行去除图像背景操作后，将图像保存为 png 格式或 gif 格式即可。

另外，在 Flash CS5 中能够直接导入 Photoshop 的带图层的 PSD 文件。同时在安装了 Photoshop 的计算机中，也可以在 Flash CS5 中直接启动 Photoshop 来对舞台上的位图进行编辑。方法是右击舞台上的位图，在关联菜单中选择【使用 Photoshop CS5 编辑】命令，此时 Flash CS5 会启动安装的 Photoshop 对图片进行处理。本例中文字和车标都使用的是特效文字，这些特效文字都是使用 Photoshop 制作的。

对于大型的动画作品，由于带有的各种媒体素材比较多，因此生成的 SWF 动画文件会相对较大。这类作品在网上发布时，如果网络状况不好，会造成下载时间较长，这就需要为观看者提供下载进度。因此，在动画播放前需要制作下载进度条，以提示动画下载进度。在 ActionScript 3.0 中，loaderInfo 类提供了有关加载 SWF 文件或图像文件的信息，其提供的信息包括加载进度、加载程序的 URL 和加载内容及媒体的字节数总数等信息。在成功加载数据后，将触发该类的 complete 事件，而在下载过程中收到数据将会调用 progress

事件。loaderInfo 类的 bytesLoaded 属性的值为文件已加载字节数，而 byteTotal 属性的值为整个文件的字节数。

　　在本例中编写代码侦听 complete 事件和 progress 事件，在相应的事件处理函数中获取 loaderInfo 对象的 bytesLoaded 属性值和 byteTotal 值，使用获取的值来控制进度条影片剪辑的播放进度，这样即获得随下载进度而移动的进度条效果。

　　通过本例的制作，读者能够熟悉使用 Flash CS5 制作复杂动画的经验，掌握制作下载进度条的方法，进一步熟练掌握补间动画和遮罩动画的制作技巧。同时，熟悉位图素材在动画中的使用技巧。

12.3.2　案例制作上机实录

　　本综合案例的详细制作步骤如下所述。

1．制作下载进度条

　　（1）启动 Flash CS5，创建一个新文档，该文档的大小为 720 像素×400 像素。创建一个名为"背景"的图形元件，在该元件中使用【矩形工具】绘制一个无笔触的矩形。在【颜色】面板中创建径向渐变填充矩形，如图 12.59 所示。

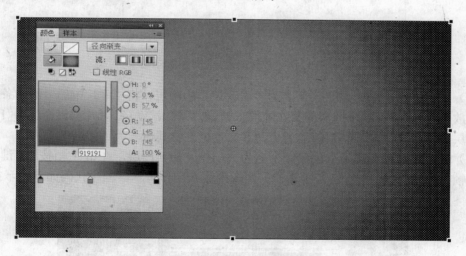

图 12.59　使用径向渐变填充矩形

　　（2）回到"场景 1"，在【时间轴】面板中将"图层 1"改名为"背景"。从【库】面板中将"背景"图形元件拖放到该图层中，同时将帧延伸到第 125 帧，如图 12.60 所示。

　　（3）创建一个名为"滚动条"的影片剪辑元件，将滚动条边框和滚动条图片素材导入到【库】面板中，然后将它们分别放置到"滚动条"影片剪辑的两个图层中，分别将帧延伸到第 100 帧。创建滚动条图片从左向右延长的补间动画，如图 21.61 所示。再创建一个名为"动作"的图层，在【动作】面板中输入代码：stop()。

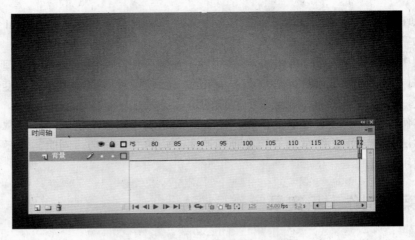

图 12.60 放置图形元件并延伸帧

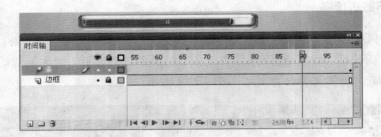

图 12.61 放置图片并创建补间动画

（4）回到"场景1"，新建一个名为"滚动条"的图层，将"库"中的"滚动条"影片剪辑拖放到舞台上，在这个图层的第 2 帧插入帧。然后将"滚动条"影片剪辑命名为"1_MC"。在该图层中使用【文本工具】创建一个动态文本框，将其命名为"1_Txt"。

（5）在"滚动条"图层上创建一个名为"动作"的新图层，在第 3 帧按 F7 键创建空白关键帧，如图 12.62 所示。在【动作】面板中输入动作脚本，程序代码如下所示：

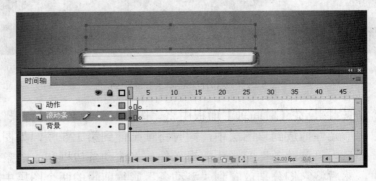

图 12.62 "场景1"的 3 个图层

```
//使动画停在该帧
stop();
//创建加载过程事件侦听器
```

```
this.loaderInfo.addEventListener(ProgressEvent.PROGRESS,loadProgress);
//注册加载完成事件侦听器
this.loaderInfo.addEventListener(Event.COMPLETE,loadComplete);
//创建加载失败事件侦听器
this.addEventListener(IOErrorEvent.IO_ERROR,jzsb);
l_Txt.text = "正在获取信息中...";
//创建加载过程事件响应函数
function loadProgress(e:ProgressEvent):void
{
 var precent:Number = e.bytesLoaded * 100 / e.bytesTotal;
 l_Txt.text = "已加载: " + precent.toFixed() + "%";
 l_MC.gotoAndStop(int(precent));
}
//创建加载完成事件响应函数
function loadComplete(e:Event):void
{
 l_Txt.text = "加载完毕";
 gotoAndPlay(3);
}
//创建加载失败事件处理函数
function jzsb(e:IOErrorEvent)
{
 l_Txt.text = "加载失败";
}
```

2．制作显示汽车标志

（1）创建一个名为"竖线"的图形元件，在该图形元件中绘制一个白色的直线，如图 12.63 所示。回到"场景 1"，在【时间轴】面板中创建一个名为"线条 1"的新图层，在第 3 帧和第 26 帧按 F7 键创建空白关键帧。选择第 3 帧，将"竖线"图形元件拖放到舞台上。在【属性】面板中设置线条高度，如图 12.64 所示。

图 12.63　绘制一条竖线

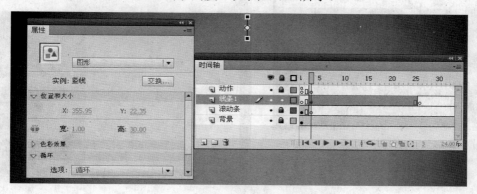

图 12.64　放置线条并设置其高度

（2）创建补间动画，在第 5 帧将线条向下移动，同时将线条的长度变为 60 像素。在第 8 帧和第 12 帧将线条依次下移，这两帧线条的长度均为 80。最后在第 15 帧将线条上移，并将其长度变为 60 像素。此时的时间轴如图 12.65 所示。

（3）创建名为"线条 2"的图层，在第 5 帧和第 26 帧创建空白关键帧，将"竖线"图形元件拖放到舞台的下方，并与第（2）步制作的线条对齐，如图 12.66 所示。创建补间动画，在第 8 帧将线条移动到"线条 1"图层中线条的下方，在第 12 帧将线条移动出舞台，如图 12.67 所示。

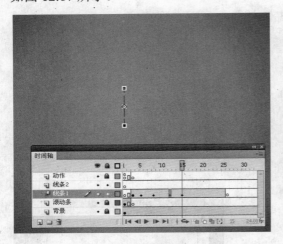

图 12.65　创建线条的补间动画

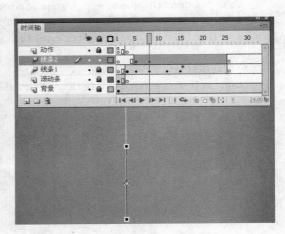

图 12.66　放置第 2 条竖线

（4）创建名为"灰色矩形"的图形元件，在其中绘制一个灰色的矩形，如图 12.68 所示。在"场景 1"的时间轴上分别创建名为"横条运动左"和"横条运动右"的新图层，在第 3 帧和第 26 帧按 F7 键创建空白关键帧，将"灰色矩形"图形元件分别放置在这两个图层中。将它们分别放置在舞台外，如图 12.69 所示。制作它们穿越舞台并由大变小并逐渐消失的补间动画效果，如图 12.70 所示。

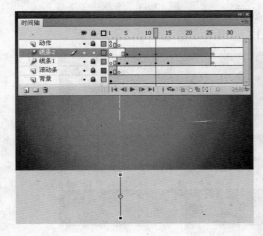

图 12.67　将线条移出舞台

图 12.68　绘制灰色矩形

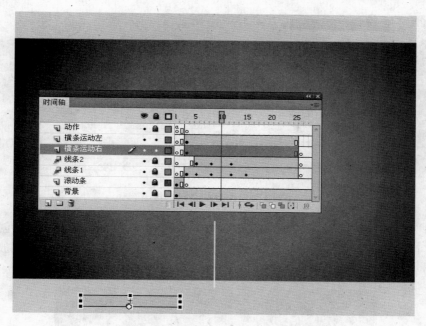

图 12.69　在舞台外放置图形元件

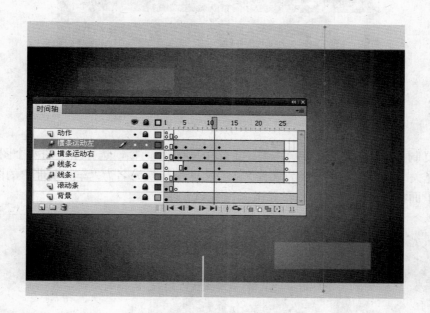

图 12.70　制作移出补间动画效果

（5）创建一个名为"正方形"的图形元件，在其中绘制一个白色无边框矩形。在主场景的【时间轴】面板中创建一个名为"正方形移动"的新图层。将图形元件放置到该图层的第 3 帧至第 15 帧之间，调整其形状使其成为一个正方形。创建该正方形从右向左移出并消失的动画效果，如图 12.71 所示。

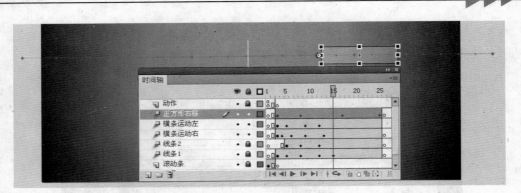

图 12.71　图形从左向右移出

（6）导入名为"车标.png"和"a4.png"的素材图片。在【时间轴】面板中创建一个名为"车标"的图层，在第 12 帧和第 26 帧创建空白关键帧。将导入的素材图片放置到舞台上的适当位置，并调整它们的大小，如图 12.72 所示。

图 12.72　放置图片

（7）复制"车标"图层，将车标图片所在的帧后移两帧，选择图层的两个图形元件后右击，选择关联菜单中的【转换为元件】命令将它们转换为名为"车标复制"的图形元件。在【属性】面板中调整对象的色彩效果，如图 12.73 所示。

图 12.73　调整图片的色彩效果

（8）创建一个名为"车标遮罩"的图形元件，使用【矩形工具】绘制矩形，并使用线性渐变的方式填充矩形，如图 12.74 所示。在"场景 1"的【时间轴】面板中添加一个名为"车标遮罩"的新图层，在第 14 帧和第 26 帧添加空白关键帧，将"车标遮罩"图形元件放置到舞台上，如图 12.75 所示。

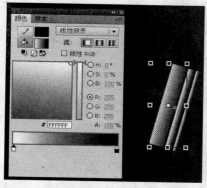

图 12.74　使用线性渐变填充矩形

图 12.75　放置图形元件

（9）在"车标遮罩"图层中创建补间动画，使元件从左向右移过整个车标。将该图层转换为"遮罩"图层，此时拖动播放头即可看到金色光芒扫过车标的动画效果，如图 12.76 所示。

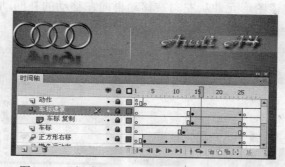

图 12.76　创建补间动画并将图层转换为遮罩层

3．制作展示汽车整体场景

（1）创建一个名为"细横线"的图形元件，在该元件中绘制一条细横线，如图 12.77 所示。在"场景 1"的【时间轴】面板中添加两个名为"线条飞入 1"和"线条飞入 2"的新图层，创建从第 26 帧到第 30 帧的连续空白帧，将两个"细横线"图形元件分别放置到图层中，并分别创建它们在舞台上从左向右和从右向左飞入的补间动画，如图 12.78 所示。

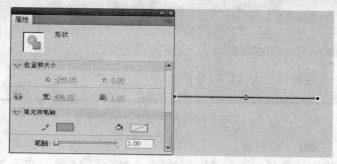

图 12.77　绘制一条细横线

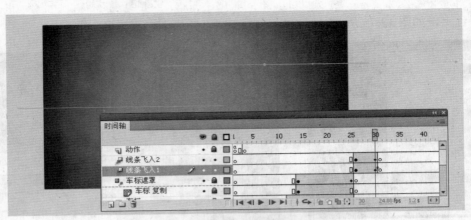

图 12.78　创建线条飞入舞台的补间动画

（2）创建一个名为"两个灰色方块"的图形元件，在其中绘制两个灰色矩形，在"场景 1"中创建该元件从第 29 帧到第 34 帧的向上移动的补间动画，如图 12.79 所示。创建一个名为"三方块"的图形元件，在其中绘制 3 个同样大小的白色正方形，将它们沿斜线放置。在"场景 1"中创建该图形元件从左向右移动再向左移动的补间动画，如图 12.80 所示。

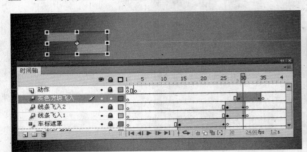

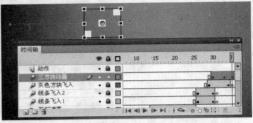

图 12.79　创建灰色方块上移的补间动画　　　　图 12.80　创建方块移动补间动画

（3）创建一个名为"三方块（竖）"的图形元件，在其中绘制 3 个白色的竖直放置的正方形。将该元件放置到"三方块动画"图层的第 36 帧，在【属性】面板中将其 Alpha 值设置为 70%。在第 35 帧至第 39 帧创建方块右移且宽度减小的补间动画，如图 12.81 所示。

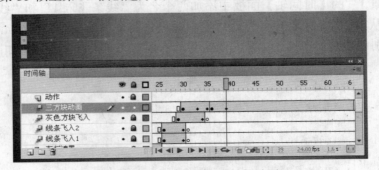

图 12.81　制作方块右移补间动画

（4）将"奥迪车.png"素材图片导入到库中，在【时间轴】面板中创建一个名为"轿车进入"的图层，将图片素材放置到该图层的第 32 帧至第 65 帧。在第 32 帧至第 35 帧之间创建轿车从右上角飞入的补间动画，如图 12.82 所示。

图 12.82　创建轿车进入动画

（5）创建一个名为"前挡风玻璃光"的图层，在该图层的第 39 帧至第 40 帧绘制一个白色无边框的矩形，该矩形填充色的 **Alpha** 值设置为 50％。使用【任意变形工具】对矩形进行变形，使其覆盖车的前窗，如图 12.83 所示。

（6）创建一个名为"遮罩条"的图形元件，在该元件中绘制一个矩形，矩形使用双色的线性渐变填充，如图 12.84 所示。在"场景 1"的时间轴上创建一个名为"遮罩"的图层，将"遮罩条"图形元件放置到该图层的第 39 帧至第 65 帧，同时创建该图形元件反复上下移动的补间动画。将该图层转换为遮罩层，如图 12.85 所示。此时将获得前挡风玻璃发光效果。

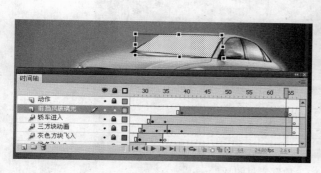

图 12.83　使矩形覆盖车的前窗

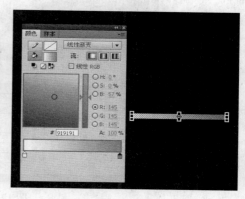

图 12.84　绘制矩形

（7）在【时间轴】面板中创建一个名为"广告词 1"的新图层，导入名为"文字 1.png"的文字图片，将该图片放置到图层的第 39 帧至第 65 帧，文字放置在车头右侧。将其转换为元件后创建补间动画，如图 12.86 所示。补间动画效果是文字从右向左移动，同时由透明变为完全显示，再变得透明。

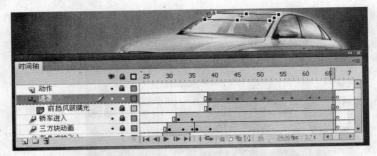

图 12.85 创建遮罩动画

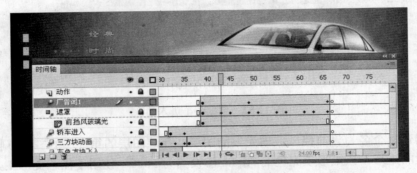

图 12.86 创建文字补间动画

（8）在【时间轴】面板中创建一个名为"标志"的图层，在第 25 帧创建空白关键帧。导入"文字 2.png"和"文字 3.png"素材图片。在舞台上绘制一条白色的分隔线，将这些素材图片和"车标"、"a4"图片素材从【库】面板中放置到舞台上，调整它们的大小和位置，如图 12.87 所示。

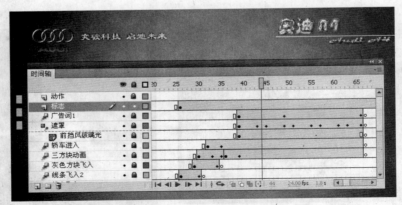

图 12.87 放置素材图片

4．制作展示车细节场景

（1）创建一个名为"窄方框"的图形元件，在该元件中绘制一个无填充的矩形方框。

在"场景 1"的【时间轴】面板中创建一个名为"窄方框动画"的图层，将"窄方框"图形元件放置到第 65 帧至第 77 帧之间。创建该方框移动反复扩大和缩小的动画，如图 12.88 所示。

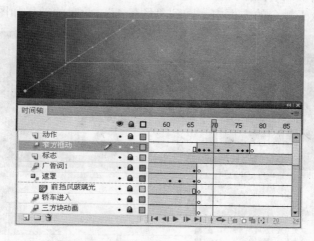

图 12.88　制作方框反复扩大缩小动画

（2）创建一个名为"五方框"的图层，将"窄方框"图片元件放置到该图层的第 76 帧到第 104 帧中，同时调整方框的形状。制作方框从当前位置向左上角移动的补间动画，设置动画起始帧和终止帧的 Alpha 值，使方框在动画中渐显。将该图层复制 4 个，设置动画终止帧方框的位置。这样获得 5 个方框以渐显的方式移动到舞台上指定位置的动画效果，如图 12.89 所示。

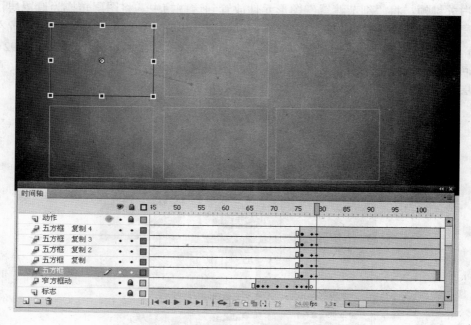

图 12.89　制作方框出现的动画效果

（3）创建名为"细节图"的图形元件，导入素材图片"细节图 1.png"至"细节图 5.png"。在【时间轴】面板中创建一个名为"细节"的新图层，在该图层的第 79 帧和第 104 帧创建空白关键帧，将"细节图"图形元件放置到该图层中。双击元件进入编辑状态，调整图片的位置使它们分别位于舞台的方框中。回到"场景 1"，此时的效果如图 12.90 所示。

图 12.90　在舞台上放置图片元件后的效果

（4）创建一个名为"细节遮罩"的图形元件，在其中绘制一个无边框的矩形。在"场景 1"的时间轴上添加一个名为"细节遮罩"的图层，在该图层的第 79 帧至第 104 帧分别创建空白关键帧，将"细节遮罩"图形元件放置到这些帧中。将图层转换为遮罩层，取消对该图层的锁定使矩形显示出来。创建补间动画，这里先将图形元件宽度缩小放置在图片的左侧，如图 12.91 所示。在动画中矩形逐渐展开并盖住左边那列图片，如图 12.92 所示。使用相同的方法制作矩形展开遮住右列图片和两次展开遮盖全部图片的动画效果，重新锁定该图层，在舞台上显示遮罩效果，如图 12.93 所示。

图 12.91　将元件放置到图片的左侧

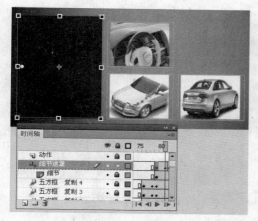

图 12.92　展开矩形盖住左边的图片

图 12.93　遮罩动画制作完成后的效果

（5）创建一个名为"横线"的图形元件，在该元件中绘制一条横线。在【时间轴】面板中创建两个图层，将它们命名为"竖装饰线"和"横装饰线"，将"横线"图形元件分别放置在这两个图层的第 79 帧至第 104 帧。在"横装饰线"图层中制作横线从左方飞入并渐隐的补间动画，在"竖装饰线"图层中将图形元件竖直放置后制作从下方飞入并渐隐的补间动画效果，如图 12.94 所示。

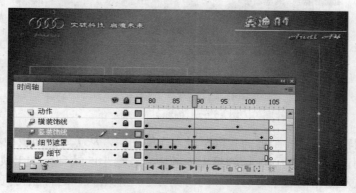

图 12.94　制作线条飞入渐隐动画效果

（6）在【时间轴】面板中创建名为"广告词 2"的图层，在第 91 帧至第 104 帧创建空白帧，将"文字 4.png"图片导入到这些帧中，并为文字添加补间动画效果。这里，文字由不可见变为看见然后再消失，随着文字的显示，文字的大小逐渐增大，然后随着文字的消失而逐渐减小。同时为增强效果，将文字添加了发光效果，如图 12.95 所示

5．制作展示车品牌场景

（1）创建一个名为"路"的图形元件，在该图形元件中绘制一个多边形，如图 12.96 所示。在"场景 1"的【时间轴】面板创建名为"路 1"的新图层，在该图层中的第 105 帧创建空白关键帧，将"路"图形元件放置到这些帧中。创建第 105 帧到第 114 帧的补间动画，这里的补间动画是将元件适当移动并降低其透明度。复制该图层，调整动画起始帧和终止帧中元件的位置和旋转角度，如图 12.97 所示。

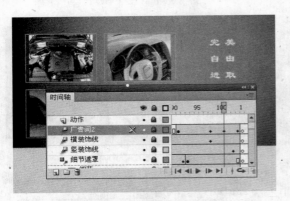

图 12.95　创建文字补间动画

图 12.96　绘制多边形

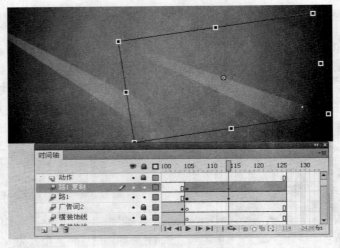

图 12.97　创建补间动画

（2）在时间轴上创建一个名为"汽车驶入"的图层，从【库】面板中将"奥迪车.png"素材图片拖放到该图层的第 105 帧到第 125 帧中。在第 105 帧到第 113 帧之间创建补间动画。汽车位置从左上角向右下方移动，同时其大小逐渐增大。这样获得汽车逐渐驶近的动画效果，如图 12.98 所示。

图 12.98　创建汽车驶入补间动画

（3）在时间轴上创建名为"公司名称"的图层，将名为"文字 5.png"的图片导入到该图层的第 110 帧至第 125 帧中，该图片是公司名称文字。在第 110 帧至第 115 帧创建该文字从左向右进入的补间动画，如图 12.99 所示。

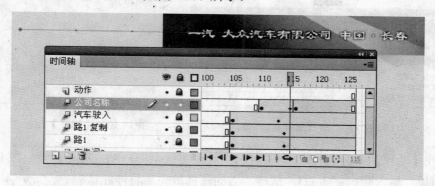

图 12.99　创建文字从左进入的补间动画

（4）在时间轴上创建名为"广告词 3"的新图层，将名为"文字 6.png"的素材图片导入到该图层的第 115 帧至第 125 帧，创建文字从右侧进入的补间动画。这里，为文字添加"发光"滤镜效果，在第 119 帧、第 120 帧、第 123 帧和第 125 帧分别设置不同的"模糊"值，这样同时获得文字光晕产生并消失的动画效果，如图 12.100 所示。

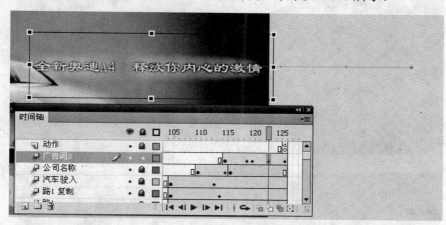

图 12.100　创建文字补间动画效果

6. 添加背景音乐

（1）将名为"背景音乐.wav"的文件导入到【库】面板中，在【时间轴】面板中创建一个名为"背景音乐"的新图层，在该图层的第 3 帧按 F7 键创建空白关键帧。选择第 3 帧，从【库】面板中将背景音乐拖放到舞台上，如图 12.101 所示。

（2）选择添加了音乐的帧中任意一帧，在【属性】面板的【同步】下拉列表中选择【事件】选项，在其下的下拉列表中选择【重复】选项，如图 12.102 所示。这样，播放到该帧时，声音将开始播放，并且能够循环播放。

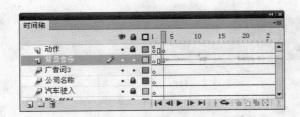

图 12.101　添加背景音乐

图 12.102　【属性】面板的设置

（3）在【动作】图层中的最后一帧按 F7 键创建一个空白帧，选择该帧后按 F9 键打开【动作】面板，输入代码：stop()。这样，当动画播放完后将停在该帧。至此，本例制作完成。测试动画效果，动画播放的 4 个场景如图 12.103 所示。

（a）

（b）

图 12.103　动画播放的 4 个场景效果

(c)

(d)

图 12.103　（续）

习题参考答案

第 1 章

一 选择题

1．A　　2．B　　3．C　　4．C

二 填空题

1．场景　　舞台
2．图层和帧　　帧数　　播放和停止
3．【文件】|【导出】|【导出影片】　　SWF 影片（*.SWF）
4．trace 语句　　任何脚本

第 2 章

一 选择题

1．A．　　2．D　　3．B　　4．C

二 填空题

1．矩形工具　　基本矩形工具　　椭圆工具　　基本椭圆工具
2．转换锚点工具　　删除锚点工具　　Delete　　BackSpace
3．单击点　　随机旋转角度　　顺时针旋转角度
4．擦除填色　　擦除所选填充　　擦除线条

第 3 章

一 选择题

1．B　　2．C　　3．D　　4．A

二　填空题

1. 颜色的透明度　0 至 100%　颜色的透明度
2. 描边　填充　位图填充
3. 单击鼠标　拖离色谱条　Delete
4. 填充空余的区域　扩展颜色　反射颜色　重复颜色

第 4 章

一　选择题

1. B　2. D　3. A　4. C

二　填空题

1. Shift　Alt
2. 约束　取消变形
3. 贴紧对齐　贴紧至网格　贴紧至辅助线　贴紧至像素和贴紧至对象　【视图】|
【贴紧】
4.【修改】|【分离】　Ctrl+B　矢量图形

第 5 章

一　选择题

1. D　2. C　3. B　4. D

二　填空题

1. 点文本　区域文本
2. 可编辑　垂直方向
3. 可编辑　多行不换行
4. 删除滤镜　禁用　重新启用滤镜　滤镜参数恢复到初始值

第 6 章

一　选择题

1. D　2. B　3. C　4. D

二　填空题

1. 独立的时间轴　滤镜效果
2. 单击　ActionScript
3. 转换元件　空白元件　绘制或导入对象
4. 声音　按钮　类

第 7 章

一　选择题

1. C　　2. A　　3. D　　4. B

二　填空题

1. Shift　Ctrl
2. 拷贝图层　复制图层　剪切图层
3. 补间动画　属性
4. 矢量图形　图形的外部属性

第 8 章

一　选择题

1. A　　2. B　　3. B　　4. A

二　填空题

1. 遮罩层和被遮罩层　填充区域　不透明　不可见
2. 运动路径　运动和定位　打散的图形
3. 信息和设置项　　【窗口】|【动画编辑器】
4.【窗口】|【预设动画】　应用

第 9 章

一　选择题

1. A　　2. C　　3. B　　4. D

二　填空题

1. 向下传递的　双向的　父对象
2. 一级连接一级　连接几个子级
3. 缓出　缓入　0
4. 1°～179°　外观角度　外观尺寸　位置

第 10 章

一　选择题

1. C　　2. D　　3. D　　4. D

二　填空题

1.【文件】|【导入】|【导入到库】　舞台上　波形图
2. 事件　全部下载完毕后　播放　同步播放
3. 十分之一　音质
4.【使用播放组件加载外部视频】　URL

第 11 章

一　选择题

1. D　　2. B　　3. D　　4. A

二　填空题

1. 动作工具箱
2. 代码片段
3. addEventListener()
4. addChild()